国家"十二五"规划重点图书

中国地质调查局
青藏高原1：25万区域地质调查成果系列

中华人民共和国
区域地质调查报告

比例尺　1：250 000

仓来拉幅

(I46C004003)

项目名称：西藏1：25万仓来拉幅区域地质调查
项目编号：200313000001
项目负责：王根厚
图幅负责：王根厚　张维杰
报告编写：王根厚　张维杰　贾建称　周志广　梁定益
　　　　　　　李尚林　李秋实　于海亮　万永平
编写单位：中国地质大学(北京)地质调查研究院
单位负责：万晓樵(院长)
　　　　　　　顾德林(总工程师)

中国地质大学出版社
ZHONGGUO DIZHI DAXUE CHUBANSHE

内容提要

中国地质大学（北京）地质调查研究院于2003—2005年完成了中国地质调查局委托西安地质矿产研究所组织实施的"青藏高原北部空白区基础地质调查与研究"计划项目中的工作项目"青海1∶25万仓来拉幅（I46C004003）区域地质调查"。

本项目采用时空转换的研究思路进行了构造-地层区划。在区内首次发现前石炭系基底变质岩系存在，并将其分别划归为吉塘岩群恩达岩组和西西岩组。

根据岩石组合、接触关系、同位素地质学成果，首次确定了区内的早侏罗世那底岗日组的存在，同时将分布在测区北部一套中基性火山熔岩从二叠纪尕笛考组中解体出来，建立了时代为晚侏罗世—早白垩世的旦荣组。根据同位素资料，确定了唐古拉山岩体的形成时代为印支期。

根据地层、变质变形特征、区域构造演化和岩浆活动特征，将测区划分为羌塘复合陆块和班公湖-怒江断片带2个Ⅰ级构造单元。在测区内厘定出由西西岩组构造片岩组成的大型陆内滑脱带。该滑脱带形成于低温高压环境，上层相对下层自西向东剪切滑动。滑脱带内多硅白云母$^{39}Ar/^{40}Ar$同位素测年结果为230.1±10Ma。

图书在版编目(CIP)数据

中华人民共和国区域地质调查报告.仓来拉幅（I46C004003）：比例尺1∶250 000/王根厚，张维杰等著.—武汉：中国地质大学出版社，2013.12
 ISBN 978-7-5625-2887-6

Ⅰ.①中⋯
Ⅱ.①王⋯②张⋯
Ⅲ.①区域地质-地质调查-调查报告-中国②区域地质-地质调查-调查报告-青海省
Ⅳ.①P562

中国版本图书馆CIP数据核字（2013）第303793号

中华人民共和国区域地质调查报告　　　　　　　　　　　王根厚　张维杰 等著
仓来拉幅（I46C004003）　比例尺1∶250 000

责任编辑：赵颖弘　刘桂涛　　　　　　　　　　　　　　　　　责任校对：张咏梅

出版发行：中国地质大学出版社（武汉市洪山区鲁磨路388号）　　邮编：430074
电　　话：(027)67883511　　传真：(027)67883580　　E-mail:cbb@cug.edu.cn
经　　销：全国新华书店　　　　　　　　　　　　　　　　　http://www.cugp.cug.edu.cn
开本：880毫米×1 230毫米 1/16　字数：407千字　印张：12.25　图版：10　插页：2　附图：1
版次：2013年12月第1版　　　　印次：2013年12月第1次印刷
印刷：武汉中远印务有限公司　　印数：1—1 500册
ISBN 978-7-5625-2887-6　　　　　　　　　　　　　　　　　　　　　　　定价：488.00元

如有印装质量问题请与印刷厂联系调换

前 言

青藏高原包括西藏自治区、青海省及新疆维吾尔自治区南部、甘肃省南部、四川省西部和云南省西北部,面积达 260 万 km^2,是我国藏民族聚居地区,平均海拔 4 500m 以上,被誉为"地球第三极"。青藏高原是全球最年轻、最高的高原,记录着地球演化最新历史,是研究岩石圈形成演化过程和动力学的理想区域,是"打开地球动力学大门的金钥匙"。

青藏高原蕴藏着丰富的矿产资源,是我国重要的战略资源后备基地。青藏高原是地球表面的一道天然屏障,影响着中国乃至全球的气候变化。青藏高原也是我国主要大江大河和一些重要国际河流的发源地,孕育着中华民族的繁生和发展。开展青藏高原地质调查与研究,对于推动地球科学研究、保障我国资源战略储备、促进边疆经济发展、维护民族团结、巩固国防建设具有非常重要的现实意义和深远的历史意义。

1999 年国家启动了"新一轮国土资源大调查"专项,按照温家宝总理"新一轮国土资源大调查要围绕填补和更新一批基础地质图件"的指示精神。中国地质调查局组织开展了青藏高原空白区 1∶25 万区域地质调查攻坚战,历时 6 年多,投入 3 亿多,调集 25 个来自全国省(自治区)地质调查院、研究所、大专院校等单位组成的精干区域地质调查队伍,每年近千名地质工作者,奋战在世界屋脊,徒步遍及雪域高原,实测完成了全部空白区 158 万 km^2 共 112 个图幅的区域地质调查工作,实现了我国陆域中比例尺区域地质调查的全面覆盖,在中国地质工作历史上树立了新的丰碑。

青海 1∶25 万仓来拉幅(I46C004003)区域地质调查项目,由中国地质大学(北京)地质调查研究院承担。工作区位于青南、藏北羌塘高原腹地。目的是通过对调查区进行全面的区域地质调查,通过对盆地建造、岩浆作用、变质作用、构造样式及盆山耦合关系研究,建立工作区构造格架,反演区域地质演化历史。测区涉及红湖山-双湖结合带和班公湖-怒江结合带,在对其构造组成、演化调查的同时,注意新构造运动及青藏高原隆升与古气候、古环境变迁和地质灾害调查研究;羌塘盆地是青藏高原含油气盆地,注意油气地质前景调查研究,全面提高本区基础地质研究程度,为地方经济发展提供基础地质资料。

仓来拉幅(I46C004003)地质调查工作时间为 2003—2005 年,累计完成地质填图面积为 15 635 km^2,实测剖面 121.31km。地质路线 2 980km,采集各类样品 1 252 件,全面完成了设计工作量。主要成果有:①运用动态构造-地层时空转换的观点,合理划分了测区不同时期的构造-地层区(分区),进行了系统的年代地层、岩石地层及生物地层对比研究,建立和完善了地层系统,为进一步研究羌塘东部盆地的沉积充填演化提供了丰富的沉积学信息。②首次在北羌塘地区早石炭世地层中发现暖温珊瑚和亲扬子鲢类;在中二叠世地层中识别出放射虫硅质岩和裂谷型中基性火山岩;确认了早侏罗世那底岗日组在羌塘盆地东部的存在;在羌南索县-左贡地层分区中厘定出"中侏罗统"雁石坪群。③在羌南索县-左贡地层分区中划分出恩达岩组和酉西岩组,在酉西岩组中新发现的多硅白云母

I

中获得 230Ma 的 Ar-Ar 变质年龄。④厘定出测区走滑、逆冲和伸展 3 套断裂系统；由北向南划分为北羌塘、唐古拉山和南羌塘 3 个变质带。

2006 年 4 月，中国地质调查局组织专家对项目进行最终成果验收。评审认为，该项目完成了任务书和设计的各项工作任务，地质报告文字流畅，对区内地层、岩石、构造、国土资源、生态环境进行了各有侧重的研究，章节齐全，结构安排合理，层次清楚，结论确当；地质图图面结构合理。在地层古生物、区域构造岩石等方面都取得了一些新发现、新进展，提高了区域地质研究程度。经评审委员会认真评议，一致建议项目报告通过评审，仓来拉幅（I46C004003）成果报告被评为优秀级。

参加报告编写的主要有王根厚、张维杰、周志广、李尚林、贾建称、梁定益、李秋实、于海亮、万永平，由王根厚、张维杰统编定稿。

先后参加野外工作的还有崔江利、方斌、杨国东、马伯永、岳宗玉、刘治博、王仁才。在整个项目实施和报告编写过程中，得益于许多单位和领导的大力协助、支持，尤其要感谢的是中国地质调查局、西安地质矿产研究所、成都地质矿产研究所、拉萨工作总站、青海省地质调查院、西藏自治区地质勘查局及地质调查院、西藏区域地质调查大队和西藏地质二队等单位的领导和专家们给予的大力支持和多方面指导。项目顾问组宋鸿林教授、莫宣学教授、史晓颖教授和周详高级工程师等多次给予项目具体工作指导。青海省地质矿产局司机铁永贵、张建元、王玉海、陈兴元等全程参加了野外工作。对这些单位和个人一并致以深深的谢忱！

为了充分发挥青藏高原 1∶25 万区域地质调查成果的作用，全面向社会提供使用，中国地质调查局组织开展了青藏高原 1∶25 万地质图的公开出版工作，由中国地质调查局成都地质调查中心组织承担图幅调查工作的相关单位共同完成。出版编辑工作得到了国家测绘局孔金辉、翟义青及陈克强、王保良等一批专家的指导和帮助，在此表示诚挚的谢意。

鉴于本次区域地质调查成果出版工作时间紧、参加单位较多、项目组织协调任务重以及工作经验和水平所限，成果出版中可能存在不足与疏漏之处，敬请读者批评指正。

"青藏高原 1∶25 万区调成果总结"项目组
2010 年 9 月

目 录

第一章 绪 言 (1)
第一节 工作任务 (1)
第二节 交通位置及自然地理概况 (1)
第三节 地质矿产调查历史 (3)
第四节 工作概况及工作量完成情况 (5)
  一、工作概况 (5)
  二、完成的实物工作量 (7)
第五节 地形图和卫片质量评价 (8)
  一、地形图 (8)
  二、卫星影像 (8)
第六节 项目质量管理与监控 (8)

第二章 地 层 (9)
第一节 构造-地层区划与岩石地层系列的建立 (9)
第二节 前石炭纪地层——吉塘岩群 (11)
  一、恩达岩组（AnCe） (11)
  二、酉西岩组（AnCy） (12)
  三、恩达岩组与酉西岩组接触关系及吉塘岩群的时代讨论 (13)
  四、区域对比 (14)
第三节 上古生界 (14)
  一、下石炭统杂多群 (14)
  二、中二叠统开心岭群 (17)
第四节 中生界 (22)
  一、上三叠统 (22)
  二、侏罗系 (30)
  三、白垩系 (44)
第五节 新生界 (47)
  一、古近系 (47)
  二、新近系 (53)

- 三、第四系 ··· (56)

第三章 岩浆岩 ··· (60)
第一节 侵入岩 ··· (60)
一、地质特征 ··· (60)
二、岩石化学及地球化学特征 ··· (61)
第二节 火山岩 ··· (68)
一、诺日巴尕日保组火山岩 ··· (68)
二、那底岗日组火山岩 ··· (72)
三、旦荣组火山岩 ··· (76)
四、查保马组火山岩 ··· (85)

第四章 变质岩及变质作用 ··· (91)
第一节 恩达岩组区域动力热流变质作用及变质岩 ··· (91)
一、岩石组合 ··· (91)
二、岩石学特征 ··· (92)
三、岩石化学特征及原岩恢复 ··· (94)
第二节 酉西岩组动力变质作用和变质岩 ··· (96)
一、岩石组合 ··· (96)
二、岩石学特征 ··· (96)
三、岩石化学特征及原岩恢复 ··· (97)
四、地球化学特征 ··· (99)
五、变质作用特征 ··· (99)
第三节 石炭-二叠纪区域低温动力变质作用及变质岩 ··· (106)
一、主要变质岩类型 ··· (106)
二、变质矿物组合 ··· (106)
第四节 三叠-侏罗纪极低级变质作用及变质岩 ··· (107)
一、岩石类型及特征 ··· (107)
二、矿物组合及变质作用 ··· (107)
第五节 接触变质作用及变质岩 ··· (107)
一、变质岩石类型及特征 ··· (107)
二、主要变质矿物及特征 ··· (108)
三、接触交代变质作用及变质岩 ··· (108)
第六节 动力变质作用与变质岩 ··· (108)
一、脆性动力变质作用及变质岩 ··· (108)
二、韧性动力变质作用及变质岩 ··· (109)
第七节 变质作用期次 ··· (110)

一、海西期变质作用 (110)
二、印支期变质作用 (110)
三、燕山期变质作用 (110)

第五章 地质构造 (112)

第一节 测区大地构造位置 (112)

第二节 构造单元划分及边界特征 (112)
一、构造单元划分 (112)
二、构造单元及边界断裂基本特点 (113)

第三节 构造变形特征 (116)
一、构造层划分 (116)
二、褶皱构造 (118)
三、断裂构造 (131)

第四节 构造变形序列 (151)

第六章 经济地质 (153)

第一节 矿产资源 (153)
一、金属矿产 (153)
二、非金属矿产 (155)
三、温泉 (155)
四、成矿地质背景分析 (155)

第二节 旅游资源 (157)
一、旅游资源 (157)
二、旅游资源开发中的问题与建议 (158)

第三节 其他自然资源概况 (160)
一、水资源 (160)
二、土地与湿地资源 (163)
三、生物资源 (164)

第七章 新构造运动 (168)

第一节 新构造期的构造格架 (168)

第二节 新构造运动的表现形式 (168)
一、唐古拉山脊以南的新构造运动表现形式 (168)
二、唐古拉山脊以北新构造运动遗迹 (172)

第三节 新构造运动特点 (174)

第四节 新构造运动与气候变化及冰期划分 (174)
一、高原"大湖期"(N_2^2—Qp_1^1) (174)
二、唐古拉冰期(Qp_2^{1-2}) (174)

三、中更新世间冰期（Qp_2^{2-3}） (174)

四、中更新世晚期冰期（Qp_2^3） (174)

五、晚更新世（Qp_3^{1-2}）间冰期 (174)

六、末次冰期（Qp_3^{2-3}） (175)

七、全新世间冰期（冰后期Qh） (175)

第八章 地质发展简史 (176)

第一节 前石炭纪基底形成阶段 (176)

第二节 石炭纪-晚白垩世盖层发展阶段 (176)

一、早石炭世被动大陆边缘盆地演化阶段 (176)

二、中二叠世伸展裂陷阶段 (176)

三、中三叠世晚期-晚三叠世构造发展阶段 (177)

四、早侏罗世-中侏罗世盆地演化阶段 (177)

五、晚白垩世山前断陷盆地发育阶段 (177)

六、新生代陆内汇聚-高原隆升阶段 (177)

第九章 结束语 (178)

一、取得的主要成绩及进展 (178)

二、遗存的一些问题 (178)

参考文献 (179)

图版说明及图版 (185)

附图 1：25万仓来拉幅（I46C004003）地质图及说明书

第一章　绪　言

第一节　工作任务

围绕国民经济建设和西部大开发的战略目标,国土资源部于1999年启动并实施了以填补中国区域地质调查中比例尺空白区为重点的新一轮国土资源大调查。

"青海1:25万仑来拉幅(I46C004003)区域地质调查"项目属中国地质调查局委托西安地质矿产研究所组织实施的"青藏高原北部空白区基础地质调查与研究"计划项目的工作项目。

项目任务书编号:基[2003]001-08;工作内容名称编号:200313000001;实施单位:西安地质矿产研究所。工作性质为基础调查,图幅属B_3类实测区,总面积15 635 km²,由中国地质大学(北京)地质调查研究院承担。工作年限:2003年1月—2005年12月。

根据任务书的要求,项目的总体目标任务为:按照《1:25万区域地质调查技术要求(暂行)》和《青藏高原空白区1:25万区域地质调查要求(暂行)》及其他相关的规范、指南,参照造山带填图的新方法,应用遥感等新技术手段,以区域构造调查与研究为先导,合理划分测区的构造单元,对测区不同地质单元、不同的构造-地层单位采用不同的填图方法进行全面的区域地质调查。最终通过对盆地建造、岩浆作用、变质作用及盆山耦合关系研究,建立工作区构造格架,反演区域地质演化历史。测区涉及红湖山-双湖结合带和班公湖-怒江结合带,在对其构造组成、演化调查的同时,注意新构造运动及青藏高原隆升与古气候、古环境变迁和地质灾害调查研究;羌塘盆地是青藏高原含油气盆地,注意油气地质前景调查研究,全面提高本区基础地质研究程度,为地方经济发展提供基础地质资料。

本着图幅带专题的原则,针对项目研究内容和本次调查研究应着重解决的主要地质问题,结合测区地质情况,选定以"青南新生代盆地沉积特征与构造演化"为本次调查工作的专题研究题目。通过对新生代盆地沉积充填系列、沉积记录中的构造不整合关系、古生态资料的充分收集,以及盆地充填与新构造活动之间的耦合关系的全面调查研究,为探索青藏高原北部隆升过程中的沉积效应的研究提供基础性资料。

根据项目任务书和设计书的要求,项目于2005年6月在青海省玉树藏族自治州进行了野外成果验收,获良好级[中地调(西)野验字[2005]20号]。2006年4月6日—9日在陕西省西安市接受了中国地质调查局西安地质调查中心进行的项目报告成果评审,成绩优秀[中地调(西)评字[2006]11号]。

第二节　交通位置及自然地理概况

测区位于青藏高原腹地的羌塘地区东部,地理坐标为:东经93°00′—94°30′,北纬32°00′—33°00′。大致以唐古拉山主脊为界,南部主体位于西藏自治区那曲地区巴青县境内,并涉及聂荣县、比如县、索县的部分地区。北部隶属青海省玉树藏族自治州杂多县和海西自治州格尔木县。

测区的交通情况差,仅在南部图幅外有黑-昌公路(317国道)通过,测区内无一县政府所在地。西藏境内各乡区间以简易公路相连,乡镇与自然村间以山间小路相通,部分村与村之间处于隔绝状态;青海省境内人烟稀少,没有一条成形的道路,湖沼发育,通行十分困难(图1-1),野外工作条件艰苦,生活补给极其艰难。

测区地势中部高,向南、北两侧逐渐降低。举世闻名的唐古拉山脉近东西向横贯全区,其主脊海拔在

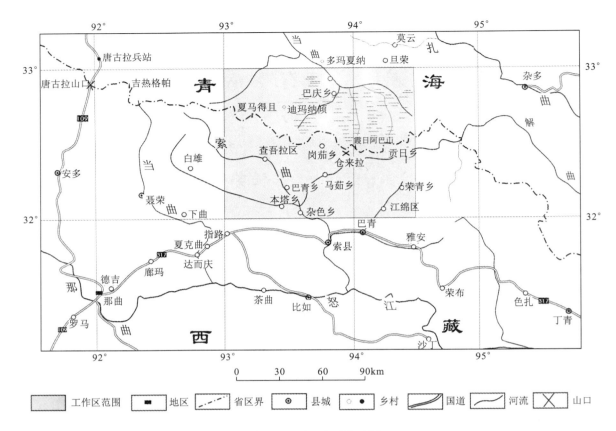

图1-1 测区交通位置图

5000m以上,其中岗陇日、索拉窝玛、诺尔比查查拉、扎若巴拉、瓦尔公、压麻等山峰海拔均超过5600m,山顶终年积雪。山脉北侧的青海境内地势相对平缓,海拔4800～5000m,地形比差低,切割微弱,湖沼发育,高原形态完整,属高原湖沼型。南部的西藏境内沟岭地貌相间,地形起伏强烈,比差大。

测区内水系以唐古拉山为界,北部属金沙江源头,各支流由南而北汇入当曲,经通天河注入金沙江。江河源湖泊如错江克、扎木错、朵鄂恩错纳玛、错江前等星罗棋布;南部属怒江源区面积最大的支流——索曲水系,支流由北向南、由西向东汇入索曲合入怒江。

测区冰川主要发育于唐古拉山及其以北地区,属大陆型山岳冰川。冰川谷、终碛堤、刃脊、冰斗、冰积平原、冰水阶地、冰水扇等地貌景观保留完好。

测区内气候因受东西向山脉对大气环流的屏障作用,垂直分带和平面分带均很明显。唐古拉山主脉为高寒区,终年白雪皑皑。山脉以南为高原亚寒带半湿润季风气候区,以北属高原寒带半干旱气候区。全区空气稀薄,冬寒夏凉,四季不分明,年温差和日温差大,气候变化无常。年日照时数2400小时,紫外线辐射强烈。夏季雨雪和冰雹交加,冬季时间长达7—8个月,每年仅6—9月份可进行野外地质工作。

测区内自然灾害严重,主要灾种有雪灾、鼠灾、水灾、风灾及水质咸化、草场退化,尤以前两者最为严重,成为制约当地经济发展和社会进步的主要因素。

区内动、植物资源丰富。既有国家一级保护动物黑颈鹤,又有赤麻鸭、斑头雁、秃鹫、棕头鸥、藏野驴、野牦牛、黄羊、旱獭、天鹅、高原鼠兔、猞猁、雪鸡等。土特产有虫草、酥油、贝母、羊毛、牛毛绒、雪莲花等。尤以虫草和贝母闻名遐迩,也是当地牧民重要的经济来源。植物资源有喜马拉雅线叶蒿草、青藏苔草、小叶金露梅,又有耐寒早熟禾、羊茅、披碱草等。

测区内人口稀少,居民主要为藏族,以从事牧业为生,家畜有牦牛、山羊、马等。因此,地质调查工作时的基本生活物资多依赖外地供应。

第三节 地质矿产调查历史

一个半世纪以来,中外学者围绕特提斯的演化和高原隆升这两大主题在青藏地区开展了多学科、多领域、多手段的研究。通过大量的工作,在大地构造、地层、岩石和深部地球物理诸方面取得了许多重要的研究成果,系统总结了青藏高原岩石圈运动机制和演化模式,探讨了高原演化的深部地球动力学背景,其思路和研究方法对本次区调工作有较大的启发和指导作用。

与本区有关的主要地质研究成果见表1-1、图1-2。

表1-1 与测区有关的前人地质研究成果一览表

类型	调查时间(年)	成果名称	作者单位或姓名	出版单位及时间
专著	1973—1977	西藏第四纪地质	中国科学院青藏高原综合考察队	科学出版社,1983
专著	1984	1:150万西藏板块构造-建造图(附说明书)	周详、曹佑功等	科学出版社,1984
专著	1986	1:150万青藏高原及邻近地区地质图(附说明书)	中国地质科学院成都地质矿产研究所	地质出版社,1986
专著	1980—1982	西藏变质岩及火成岩	刘国惠、金成伟、王富宝等	科学出版社,1986
专著		中国及邻区特提斯海的演化	黄汲清、陈炳蔚	地质出版社,1987
专著	1973—1992	青藏高原北部新生代板内火山岩	邓万明	地质出版社,1998
专著	1985—1989	青藏高原大地构造与形成演化	刘增乾、焦淑沛、卫管一等	地质出版社,1990
专著		青藏高原地质演化	中-英青藏高原综合地质考察队	科学技术出版社,1990
专著		青藏高原新生代构造演化	潘桂棠、王培生、徐耀荣	地质出版社,1990
专著		青海省区域地质志	青海省地质矿产局	地质出版社,1991
专著		西藏自治区区域地质志	西藏自治区地质矿产局	地质出版社,1993
专著	1994	中国区域地质概论	程裕淇	地质出版社,1994
专著		西藏龙木错-双湖古特提斯缝合带研究	李才、程立人、胡克等	地质出版社,1995
专著	1993—1995	西藏他念他翁山链构造变形及其演化	王根厚、周详、普布次仁等	地质出版社,1996
专著		东特提斯构造演化	潘桂棠、陈智梁、李兴振	地质出版社,1997
专著	1993—1996	青藏高原及邻区冈瓦纳相地层地质学	尹集祥	地质出版社,1997
专著		青海省岩石地层	青海省地质矿产局	中国地质大学出版社,1997
专著		青藏高原岩石圈结构、演化和动力学	潘裕生、孔祥儒	广东科技出版社,1998
专著		西藏自治区岩石地层	西藏自治区地质矿产局	中国地质大学出版社,1997
专著		青藏高原形成演化与发展	孙鸿烈、郑度	广东科技出版社,1998
专著		西南区区域地层	郝子文等	中国地质大学出版社,1999
专著		青藏高原构造演化与隆升机制	肖序常、李廷栋等	广东科学技术出版社,2000
专著	1993—1998	青藏高原地层	赵政璋等	科学出版社,2001
专著	1993—1998	青藏高原羌塘地区石油地质	赵政璋等	科学出版社,2001
专著	1993—1998	青藏高原大地构造特征及盆地演化	赵政璋等	科学出版社,2001
总结		青藏高原及邻区地层划分与对比(讨论稿)	中国地质调查局西南项目办公室	内部资料,2002
总结		青藏高原及其邻区大地构造单元初步划分方案	中国地质调查局西南项目办公室	内部资料,2002
专著		1:1 500 000青藏高原及邻区地质图说明书	潘桂棠、丁俊、姚东生	成都地图出版社,2004

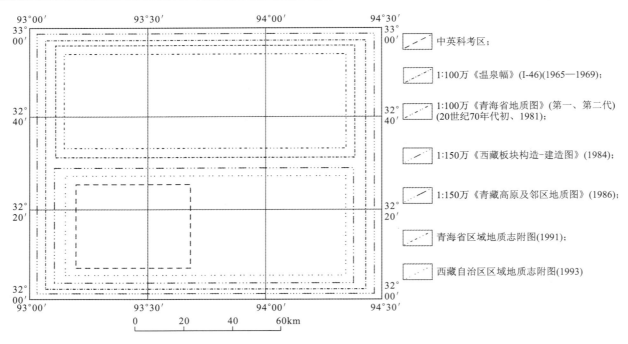

图 1-2 测区地质研究程度图

遗憾的是这些研究工作的绝大部分都未具体涉及到本区。测区仅开展过1∶100万《温泉幅》(Ⅰ-46)区域地质调查及各种小比例尺的地质编图工作,为1∶20万和1∶5万中、大比例尺地质调查的空白区,总体工作程度和研究程度较低。

1965—1970年青海省地质矿产局区调队开展的1∶100万《温泉幅》(Ⅰ-46)区域地质调查是迄今为止有关测区仅有的、相对较全面和系统的基础地质工作,填图区域已覆盖了测区。《温泉幅》取得的主要地质成果有:查明了各时代地层的展布特征,初步建立了岩石地层序列,在此基础上进行了地层划分和对比,尤其是对侏罗纪的沉积相、沉积环境及古生物特征给予了比较详细的总结。大体圈定了岩浆岩的分布范围,对岩体的岩石类型、岩石特征、形成的构造环境进行了描述和讨论。从区域角度分析了岩浆作用的时、空演化规律,成因机制及岩浆与成矿作用的关系。初步划分了测区构造单元,简要分析了区域构造演化。由于受当时的工作精度、理论水平和测试技术等方面限制,在工作程度和研究程度方面存在以下问题:①地形底图为简易天文点控制自测的1∶20万简易图,精度差;②涉及到本区的地质路线仅61条,共624km,路线间距30～60km,地质体的控制程度较低;③变质岩、构造、矿产实际资料比较欠缺,侵入岩无测试年龄。新生代地层划分单一,缺乏时代根据;④无一条实测地层剖面,仅有几条路线信手剖面,生物化石极其贫乏;⑤运用传统地层学理论来概略划分地层,多数单位以群或统表示,少数跨统。部分填图单位的识别标志不清,缺乏多重地层的划分与对比研究;⑥未进行构造-地层区和构造单元的划分。但无论如何,1∶100万《温泉幅》的地质调查成果是本次调查和研究的重要基础。

20世纪70年代初,随着青海省1∶100万区调和祁连、昆仑地区部分1∶20万区调工作的结束,青海省区调队编制了第一代1∶100万《青海省地质图》和《青海省矿产图》,对包括测区北部在内的整个青海省区域地质基本特征,矿产类型、分布及成矿规律进行了初步总结。但涉及到本区的基础地质研究方面,仍缺乏必要的野外实际材料。

20世纪70年代至80年代初,青海省1∶50万航空磁测和重力测量结束,全省4/5以上面积的1∶20万区调工作完成,加上专题研究取得的丰硕成果,青海省地质矿产局于1981年编制了第二代1∶100万《青海省地质图》和《青海省构造体系图》。首次运用地质力学观点对全省地质构造特征进行了系统地概括和总结,对测区地质构造研究有参考价值。

20世纪90年代以来,随着《青海省区域地质志》(1991)和《西藏自治区区域地质志》(1993),以及《青海省岩石地层》(1997)、《西藏自治区岩石地层》(1997)、《西南区区域地层》(1997)的相继问世,青藏高原基础地质研究进入了一个全新的阶段。这些著作全面收集了青藏地区当时已有的最新地质资料,应用现代地质学理论和方法,从更宽广的角度出发,重新划分和厘定了青藏高原的构造-地层单元,运用动态观点建立了岩石地层系列,系统总结了不同时期地层分布和发育特征、古生物面貌、古地理变迁,是本次构造-地层区划和建立及对比岩石地层单元的基本依据。

本次工作对与测区有关的地质资料和文章(时间从1964年至2005年)进行了充分收集。在与青藏高原有关的两百余篇文章中,比较有影响的有:梁定益(1994)、尹集祥等(1997)对冈瓦纳相地层的研究,王志浩等(1995)、史晓颖等(1996)、李祥辉等(1997)、阴家润等(1998)对邻区地层古生物、沉积相和层序地层的研究,张以茀(1996)、李才(1995)对区域构造的研究,以及雍永源(2000)对变质岩的研究。但真正涉及测区的仅2篇。

总结前人的研究成果发现,近年来在对青海和西藏大部分地区和几条重要的构造带研究中获得了丰富而翔实的地质资料,达到了比较高的工作程度。对于地处连接羌塘与三江构造带枢纽位置的本区来说,由于缺乏系统的野外地质调查,在基础地质、环境地质和灾害地质等方面尚存在众多薄弱点和盲点。如一直未能建立起羌塘盆地东部完整的充填序列、构造格局、盆地层格架,更未用时空转换的观点来研究盆地演化与周边造山带耦合关系;在涉及到重要地质界线、重要构造带的构造属性和区域意义方面要么人云亦云,要么含糊其词或避而不谈。测区位于长江、怒江、澜沧江的源头,新生界成因类型多样,现代构造活动强烈,而活动构造和活动沉积盆地研究明显不足。这些问题在很大程度上直接影响了人们对东特提斯地质特征和构造演化的全面深入认识,1∶25万仓来拉幅区域地质调查正是以上述问题为重点开展工作的。

第四节 工作概况及工作量完成情况

一、工作概况

1∶25万仓来拉幅区域地质调查项目从2003年10月开始启动,前后经历了三大阶段。

(一)队伍组建、资料收集、野外踏勘、设计编写阶段(2003年)

测区位于青藏高原上有"生命禁区"之称的羌塘地区东部,高寒缺氧,自然环境十分恶劣,交通十分困难,生活条件极为艰苦,工作危险性大。在这种情况下,建立一支专业齐全、业务素质高、年龄结构合理、充满活力、稳定而团结、有丰富经验,尤其是有高原工作经验的专业型调查队伍是保证高质量全面完成项目任务的前提和基础。

中国地质大学(北京)地质调查研究院接到该项目任务书后,校领导高度重视,明确指出各有关部门要加强协作,在人力、物力、财力、时间上给予大力支持,以保证该项目工作安全、高效、高质量完成。建议以项目部的形式开展工作,由长期从事青藏高原地质研究的王根厚教授担任项目负责。

仓来拉幅项目部设项目负责、技术负责、后勤队长各1人,下设1~2个剖面小组、1个专题研究小组、4个填图小组,1个综合研究与质检小组。项目在管理上实行项目负责制,由项目负责主持全面工作,定期向有关主管部门汇报工作进展;技术负责全面负责野外填图技术、室内资料整理、技术难题攻关、质量检查;后勤队长负责项目后勤管理,协调与周围环境的关系。各小组以各自的任务为重点,人员保持相对稳定,但根据工作需要可随时对人员进行适当的动态调整。另外,结合图幅特色和拟解决的主要地质问题,项目部还聘请了长期在青藏高原从事地质研究工作的知名专家为技术顾问,指导项目的研究工作。项目主要人员组成和分工见表1-2。

组队后主要进行了以下几方面工作:①收集地形图、卫片和遥感数据,全面收集测区及与测区有关的区域地质资料和有关文献;②进行专业技术、安全和环保知识培训,编写设计初稿、工作细则,开展初步的综合分析和遥感解译及出队前的准备工作;③7—10月份开展了野外初步踏勘和部分面积填图,共完成填图面积5 000km^2,实测剖面10.43km;④编写并提交《1∶25万仓来拉幅区域地质调查工作设计书》,于2003年11月通过西安地质矿产研究所组织的项目设计审查和验收,综合质量得分80.5,属良好级。

表 1-2 项目主要工作人员一览表

姓名	学历	年龄	职称	专业	职务	工作时间	分工
王根厚	博士研究生	43岁	教授	构造地质学	项目负责	3年	全面负责
张维杰	硕士研究生	44岁	副教授	构造地质学	技术负责	3年	岩浆岩
贾建称	博士研究生	41岁	高工	构造地质学	专题组组长	3年	资源、遥感、专题
周志广	博士研究生	39岁	副教授	构造地质学	副技术负责	3年	构造及对外联系
李尚林	博士研究生	45岁	教授级高工	地层古生物学		2年	地层
梁定益	硕士研究生	70岁	教授	地层古生物学	地层组组长	2年	地层古生物
崔江利	大学本科	43岁	副教授	地层古生物学		1年	地层
王晓红	硕士研究生	42岁	高工	遥感地质学	综合组组长	3年	遥感解译及数据库
方 斌	硕士研究生	44岁	副教授	环境地质学	后勤队长	1年	环境与灾害地质
杨国东	硕士研究生	30岁		构造地质学		2年	构造
马伯永	硕士研究生	33岁		地层古生物学		2年	地层
李秋实	硕士研究生	27岁		构造地质学	构造组组长	3年	新生代构造
岳宗玉	硕士研究生	28岁		构造地质学		1年	矿产地质
刘志博	硕士研究生	25岁		环境地质学	资源组组长	2年	环境与灾害地质
万永平	硕士研究生	25岁		第四纪地质学		2年	第四纪地质
于海亮	硕士研究生	25岁		构造地质学		2年	构造
王仁才	硕士研究生	27岁		地层古生物学		1年	地层

设计评审后,根据专家组的意见对其进行了补充修改,并充分利用收队后人员集中、教学工作量较少的有利条件,立即转入了野外资料全面整理和图件编制阶段。具体工作包括:① 完成各类样品的登记、送样、鉴定、测试分析;② 全面检查已有的原始资料和综合整理资料;③ 对部分已到的分析测试结果进行数据编辑、处理和图件绘制;④ 通盘考虑和统筹安排下年度工作。

(二)野外地质调查阶段(2004年1月—2005年6月)

大规模的野外地质调查分两次,第一次为2004年4—10月,第二次为2005年4—6月。

2004年的工作重点是实测地层剖面和大面积的地质填图。由于测区南、北不能相通,因此分为两个填图组开展工作。第一大组负责唐古拉山以北的地质扫面,第二大组负责南部的扫面工作,剖面组负责全区的地质剖面测制。这个期间,剖面组测制了南部恩达岩组、酉西岩组变质岩剖面,江绵一带三叠系、侏罗系剖面,索曲流域第四系剖面和唐古拉山岩体简测剖面共64.65km。两组共完成填图面积8 000km²,并进行了全面的遥感资料验证。至此,北部仅剩400km²的面积遗留,南部的剖面测制工作接近尾声。

10月份收队后,及时抓紧样品整理及外送,按照三级质量管理体系的要求全面检查和整理原始资料,按照《1:25万区域地质调查技术要求》和《青藏高原艰险地区1:25万区域地质调查要求(暂行)》、有关规范和指南编绘1:25万仓来拉幅地理底图图层和地质图;进行"三吻合"检查,即地质记录与手图的吻合、手图与实际材料图的吻合、实际材料图与地质图的吻合;综合整理资料;编写1:25万仓来拉幅野外地质调查野外工作简报;安排下年度的工作。

2005年4月份第二次出队,第二大组除完成南部剩余约2 200余km²的扫面任务外,根据野外实际补测地质剖面。北部除完成遗存的面积性填图外,成立两个剖面测制小组,主攻剖面测制任务。两组同时对重大基础地质问题反复观察研究。到5月上旬,1:25万仓来拉幅野外地质调查工作全面顺利完成,随即将队伍撤到工作和生活条件相对较好的玉树藏族自治州综合整理资料;根据新的发现来补充和修改地质图和野外验收简报。6月上旬,安排部分同志先回京送样,其余同志继续整理资料,准备野外资料验收。

图幅的野外验收工作由西安地质矿产研究所组织专家组,于6月中上旬在青海省玉树藏族自治州进行,综合质量评价为良好级。根据专家组的意见,项目部就一些重要地质问题又进行了为期半个月的野外补课,最后经专家组和学校地质调查研究院检查同意后转入室内资料综合整理和地质报告编写阶段。

(三)资料整理和地质报告编写阶段(2005年7月—2006年4月)

2005年7月开始,随着测试结果的陆续到来,及时安排了测试数据的处理和表格、图件的编制;根据野外地质实际和岩矿鉴定结果进一步完善了地质图;分工合作编写1∶25万仓来拉幅区域地质调查报告和专题研究报告、编制系列图件;2006年3—4月提交最终验收成果和进行资料归档。

二、完成的实物工作量

项目实施期间,项目部严格按照1∶25万区调有关技术要求、项目设计书和实际工作需要,以科学的态度和实事求是的作风开展工作。全体职员怀着对地质工作的眷眷之情,克服了恶劣的高寒缺氧、高山反应、时常陷车等困难,以顽强的意志完成了测区的地质调查任务。所完成的实物工作量见表1-3。

表1-3 项目完成主要工作量一览表

工作项目	单位	设计工作量	实际完成工作量	完成比率(%)
1∶25万区域地质测量	km²	15 635	15 635	100
实地观测路线	km	2 000	2 980	149
遥感解译路线	km	500	500	100
1∶500地质剖面	km	0	0.45	
1∶1 000地质剖面	km	0	1.527	
1∶2 000地质剖面测量	km	20	12.12	60.6
1∶5 000地质剖面测量	km	80	30.01	37.5
1∶10 000地质剖面草测	km	0	28.6	
详细路线剖面	km	0	50.6	
1∶10万分幅ETM波段解译	km	15 635	15 635	100
1∶25万ETM图像解译	km	15 635	15 635	100
岩石薄片	片	737	765	103.8
岩石化学全分析	件	100	53	53
人工重砂鉴定	件	20	20	100
岩组分析	件	20	20	100
单矿物挑选	件	0	36	
粒度分析	件	72	72	100
大化石鉴定	件	200	220	110
孢粉	件	30	30	100
碳氧同位素	件	4	4	100
微量元素分析	件	100	53	53
稀土元素分析	件	100	53	53
电子探针	点	30	47	156.7
矿点检查	个	3	7	233.3
锆石(SHRIMP Ⅱ)	件	5	5	100
锆石(U-Pb法)	件	2	5	250
$^{40}Ar-^{39}Ar$法测年	件	2	2	100
矿样分析	件	20	20	100

值得说明的是,项目设计书指出:"设计的实物工作量除填图、卫片解译总面积外,其余各项视具体情况可适当调整。"在项目具体实施过程中,本着"重点突破、重点投入"的原则,结合测区实际情况对部分实物工作量及时进行了调整,以致大部分工作量与设计有一定的出入。再者,由于西藏境内某些因素对工作干扰严重,使得本该在某地采集的样品无法采取,或某些已经采到手的样品也只能忍痛割爱,弃之江河,到别处采集。这在一定程度上影响了样品工作量的完成。

第五节 地形图和卫片质量评价

一、地形图

本次地质调查工作使用的1:25万仓来拉幅地形图为中国人民解放军总参谋部测绘局根据1973、1974年出版的1:10万地形图调绘,由成都军区测绘大队1987年编绘而成,1988年正式出版。该图采用1954年北京座标系,1956年黄海高程系,1984年版图式,等高距为100m。9幅1:10万地形图是中国人民解放军总参谋部测绘局根据1969年11—12月航摄,1971年8月调绘,1973—1974年第一版。测区北部地形平缓,以其为主体的图等高距是20m;其次以测区南部的1:10万地形图的等高距是40m。该组图采用1954年北京座标系,1956年黄海高程系,1971年版图式。

由于测区地广人稀,人为因素对现代地形地貌的改造作用微小,所用的1:25万及1:10万地形图经三年来的野外验证,图上地形、地物、水系、山脉、陡崖等标志与野外实地检查符合程度很高,其精度足以满足地质填图的需要。

二、卫星影像

使用的卫片有1:25万和1:10万两种比例尺,均为ETM多波段假彩色合成图像。经室内解译和实际工作验证,除1:10万《江绵幅》的解译效果较差外,其他图像的解译效果良好。为弥补该幅图像解译方面的不足,项目还选用了由最新的美国陆地卫星拍摄的(landsat7)Astar影像资料进行了补充解译。上述两种图像互补性强,相互印证,取得了较好的解译效果,经野外验证的地质体、地质界线、构造形迹的解译准确率达92%,岩性及其组合的解译准确率为78%。

第六节 项目质量管理与监控

质量管理是保证图幅质量的重要措施。项目工作中,严格按照《1:25万区域地质调查技术要求(暂行)》及有关技术要求与设计书要求开展工作。在实施过程中,依据GB/T19001-2000质量管理体系运作,建立了中国地质大学(北京)地质调查研究院、项目部、作业组之间的三级质量保证体系,按照有关要求进行分级质量管理与监控,层层严把质量关。在野外工作中,对各类原始资料的自检与互检率均达到100%,以技术负责为首的质量监控组代表项目部对原始记录的抽检率达到50%,学校地质调查研究院每年都组织质量检查组对项目进行全方位质量检查,其抽检率为30%~35%。以上检查均有相应的文字记录。

根据三级质检记录与野外验收抽检记录统计,测区地质点甲级32%、乙级54%、丙级14%,没有丁级点;地质剖面甲级39%、乙级52%、丙级9%(主要是岩体剖面)。

参加本报告编写的人员分工如下:第一章、第四章、第七章、第八章由王根厚、于海亮执笔,第二章由李尚林、梁定益、王根厚、李秋实执笔,第三章由张维杰执笔,第五章由周志广、王根厚、李秋实、万永平执笔,第六章由贾建称执笔,第九章由王根厚、贾建称执笔。报告全文由王根厚、张维杰统稿。

第二章 地 层

第一节 构造-地层区划与岩石地层系列的建立

测区地层十分发育,以中生界为主,其次为上古生界和新生界。由于前人对区内地层工作程度较低,积累的资料非常有限,因而,不同学者在对测区地层分区以及构造单元的划分上存在重大分歧(地质矿产部五六二综合大队,1990;西藏自治区地质矿产局,1991,1997;青海省地质矿产局,1991,1997;王成善等,2001;潘桂棠等,2004)。青海省区域地质调查大队(1970)将测区视为同一地层区;西藏自治区地质矿产局(1991)以巴青-类乌齐断裂为界将测区范围分为羌北-昌都、类乌齐-左贡两个地层分区;西藏自治区地质矿产局(1997)以龙木错-查桑-澜沧江"开合带"为界,将测区北部划归羌北-昌都-思茅地层区,南部归为羌南-保山地层区;青海省地质矿产局(1991,1997)将其(唐古拉山北侧)划归为唐古拉地层区。中国地质调查局成都地质矿产研究所综合研究组(2004)将羌南-保山地层区进一步划为羌南、索县-左贡、保山3个地层分区,但未指出三者之间的界线。

青藏高原是多个板块结合带与其间的微陆块彼此并存,镶嵌的古、中、新特提斯构造域转换最为复杂的地区。其中金沙江、澜沧江、双湖-昌宁、班公湖-怒江和雅鲁藏布江-印度河结合带都曾分别被不同的中外学者认定为欧亚大陆与冈瓦纳大陆之间的分界线。而实际上,洋-陆转换以及陆块之间拼贴,并由此而诱发的不同时期大陆与大陆之间的界限是一个动态转换和更替的过程。

本报告以构造-地层单元时空转换的思想为指导,根据区内地层总体发育和出露状况、岩石类型及其组合特征、古生物面貌、地层层序及其接触关系、变质变形程度等方面的差异,将其进行了重新划分。在晚三叠世以前,以唐古拉山岩浆岩带为分隔羌北-昌都地层区与索县-左贡地层分区的界线,三叠纪末的晚印支运动使得两者焊接在一起,统称为"北羌塘"地层区;早-中侏罗世时期,地层分区转换以本塔断裂带为界,其南为多玛地层分区,其北是"北羌塘"地层区;班公湖-怒江地层区的北界为班公湖-怒江结合带的北部边界,地层区内仅零星分布晚三叠世确哈拉组(图2-1)。上述划分主要基于以下几个基本事实。

(1)晚三叠世唐古拉构造-岩浆带作为羌北-昌都和索县-左贡地层分区界线。测区唐古拉构造-岩浆

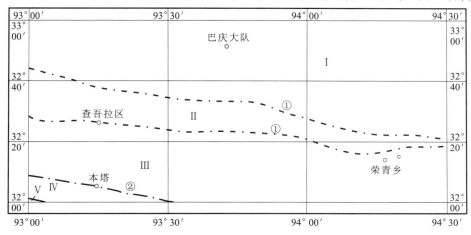

图2-1 研究区地质分区示意图
①三叠纪地层分区界线;②侏罗纪地层分区界线
Ⅰ.羌北地层分区;Ⅱ.唐古拉隆起带;Ⅲ.索县-左贡地层分区;Ⅳ.安多-多玛地层分区;Ⅴ.班公湖-怒江结合带

带以北出露最老地层为石炭系,其上为下侏罗统那底岗日组(J_1n)角度不整合覆盖;以南最老地层为吉塘岩群,其上被东达村组(T_3d)、甲丕拉组(T_3j)角度不整合覆盖。东达村组为典型的"磨拉石"建造,中下部以砾岩为主,砾石成分主要为构造片岩和石英岩,大小悬殊,分选差,磨圆差,成熟度低。该套"磨拉石"建造为确定测区中三叠世末的早印支造山运动提供了有力佐证。

(2)羌北-昌都与索县-左贡地层分区晚印支期以后成为一个整体,统称为"北羌塘"地层区。三叠纪末的晚印支运动使得晚三叠世地层普遍发生低级变质和构造变形;早侏罗世那底岗日组火山岩、中侏罗世雀莫错组内部火山岩的存在表明,早-中侏罗世期间北羌塘地区主体为伸展构造背景,中侏罗世雀莫错组与下伏地层的角度不整合面是伸展不整合的重要表现。早-中侏罗世北羌塘地层区与索县-左贡地层区已转换为同一个沉积区。

(3)本塔断裂带南侧的多玛地层区和北侧"北羌塘"地层区在侏罗纪时期的沉积环境已有明显不同。前者侏罗纪地层划分为佣钦错群,包括早-中侏罗世色哇组、中侏罗世捷布曲组。色哇组发育3个亚二级旋回层序,并构成一个由滨浅海-浅盆深湖的二级层序;捷布曲组为浅水缓斜坡相碳酸盐岩系、浅水缓斜坡相碳酸盐岩与碎屑岩混合沉积,并含有腕足动物 *Burmirhynchia-Holcothyris* 组合。断裂带以北中侏罗世雁石坪群沉积层序表现为清楚的"两砂夹一灰",与佣钦错群沉积古构造背景不同,碳酸盐岩所占的比例较低。

(4)班公湖-怒江地层区位于测区西南角,零星出露有晚三叠世确哈拉组。该组下部为砾岩,中上部以钙质板岩、砂质板岩为主,夹结晶灰岩。岩石普遍发生浅变质,复理石韵律和重荷模构造发育,结晶灰岩中发育大量珊瑚化石,与索县-左贡地层分区晚三叠世岩石组合面貌显著不同。

(5)测区在侏罗纪晚期-白垩纪早期焊接为统一陆块,晚白垩世以来地层不存在进一步分区。

测区不同构造-地层分区的岩石地层序列见表2-1。

表 2-1 测区地层系统简表

年代地层	滇藏地层大区			华南地层大区
	班公湖-怒江地层区	羌南-保山地层区		羌北-昌都地层区
	东恰错分区	多玛分区	索县-左贡分区	
新近系	冲积物、洪积物、湖积物、冰碛物、沼积物、冰水沉积物、风积物			
		康托组		曲果组
				查保马组
古近系				
白垩系			牛堡组	沱沱河组
			阿布山组	
上侏罗统				旦荣组
中侏罗统		佣钦错群 捷布曲组	雁石坪群	夏里组
				布曲组
		色哇组		雀莫错组
下侏罗统				那底岗日组
上三叠统	确哈拉组二段		巴贡组	
			波里拉组	
			甲丕拉组	
			东达村组	
中二叠统				开心岭群 九十道班组
				诺日巴尕日保组
				扎日根组
下石炭统				杂多群 碳酸盐岩组
				碎屑岩组
前石炭系			吉塘岩群 西西岩组	
			恩达岩组	

第二节 前石炭纪地层——吉塘岩群

本次工作在唐古拉山以南的巴青乡-江绵乡一带首次发现一套变质岩系。根据其岩石组合特征和区域展布、变形变质作用特点,经区域对比,认定为吉塘岩群,是索县-左贡地层分区最古老岩石地层单位。

李璞(1959)将澜沧江北段吉塘地区的一套以片麻岩、混合岩为主的变质岩命名为吉塘变质岩层,时代归为前寒武纪。杨遑和等(1986)改称为"吉塘群",将其下部以片麻岩和混合岩为主的地层体命名为恩达组;上部以片岩和变质砂砾岩为主的地层体命名为"西西组",时代仍为前寒武纪。这一划分为许多学者和著作所引用。本报告根据变质岩区地质填图新方法,结合测区实际,将"吉塘群"更名为吉塘岩群,自下而上划分为恩达岩组和西西岩组,时代置于前石炭纪。

一、恩达岩组(AnCe)

(一)基本特征

恩达岩组主要分布于测区西部唐古拉山侵入岩带南侧,沿查吾拉区-当木江乡一带呈北西西-南东东向展布,出露长40km、宽1.54km,出露面积约70km²。北侧被唐古拉山岩体侵入,南侧被中侏罗统雀莫错组角度不整合覆盖。岩石组合为黑云斜长片麻岩、黑云二长片麻岩、二云斜长变粒岩、二长浅粒岩、二云二长变粒岩、二云片岩、二云石英片岩、石榴二云斜长片岩、石榴二云斜长变粒岩、黑云二长变粒岩、石榴斜长二云片岩、斜长浅粒岩。

(二)实测剖面描述

本次工作在查吾拉乡和荣青乡江陇曲分别对恩达岩组进行了实测。

1. 西藏聂荣县查吾拉乡前石炭纪吉塘岩群恩达岩组实测剖面(图2-2)

剖面位于聂荣县查吾拉乡西,全长3 645m,由暗灰色灰色黑云斜(二)长片麻岩、浅灰色二长浅粒岩、浅灰绿色二云斜长变粒岩夹褐铁矿化石英岩、灰色二云石英片岩组成,长英质脉体十分发育。

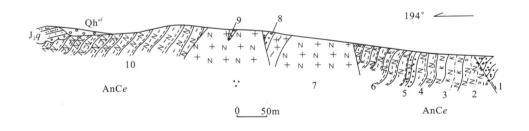

图2-2 西藏聂荣县查吾拉区查吾拉乡前石炭纪吉塘岩群恩达岩组实测剖面图
1.灰白色石英岩;2.浅灰绿色二云斜长变粒岩;3.浅灰色二长浅粒岩;4.浅灰绿色黑云斜长片麻岩;5.褐色褐铁矿化石英岩;6.灰色黑云二长片麻岩;7.细粒斜长花岗岩;8.片麻状花岗岩;9.灰色二云石英片岩;10.暗灰色黑云斜长片麻岩;AnCe.前石炭系恩达岩组;J₂q.中侏罗统雀莫错组;Qh^{al}.全新统冲积物

2. 西藏巴青县荣青乡江陇曲前石炭纪吉塘岩群恩达岩组实测剖面(图2-3)

该剖面位于荣青乡江陇曲西,全长2 268m,两侧被第四系覆盖,未见顶、底。根据路线地质调查资料,恩达岩组北侧与唐古拉山岩体呈侵入接触,其出露与岩体向上热力侵位密切相关。

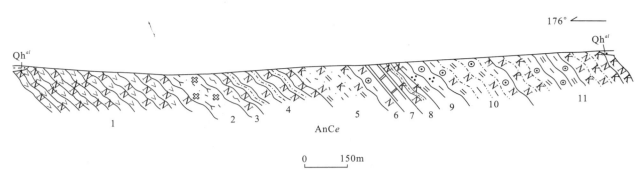

图 2-3 西藏巴青县江绵区荣青乡江陇曲前石炭纪吉塘岩群恩达岩组地层实测剖面图

1.暗绿灰色斜长角闪片岩;2.暗绿灰色十字矽线黑云变粒岩;3.暗灰色黑云石英片岩;4.灰白色斜长浅粒岩;5.浅灰色二云二长变粒岩夹二云片岩;6.暗灰色石榴黑云片岩;7.浅灰色大理岩;8.灰白色二云浅粒岩;9.银灰色二云石英片岩夹石榴二云片岩;10.暗绿色含石榴二云斜长变粒岩;11.暗绿灰色黑云二长变粒岩夹石榴二云片岩;AnCe.前石炭系恩达岩组;J_2q.中侏罗统雀莫错组;Qh^{al}.全新统冲积物

（三）岩石组合及其变形特征

恩达岩组（AnCe）岩性为黑云斜长片岩、二云石英片岩、黑云二长片麻岩、黑云斜长片麻岩、二云斜长变粒岩、黑云二长变粒岩和石榴斜长二云片岩、二云石英片岩、石榴黑云斜长片岩等。岩石塑性流变现象十分普遍，发育一系列片内无根紧闭-等斜褶皱（图版Ⅰ-1、2、3）。岩石组合和化学特征表明，恩达岩组原岩为一套钙质砂岩夹中基性火山岩。

二、酉西岩组（AnCy）

（一）基本特征

酉西岩组为索县-左贡地层分区中广泛发育的变质地层，沿唐古拉山南侧的江绵乡-拉根拉-杂拉陇一带分布。岩石组合为黑（二）云石英片岩、绿泥钠长片岩、变质玄武岩、云母钠长片岩、浅粒岩、变粒岩夹石英岩等，被晚三叠世地层不整合覆盖，未见底。

该岩组主要出露于地势相对较低的地方，表明变质岩系埋藏相对比较浅，为"浅基底"变质岩系（王根厚等，2004）。构造置换强烈，塑性变形特征明显，构造变形以片内固流褶皱及顺层韧性剪切滑脱带为特征，发育区域性透入性面理及拉伸线理，是一套经历了强烈的塑性流变和韧性剪切改造的构造片岩。岩石内石英多呈矩形条带状，云母为残片状集合体，钠铁铝榴石变斑晶以"σ"形残斑形式产出，S-C组构十分发育，运动指向和岩石构造组合具有典型的韧性滑脱构造特征（详见第五章）。

（二）剖面描述

1. 西藏巴青县江绵乡吉塘岩群酉西岩组实测剖面（图 2-4）

剖面位于巴青县贡日乡的简易公路旁，江绵乡北约1km处，露头较好。剖面上岩石组合齐全，构造变形强烈，不同期次的构造置换和叠加关系清楚，在测区酉西岩组中有较好的代表性。其主要岩性为白云母石英构造片岩、黑云斜长片麻岩、二云石英构造片岩、石墨白云母石英构造片岩、石榴石白云母石英构造片岩。被上三叠统东达村组角度不整合覆盖，接触面上发育保留有发育完好的底砾岩以及古风化壳（图版Ⅰ-4、5），部分地段直接被中侏罗统雀莫错组超覆，未见底。

2. 西藏巴青县江绵乡陇曲前石炭纪吉塘岩群酉西岩组地层实测剖面（图 2-5）

该剖面位于巴青县江绵区江绵乡麻乃阳坎江陇曲西岸，全长6 370m，岩性为灰色石榴石白云母石英构造片岩、长英质构造片岩和钠长构造片岩，被上三叠统东达村组不整合覆盖。

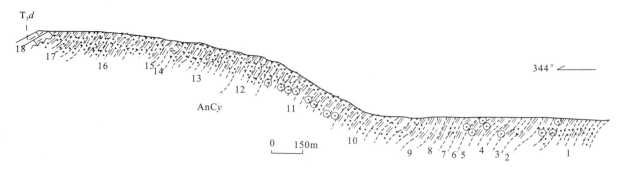

图 2-4 西藏巴青县江绵乡前石炭纪吉塘岩群酉西岩组实测剖面图

1.灰色石榴白云母石英片岩与石榴二云构造片岩不等厚互层;2.灰色石榴白云母石英构造片岩;3.灰色二云构造片岩;4.灰色石榴白云母石英片岩;5.灰色石榴白云母构造片岩与二云构造片岩互层;6.灰色石榴白云母石英片岩与二云片岩互层夹长石石英岩;7.灰色石榴白云母构造片岩;8.灰色白云母石英构造片岩;9.深灰色石墨白云母片岩;10.灰白色白云母石英构造片岩;11.浅灰色石榴白云母石英构造片岩;12.褐黄色白云母石英构造片岩;13.灰色二云石英构造片岩;14.浅灰色黑云斜长片麻岩;15.暗灰色石墨白云母石英构造片岩;16.灰色白云母石英构造片岩;17.褐灰色白云母石英构造片岩;18.上三叠统东达村组灰色泥灰岩

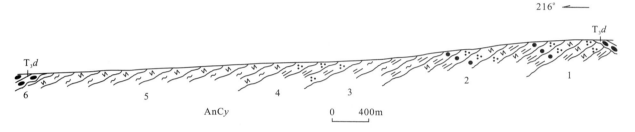

图 2-5 西藏巴青县江绵乡麻乃阳坎吉塘岩群酉西岩组实测剖面图

1.灰色长英质构造片岩;2.浅灰色石榴白云母石英构造片岩;3.灰绿色绿泥石白云母石英构造片岩;4.灰白色白云母石英构造片岩;5.灰绿色绿泥斜长构造片岩;6.东达村组褐灰色砾岩

(三)变质岩石组合和原岩

吉塘岩群酉西岩组主要岩性为褐灰色-灰白色白云母石英构造片岩、二云钠长石英构造片岩,特征变质矿物是多硅白云母、石榴子石、钠长石,经历了高压低温动力变质作用。根据岩石中石英含量高和大理岩夹层的出现,认为其原岩主要为沉积岩。

三、恩达岩组与酉西岩组接触关系及吉塘岩群的时代讨论

(一)恩达岩组与酉西岩组的关系

测区以东丁青县和类吾齐一带,酉西岩组角度不整合覆盖于恩达岩组之上,前者发育底砾岩。由于以后多期变质作用和构造变形的改造,这一不整合面被后期构造滑脱面所置换,以致如今在大部分地区见到两者以韧性变形带为界。但以下事实值得重视。

(1)变质相带不连续。恩达岩组为区域动力热流变质的岩石组合,主要变质矿物有矽线石、铁铝榴石、角闪石、长石和黑云母等,特征变质矿物组合为中低角闪岩相,属中低压相系(详见变质岩部分)。酉西岩组为一套构造片岩,变质程度为绿片岩相,属高压低温环境。两套岩石组合所反映的变质相带并不连续。

(2)变形特征和变形期次差别较大。一般而言,相邻的两套变质地质体,若变质地质体甲的构造变形复杂,且具有乙变质地质体的构造变形痕迹,而乙中却无甲的变形迹象,则在说明甲的形成时代要早于乙,两者之间应存在不整合界面,即使大部分部位的不整合面已不明显。与酉西岩组相比,恩达岩组经历的变形期次多、变形样式复杂,尤其是塑性流动变形现象普遍发育。况且区域上酉西岩组底部发育一套含砾变质砂岩、变质砾岩,其砾石成分主要为来自于恩达岩组片麻岩。

综上所述,酉西岩组与恩达岩组原始接触关系应为角度不整合,韧性剪切带是在不整合形成之后叠加的。

(二)吉塘岩群形成时代探讨

对于吉塘岩群的成岩时代,不同研究者有不同的结论,但大多数学者都将其时代置于前寒武纪。其实,这是一套有明显构造继承性的岩石组合,即其内部包含了不同构造层次、岩石构造单元的有序或无序岩石组合,经历了多期"构造混杂和构造置换"和"变质均一化作用"过程。前人在片麻岩中获得的 Rb-Sr 同位素年龄为 757.1±26.84Ma(相关系数 0.892 669)和 371.5±0.5Ma(雍永源,1987);混合花岗岩 Sm-Nd 模式年龄为 2 802±45Ma(周详等,1995),年龄差别较大。因此,确定吉塘岩群形成时代的下限比较困难。本报告认为,确定吉塘岩群形成的上限要比其下限更为重要,且更具有实际意义。

区内吉塘岩群上覆最老地层为晚三叠世卡尼期东达村组。在类吾齐和丁青一带,吉塘岩群被早石炭世卡贡群灰色板岩夹厚层结晶灰岩和砾岩角度不整合覆盖,而与索县-左贡地层分区紧邻的北羌塘-昌都地层区早石炭世杂多群并未发生强烈的构造变形,而是仅发生了浅变质(低绿片岩相)作用,故本报告将其形成时代的上限置于前石炭纪。

四、区域对比

吉塘岩群与羌塘西部中央隆起带上呈东西向展布的阿木岗群相当(雍永源,1990))。吴瑞忠等将阿木岗群划分为下部片麻岩段、中部石英岩段和绿片岩段、上部硅质岩段三部分,下中部和中上部之间呈不整合接触。从岩石组合来看,测区吉塘岩群恩达岩组与阿木岗群的片麻岩段相当,酉西岩组可与阿木岗群石英岩段和绿片岩段对比。

第三节 上古生界

区内上古生界主要出露于唐古拉山北侧的羌北-昌都地层区,由下石炭统杂多群碳酸盐岩组、碎屑岩组和上二叠统扎日根组、诺日巴尕日保组、九十道班组组成。由于第四系覆盖较为严重,地层出露不连续。

一、下石炭统杂多群

该群由青海省第二区调队(1982)创名于杂多县,原义包括:"下部碎屑岩组,下部碳酸岩组,上部含煤碎屑岩组与上部碳酸岩组"(以下分别简称一岩组、二岩组、三岩组、四岩组)。在 1970 年,青海省区测队将唐古拉山北部的早石炭世沉积自下而上分为下部碎屑岩组、中部灰岩组、上部含煤层。刘广才(1988)分析了各岩组的岩石特征、岩石组合方式、各岩组内所含化石总貌以及各岩组之间的接触关系后,认为三岩组就是一岩组、四岩组就是二岩组,因此,将杂多群划分为两个岩性组,即下部含煤碎屑岩组和上部碳酸盐岩组。以后在应用中曾一度出现过混乱,现在对其涵义的认识基本趋于一致(表 2-2)。

表 2-2 杂多群划分对比一览表

1:100万《温泉幅》(1970)	青海省第二区调队(1982)	刘广才(1988)	青海省区调综合大队(1989)	《青海省区域地质志》(1991)	《青海省岩石地层》(1997)	本报告(2006)
上古生界	杂多群	杂多群	碳酸盐岩组	杂多群	碳酸盐岩组	杂多群	查然宁组	杂多群	碳酸盐岩组	杂多群	碳酸盐岩组
			含煤碎屑岩组		含煤碎屑岩组		俄群嘎组		含煤碎屑岩组		碎屑岩组
							那容浦组				

(一)碎屑岩组(C_1z^1)

1. 基本特征

碎屑岩组主要出露于区内叶子底钦-阿日西诺、松曲南侧,由灰色、灰黑色中厚层-块状变质石英砂岩、变质细粒长石岩屑砂岩、变质硅质粉砂岩夹灰色砂屑灰岩组成,被上覆碳酸盐岩组整合覆盖,未见底,总厚度大于1 113.73m,腕足类化石碎片丰富。

2. 剖面描述

区内由于第四系覆盖强烈而岩石露头较差,且交通极为不便,工作中受到的某些干扰严重,故采用东邻1∶25万杂多幅的实测剖面(图2-6)。

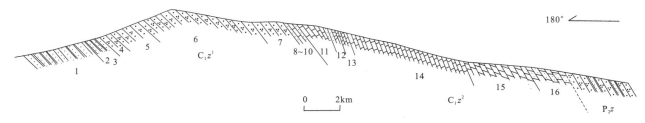

图2-6 青海省杂多县苏鲁乡巴纳涌下石炭统杂多群实测剖面图

上覆地层:杂多群碳酸盐岩组灰-深灰色中厚层状含团粒生物灰岩
—————————— 整合 ——————————

杂多群碎屑岩组(C_1z^1) >1 113.73m
10. 浅灰色中厚层状中细粒变质石英砂岩 30.6m
9. 灰黑色中厚层状含团粒生物碎屑灰岩 7.83m
8. 深灰色中厚层状钙质粉砂岩 15.9m
7. 灰黄-浅灰色薄层状细粒石英砂岩 108.3m
6. 灰色中层状中粗粒石英砂岩夹灰色薄-中层状石英砂岩 404.8m
5. 浅灰色薄层状细粒石英砂岩夹灰褐色中-中层状中细粒石英砂岩 149.7m
4. 灰色薄层状石英细砂岩 57.8m
3. 灰褐色薄层状石英砂岩夹灰色薄层状粉砂质板岩 60.2m
2. 深灰色薄-中层状含粉砂粘土质板岩 18.1m
1. 深灰色薄层状泥质石英细粉砂岩夹深灰色薄层状粉砂质板岩 260.5m

未见底

3. 地层对比与时代归属讨论

测区杂多群碎屑岩组主要为一套浅变质的灰色、灰黑色中厚层-块状石英砂岩、细粒长石岩屑砂岩、硅质粉砂岩夹灰色砂屑灰岩,与东邻1∶25万杂多幅及其实测剖面中的碎屑岩组岩石组合具有较好的可对比性,且均被上覆碳酸盐岩组整合覆盖。与区域上层型剖面上的杂多群含煤碎屑岩组的岩石组合特征基本相似,唯一的差别在于后者炭质含量明显偏高,局部地段有劣质煤层。

杂多幅在该组中采集到丰富的古生物化石,有腕足类: *Gigantoproductus* cf. *giganteus* (Sowerby), *Striatifera* cf. *angusta* (Janischewsky), *Delepinea depressa* Ching et Liao, *Megachonetes* cf. *zimmerimani* (Paeckelmann), *Pustula altaica* (Tolmatchwva), *Eomarginifera* cf. *viseeniana* (Chao), *Cancrinella* cf. *rostrata* Liao, *Overtoio biseriata* (Hall), *Crurithyris suluensis* Ching et Ye, *Cleiothyridina expansa* (Phillips);珊瑚类: *Kueichouphyllum* sp., *Lithsotrotion pingtangense* H. D. Wang, *Yuanophyllum* sp., *Palaeosimilia* sp., *Dibunophyllum* sp., *Thysanophyllum* sp.;菊石类: *Muensteroceras nandanse* Chao et Ling;腹足类: *Holopea* cf. *bomiensis* Pan Y. T.。其中, *Gigantoproductus* cf. *giganteus* (Sowerby), *Striatifera* cf. *angusta* (Janischewsky), *Muensteroceras nandanse* Chao et Ling为早石炭世大塘晚期常见的分子。因此,本报告将杂多群碎屑岩组的时代归入早石炭世大塘晚期。

4. 沉积环境分析

测区该岩组基本层序为由中粗粒长石石英砂岩、中细粒长石岩屑砂岩、粉砂岩、粉砂质板岩组成的旋回式沉积韵律层,平行层理及正粒序层理发育(图2-7),反映了沉积过程中水体有规律的变化。其实,碎屑岩组的每层沉积物均是由不同成分、不同粒级的陆源碎屑物质组成的,自下而上由粗变细的自旋回对称性沉积韵律叠加又构成更高一级对称或不对称的旋回性层序。

该岩组粒度分析结果(图2-8)表明,其粒度分布范围比较狭窄,多集中于3.5~6.5之间,平均粒度3.5~5。其中,粉砂占到50%~90%,且多为粗粉砂,细粉砂仅10%~50%,粗截点多在4%左右,细截点在4.5%,推移组分含量低于20%,跳跃式搬运组分约占40%~50%,平均组分为30%~50%;频率累计曲线的斜率均陡(60%~70%),3个线段在图上拟合性较好,反映当时水动力微弱,水流强度变化不大,以底流活动为主。沉积环境为海相-海陆交互相。

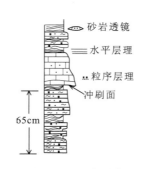

图2-7 基本层序

(二)碳酸盐岩组(C_1z^2)

1. 基本特征

测区该岩组呈东西向展布于吉日日纠、果鄂阿、特陇拉哈、尕多、然依布迪、尕拉琼果、扎莽等地。岩性为灰色中厚层状生物灰岩、砂质灰岩夹薄层状粉砂质页岩、灰-灰褐色复成分中细砾岩、中-细粒含砾岩屑长石砂岩及薄层状细粒变质石英砂岩,厚度大于1 005.6m。

2. 剖面描述

剖面位于杂多县苏鲁乡巴纳涌,自上而下的地层层序如下(图2-6)。

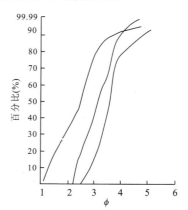

图2-8 碎屑岩组粒度概率累计频率曲线图

上覆地层:中二叠统扎日根组深灰色含砾石英砂岩夹粉砂质板岩

---------------------- 平行不整合 ----------------------

碳酸盐岩组(C_1z^2)	>1 005.6m
16. 灰色中厚层状含细粉砂泥灰岩	170.9m
15. 紫红色薄层状含粉砂泥灰岩,产腕足 *Crurithris* cf. *planoconvesa* (Shumard), *Cleiothyridina* sp.	12.4m
14. 深灰色亮晶含生物灰岩,产腕足 *Argentiproductus* cf. *margaritacea* (Philips), *Megachonetes zimmermanni* (Packelmann), *Blalkhonia grabau* (Ozaki), *Avonia* sp., *Striatifera strata* (Fischer), *Dielasma* cf. *indentum* (Grabau), *Linoproductus* cf. *simensis* (Tschernyschew), *Terebratuloidea elegantula* (Grabau);珊瑚 *Dibunophyllum* sp., *Protodurhamina*;苔藓虫 *Cummingella* sp.	326.6m
13. 深灰色薄-中层状含生物灰岩夹灰黑色薄层状鲕粒灰岩。产腕足 *Striatifera* cf. *plana* Yang, *Gigantoproducts* sp.;珊瑚 *Lithostrotion* cf. *yaolingense* (Chu)	417.3m
12. 黄褐色薄-中层状中细粒石英砂岩夹浅灰黄色中层状含砾石英砂岩及灰黄色薄层泥灰岩	39.8m
11. 灰-深灰色中厚层状含团粒生物灰岩。产双壳 *Limipecen* sp.;腕足 *Gigantoproducus* cf. *semiglobosus* (Paecklman)	38.6m

---------------------- 整合 ----------------------

下伏地层:上石炭统碎屑岩组浅灰色中厚层状中细粒石英砂岩

3. 地层对比和沉积环境分析

杂多群碳酸盐岩组以生物灰岩或灰岩为主,偶夹角砾灰岩、石英砂岩和泥岩。岩石组合比较稳定,具有较好的区域可对比性,是区域地层划分与对比的良好标志层。该岩组发育水平层理,从生物种类和组合面貌上看,主体形成于光照较为充足,水体清澈,固着生物茂盛的滨浅海环境。角砾灰岩、鲕粒灰岩反映出水动力能量较高,为环潮坪沉积。

4. 时代讨论

杂多群碳酸盐岩组中古生物化石丰富,区域上已采集到腕足类:*Striatifera strata*(Fischer),*Stratifera* cf. *recurva* Ching et Ye,*Gigantoproductus semiglobosus* (Paeckelmann),*Megachonetes zimmerimani* (Paeckelmann),*Eomarginifera viseemina* (Chao),*Overtonia biseriata* (Hall),*Echinoconchus punctaus* (Martin),*Linoproductus* cf. *corrugatus*(M'Coy);珊瑚类:*Lithostrotion irregulare* Phillps, *Palaeosmilia murchisoni* Edwards et Haime,*Palaeosmilia* Edwards et Haime,*Palaeosmilia tanggulaebsis* Li et Liao, *Clisiophyllum hunanense* Yu,*Thysanophyllum shaoyangenes* Yu,*Diphyphyllum platiforme* Yu;苔藓类:*Polypora* sp.。

本次在阿涌南和旦荣乡等地采集的化石有珊瑚类:*Actiocyathus* sp., *Axophyllum equitabulatum*, *A. jamdaense*, *A.* sp., *Carruthersella* sp., *Dibunophyllum* cf. *turbinatum*, *D.* sp., *D.* cf. *turinatum*, *Diphyphyllum dedaense*, *D. fasciculatum*, *Kueichouphyllum* sp., *Palaeosmilia murchisoni*, *P.* sp., *Arachnolasmella* sp., *Sinopora* sp., *Siphonodendron* sp.;䗴类:*Pseudoendothyra* sp., *Pseudostaffella* sp.,*Eostaffella* sp.;非䗴有孔虫类:*Cribrostomum* sp., *Deckerella* sp., *Cridrostomum* cf. *eximum* 等。从生物群特征上分析,分异程度较低,属亲扬子型生物群,时代为早石炭世大塘期。

二、中二叠统开心岭群

青海省石油局 632 队(1957)将唐古拉山开心岭一带的上部淡灰色致密块状灰岩;中部黑灰色砂岩、页岩,局部夹薄层砾岩及泥质砂岩;下部黑灰色厚层及灰白色薄层-厚层致密状页岩,富含䗴及其化石痕迹和底部青绿色砂岩夹灰黑色页岩与煤层的一套岩石组合称开心岭群,时代归晚古生代。1:100 万《温泉幅》将其时代划归下二叠统。刘广才(1993)将该群的下碳酸盐岩组创名扎日根组,碎屑岩组创名诺日巴尕日保组,上碳酸盐岩组新建为九十道班组,本报告沿用之,但采用全国地层委员会(2001)二叠纪新的三分方案(表 2-3)。

表 2-3 开心岭群划分对比沿革表

青海省石油局(1957)		1:100 万《温泉幅》(1970)		青海省地层表(1980)		青海省区调综合地质大队(1989)		《青海区域地质志》(1991)		刘广才(1993)		《青海省岩石地层》(1997)		本报告(2005)	
晚古生代	开心岭群	下二叠统	开心岭群		火山岩组		火山岩组		上碳酸盐岩组		扎格涌组	九十道班组	九十道班组	开心岭群(C-P)	九十道班组	开心岭群
				开心岭群	上碎屑岩组	开心岭群	上碎屑岩组	开心岭群	碎屑岩组	开心岭群		开心岭群	诺日巴尕日保组		诺日巴尕日保组
					石灰岩组		石灰岩组		下碳酸盐岩组		尕笛考组		扎日根组		扎日根组
					下碎屑岩组										

(一)扎日根组(P₂z)

刘广才(1993)创名于格尔木市唐古拉山乡扎日根,原意指深灰色巨厚层含生物碎屑泥晶灰岩夹浅灰色巨厚层角砾状含生物泥晶灰岩组成的地层体。青海省区调综合地质大队(1986)在命名地对其进行了层型剖面测制,时代归为晚石炭世-早二叠世。本报告根据扎日根组的岩性组合特征及其生物组合,将其时代置于中二叠世。

1. 基本特征

扎日根组呈东西向分布于测区东北部的美木陇切东部,岩性主要为灰色-深灰色含硅质条纹块状灰岩,平行不整合于早石炭世杂多群之上,与上覆诺日巴尕日保组整合接触,厚度大于1 043m。

2. 剖面描述

1）青海省杂多县旦荣乡美木陇切中二叠统扎日根组实测剖面(图2-9)

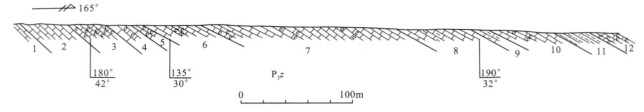

图2-9 青海省杂多县旦荣乡美木陇切中二叠统扎日根组实测剖面图

剖面位于旦荣乡美木陇切西侧,顶、底不全,主要由富含生物碎屑灰岩组成,控制厚度281.11 m,相当于扎日根组中部地层。

扎日根组(P_2z)	>**281.11m**
未见顶	
12. 深灰色中厚层状含生物碎屑灰岩,生物碎屑为较小的双壳类	1.96m
11. 灰绿色粉砂质页岩,发育水平层理	6.85m
10. 深灰色中厚层状灰岩夹生物碎屑灰岩,发育水平层理,局部夹泥灰岩	40.50m
9. 深灰色薄层状灰岩夹中厚层状灰岩,发育水平层理	10.42m
8. 深灰色中厚层状灰岩夹浅灰色薄层泥灰岩,局部夹薄层介壳灰岩,发育小型水平层理	31.77m
7. 深灰色中厚层状灰岩,局部夹介壳灰岩、中厚层状灰岩	96.94m
6. 深灰色中厚层状灰岩夹牡蛎灰岩	22.38m
5. 青灰色生物碎屑灰岩	3.73m
4. 青灰色中厚层状灰岩夹含生物碎屑灰岩	13.07m
3. 青灰色中厚层状含生物碎屑灰岩	26.25m
2. 灰色厚层状灰岩,偶夹生物碎屑灰岩	23.97m
1. 青灰色中厚层状灰岩夹薄层灰岩,局部含生物碎屑,生物碎屑为海百合茎	3.27m
未见底	

2）青海省杂多县旦荣乡巴庆大队东侧中二叠统扎日根组实测剖面(图2-10)

图2-10 青海省杂多县旦荣乡巴庆大队东侧中二叠统扎日根组实测剖面图

剖面位于旦荣乡巴庆大队东侧,岩性为富生物碎屑灰岩,厚度大于1 043.61m。层序自下而上如下。

上覆地层：中二叠统诺日巴尕日保组灰绿色中厚层状硅质岩夹薄层细砂岩
———————————— 整合 ————————————

中二叠统扎日根组（P_2z） >1 043.61m
8. 浅灰色大理岩，局部含有腕足类等生物化石 205.25m
7. 青灰色中厚层状灰岩夹海百合茎灰岩 123.12m
6. 深灰色中厚层状灰岩，夹生物碎屑灰岩 146.13m
5. 青灰色中厚层状含海百合茎灰岩 327.95m
4. 青灰色中厚层状含燧石团块灰岩，偶夹生物碎屑灰岩 16.28m
3. 青灰色中厚层状含生物碎屑灰岩，岩石中含有较多的单体珊瑚，局部见少量腕足类化石 155.51m
2. 青灰色中厚层状灰岩，局部夹燧石条带，亮晶结构 59.68m
1. 青灰色中厚层状灰岩，岩石具有亮晶结构 >9.66m
未见底

3. 地层划分与沉积环境分析

区内扎日根组以富含生物碎屑的灰岩为主，夹有砂屑灰岩和中-薄层生物碎屑灰岩。灰岩富含珊瑚类、腕足类、双壳类碎片，硅质条带发育，砂岩发育水平层理，总体反映了水体较为清澈的滨浅海碳酸盐台地沉积。

4. 时代讨论

测区该组含有大量生物化石。本次在杂多县旦荣乡巴庆大队一带采集到较多的珊瑚 *Sinopora xainzaensis* Lin，其时代为中二叠世。

（二）诺日巴尕日保组（P_2n）

刘广才（1993）创名于格尔木市诺日巴尕日保，由灰色、灰绿色中-细粒岩屑长石砂岩、长石石英砂岩、长石砂岩，夹薄层的粉砂岩和泥晶灰岩组成，与上覆九十道班组呈整合接触。《青海省岩石地层》（1997）将其涵义厘定为："指分布于唐古拉山北坡，位于九十道班组之下的地层体，由杂色碎屑岩夹泥岩、灰岩及不稳定火山岩组成，含鏟、珊瑚及双壳类等化石，与下伏扎日根组接触关系不清，以碎屑岩的顶层面为界，与上覆九十道班组灰岩整合接触。"

1. 基本特征

诺日巴尕日保组在区内呈东西向展布于测区唐古拉山北侧的索拉窝玛、日根-绕德-尺宰、迪玛村一带，出露范围较广。当曲-阿涌断裂带两侧的岩石组合稍有差异，其南部由下部灰绿色、灰紫色含放射虫硅质岩和上部灰色-深灰色细粒长石石英砂岩与粉砂岩互层组成；北部由紫红色-蓝灰色中粗粒、中细粒长石岩屑砂岩，深灰色细粒长石石英砂岩夹砾岩和透镜状玄武安山岩组成。横向上地层厚度变化较大，从52～1 278m不等。

2. 剖面描述

1）青海省杂多县旦荣乡巴庆大队诺日巴尕日保组下部硅质岩实测剖面（图2-11）

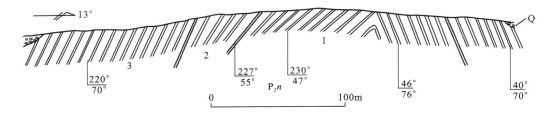

图2-11 青海省杂多县旦荣乡巴庆大队中二叠统诺日巴尕日保组下部硅质岩实测剖面图

中二叠统诺日巴尕日保组(P_2n)	>176.04m
未见顶	
3. 灰绿色中薄层含放射虫硅质岩	35.62m
2. 灰绿色-灰紫色硅质岩与墨绿色硅质岩互层,单层厚度约为10～30cm	40.55m
1. 墨绿色中-薄层含放射虫硅质岩,风化后呈褐色,节理较为发育	99.87m
未见底	

2)青海省杂多县巴庆大队东侧诺日巴尕日保组实测剖面(图2-10)

剖面位于巴庆大队东侧,与下伏扎日根组整合接触,属诺日巴尕日保组底部硅质岩及碎屑岩段,厚度大于1 277.89m,描述如下。

中二叠统诺日巴尕日保组(P_2n)	>1 277.89m
未见顶	
12. 灰色中厚层状砂岩夹含砾砂岩及薄层中细粒岩屑石英砂岩,发育水平层理	226.40m
11. 深灰色中厚层状粗中粒岩屑石英砂岩	23.73m
10. 浅灰色中细粒岩屑石英砂岩,发育水平层理及斜层理	253.69m
9. 灰绿色中厚层状硅质岩,夹薄层细砂岩	774.07m
———— 整合 ————	

下伏地层:中二叠统扎日根组浅灰色大理岩

3)青海省杂多县旦荣乡巴庆大队诺日巴尕日保组下部地层实测剖面(图2-12)

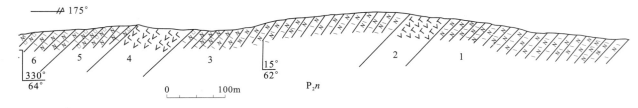

图2-12 青海省杂多县旦荣乡巴庆大队中二叠统诺日巴尕日保组实测剖面图

剖面位于当曲与吾钦曲交汇处以北2 000m,全长1 085m,为一套中厚层状中细粒长石石英砂岩夹灰绿色透镜状杏仁-气孔玄武安山岩,厚度大于1 494.89m。

中二叠统诺日巴尕日保组(P_2n)	>1 494.89m
未见顶	
6. 紫红色中层状细中粒长石石英砂岩	223.13m
5. 浅灰色中-厚层状中粒长石石英砂岩	180.39m
4. 灰绿色块状杏仁-气孔斑状玄武安山岩,斑晶为斜长石	132.69m
3. 灰-灰白色厚层状长石石英砂岩	40.97m
2. 灰绿色-深灰色块状杏仁-气孔玄武安山岩	489.99m
1. 灰-灰白色中-厚层状细粒长石石英砂岩	427.72m
未见底	

3. 地层划分与沉积环境分析

区域上诺日巴尕日保组底部为180m厚的含放射虫硅质岩,属初始裂谷环境沉积。顶部由长石砂岩、长石石英砂岩夹玄武安山岩组成,玄武安山岩呈透镜状产出。稀土元素分析表明,玄武安山岩 ΣREE 偏低,为 67.76×10^{-6},$L/HREE$ 为3.07,$(La/Yb)_N$ 为2.42,轻、重稀土分馏程度较低;$(La/Sm)_N$、$(Gd/Yb)_N$ 分别为1.28、1.59,反映轻、重稀土各自的分馏程度也低,稀土配分型式类似于洋岛碱性玄武安山岩

(详见第三章)。

当曲-阿涌断裂带是在中二叠世初始裂谷的基础上形成和发展的。初始裂谷带南北两侧诺日巴尕日保组岩石组合的差异显示其南侧为深海相放射虫硅质岩与细碎屑岩组合,北侧为洋岛环境中的碱性火山岩喷发。

4. 时代讨论

区域上诺日巴尕日保组中产较丰富的化石。包括腕足类:*Martinia* sp., *Marginifera* sp., *Orthotichia indica*(Waagen), *Squamularia* sp., *Athyris* sp., *Spirifer* sp., *Crurithyris* sp., *Dielasma* sp.;珊瑚类:*Liangshanophyllum* sp., *Wentzella* sp., *Maagenophyllum* sp.;䗴类:*Neoschwagerina douvilina* Ozawa, *Parafusulina* cf. *yabei* Hanzawa, *Yabeina kwangsiania* (Lee), *Pseudofusulina yunnanensis* Zhang;有孔虫类:*Pachyphloia* sp., *Reichelina* sp;菊石类:*Agathiceras suessi* Gemmmellaro, *Attinskia* sp.。其中,*Neoschwagerina douvilina* Ozawa, *Yabeina kwangsiania* 为中二叠世的标准分子。

本次工作中采集到的化石有珊瑚类 *Sinopora* sp. 和四射珊瑚、苔藓类。硅质岩中鉴定出大量的放射虫化石:*Albaillella excelsa* Ishiga Kito and Imoto(图版Ⅰ-6), *Deflandrella* sp. A Kuwahara and Yao (图版Ⅰ-7);*Eostylodictya* sp.(图版Ⅰ-8), *Follicucullus orthogonus* Caridroit and De Wever, *Incertae sedis* A Kuwahatra and Yao(图版Ⅱ-1), *Latentibifistula asperspongiosa* Sashida and Tonishi(图版Ⅱ-2), *Latentibifistula*(?) sp. A Kuwahara(图版Ⅱ-3), *Latentifistula texana* Nazarov and Ormiston(图版Ⅱ-4), *Proedflanderella* sp.(图版Ⅱ-5), *Pseudotormentus* sp., *P. kamigoriensis* De Wever and Caridroit(图版Ⅱ-6、7、8), *Quinqueremis* sp., *Q. arundinea* Nazarov and Ormiston(图版Ⅲ-1), *Quinqueremis flata* Wang Rujian(图版Ⅲ-2), *Quinaueremis* sp.(图版Ⅲ-3), *Raciditor inflate*(Sanshida and Tonish)(图版Ⅲ-4), *Spongptripus*(?) sp. Kuwahara and Yao(图版Ⅲ-5), "*Stauraxon*" *Incertaesedis*(图版Ⅲ-6)和 *Tormentum* sp.(图版Ⅲ-7、8)等。放射虫时代为中二叠世瓜达路俾期。

(三)九十道班组(P_2j)

刘广才(1993)创名于格尔木市唐古拉山乡九十道班,原指由灰色、深灰色粉晶灰岩、生物亮晶砾屑灰岩夹深灰色厚层中细粒长石岩屑砂岩组成的碳酸盐岩地层体。其中,灰岩含䗴类化石及少量珊瑚、双壳类及菊石等。《青海省岩石地层》(1997)沿用此命名,并将九十道班组的涵义重新定义为:"指分布于唐古拉山北坡,位于诺日巴尕日保组和那益雄组之间的地层体,由灰-深灰色碳酸盐岩夹少许碎屑岩组成,生物化石以䗴为主,有少量珊瑚、菊石、双壳及腕足类化石等。"

1. 基本特征

区内九十道班组主要分布在查吾曲两侧及纽涌一带,由灰黑色、灰色灰岩夹细粒长石石英砂岩、粉砂岩组成,整合于诺日巴尕日保组之上,被中侏罗世雀莫错组角度不整合覆盖(图2-13),厚度大于1 463m。

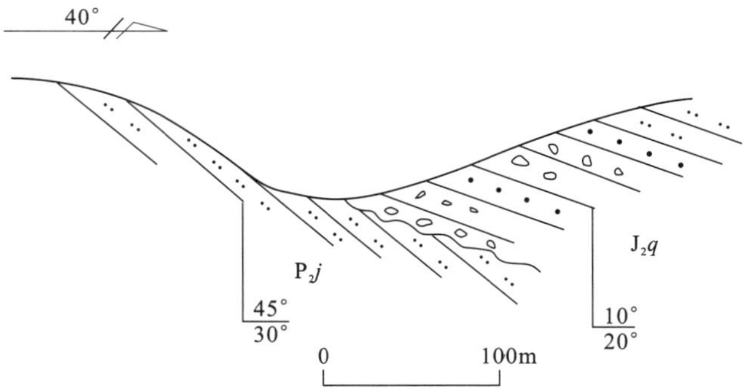

图2-13 九十道班组和雀莫错组角度不整合关系图

2. 剖面描述

区内该组出露不完整,本报告引用东邻1:25万杂多县幅结扎乡一带诺日巴尕日保组和九十道班组实测剖面(图2-14)作为补充。

中二叠统九十道班组(P_2z)   >1 463m

未见顶

11. 灰色块层状灰岩   289.36m

10. 灰色厚层状生物碎屑灰岩夹灰色厚层状中粗粒长石石英砂岩   144.22m

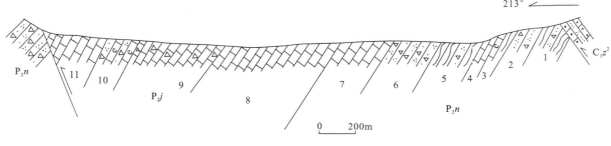

图 2-14 杂多县结扎乡九十道班组实测剖面图

9. 深灰色块层状亮晶灰岩夹灰色角砾状灰岩　　　　　　　　　　　　　　　　　323.99m
8. 灰色块层状灰岩　　　　　　　　　　　　　　　　　　　　　　　　　　　　410.27m
7. 浅灰色厚-块层状灰岩　　　　　　　　　　　　　　　　　　　　　　　　　197.10m

———————— 整合 ————————

下伏地层：中二叠统诺日尕尔日保组灰色中层状细粒长石石英砂岩夹深灰色薄层状粉砂质板岩

3. 沉积环境

测区的九十道班组主要由长石石英砂岩、灰岩以及粉砂岩组成，与下伏诺日巴尕日保组（P_2n）呈整合接触。砂岩中发育正粒序层理、交错层理和水平层理，总体反映出一种缓斜坡碳酸盐台地相沉积环境。

4. 时代讨论

区域上在九十道班中采集有大量化石。包括䗴类：*Neoschwagerina craticulifera*（Schwager），*Neoschwagerina megaspherica* Deprat，*Verbeekina heimi*（Thompson），*Yabeina inouyei* Deprat，*Parafusulina yunnanica*，*Pseudofusulina gruperaensis*（Thompson），*Parafusulina vulgaris*（Schellwien），*Parafusulina upchra* Sheng，*Yangchinia compressa*（Ozawa），*Chalaroschwagerina* sp.；腕足类：*Dictyoclostus* cf. *semireticulatus*（Mattin），*Enteletes* sp.，*Orthotetina* sp.；菊石类：*Epadrites timorensis involutus*（Haniel）；珊瑚类：*Liangshanophyllum* sp.，*Wentzelellla* sp.。珊瑚类以单体为特征，种类单一，为亲冈瓦纳相分子。在这些化石中，*Neoschwagerinagerina craticulifera*（Schwager）、*N. megaspherica*，*Verbeekina heimi*，*Yabena* sp. 等均是中二叠世中晚期的标准分子。

区内九十道班组化石保存较差。根据岩性组合特征进行区域上的对比，将其划为二叠世茅口期。

第四节　中生界

测区内中生界十分发育，以侏罗系为主，其次是上三叠统和白垩系。从岩石类型及其组合、化石指示的环境和时代、沉积相序等分析，各时代地层的发育具有明显的地域性。其中，三叠系确哈拉组主要出露于测区西南角班公湖-怒江地层区中；东达村组、甲丕拉组、波里拉组、巴贡组分布于索县-左贡地层分区；侏罗系在索县-左贡地层分区和羌北-昌都地层区中广泛分布，反映了从侏罗纪开始特提斯逐渐闭合，索县-左贡地层分区与羌北-昌都地层区连为一体，共同接受海相雁石坪群雀莫错组、布曲组和夏里组等碎屑岩夹碳酸盐岩沉积。多玛地层分区同期沉积了下-中侏罗统色哇组、中侏罗统捷布曲组。

一、上三叠统

（一）索县-左贡地层分区

上三叠统呈东西向展布于索县-左贡地层分区的巴青县江绵-本塔一带，自下而上分别为东达村组、甲丕拉组、波里拉组和巴贡组，各组间呈整合接触。除东达村组外，其余各组沿用了羌北-昌都-兰坪地层区中相应的地层名称。

1. 东达村组（T_3d）

陈炳蔚等（1983）在藏东左贡、察雅、类乌齐一带工作时，发现怒江与北澜沧江之间他念他翁山链一带吉塘岩群之上不整合有一套底部为1～7m灰白色砾岩，下部为结晶灰岩、生物灰岩及钙质砂页岩、薄层泥灰岩；上部为灰色泥质粉砂岩、页岩与泥灰岩、砂质灰岩的韵律层沉积岩。该套沉积岩中含珊瑚 *Margarosmillia confluens*，双壳类 *Schafhaeutlia* cf. *manjavinii*，水母 *Conulariopsis* sp. 等，时代为晚三叠世。邹成敬（1985）将这套岩石组合体命名为东达村组，层型剖面由贾宝江等测制（1990）。

1）基本特征

测区东达村组下部为灰色、褐灰色砾岩夹透镜状砂岩，中上部为暗灰色砂岩与粉砂岩互层，上部由暗灰色粉晶灰岩、结晶灰岩组成，与下伏酉西岩组呈角度不整合接触，厚度311.1m。

2）剖面描述

实测剖面位于巴青县-贡日乡简易公路旁的江绵乡北西约2km坡布拢一带，剖面上基岩露头较好，岩石组合较为齐全，东达村组与下伏和上覆地层的接触关系清楚（图2-15）。该组自上而下地层层序如下。

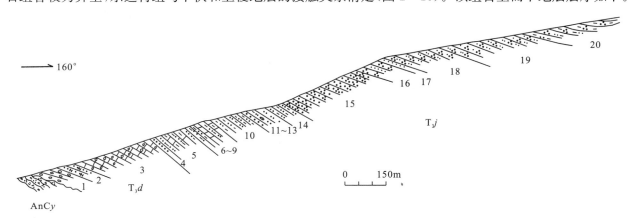

图2-15　西藏巴青县江绵乡坡布拢上三叠统东达村组与甲丕拉组实测剖面图

上覆地层：上三叠统甲丕拉组紫红色泥质粉砂岩、泥灰岩、粉砂岩及粉砂质泥岩

———————— 整合 ————————

上三叠统东达村组（T_3d）　　　　　　　　　　　　　　　　　　　　　　　　　　　　　**311.1m**

3. 暗灰色粉晶灰岩，含菊石、腕足和双壳等化石碎片，发育干缩角砾状构造、块状层理、角砾状构造、
　 网格状及鸟眼构造，米级旋回发育　　　　　　　　　　　　　　　　　　　　　　　　　　233.6m

2. 褐灰色中细粒长石石英砂岩，平行层理及低角度冲洗层理发育　　　　　　　　　　　　　　 30.0m

1. 褐灰色砾岩，具杂基支撑结构，块状构造　　　　　　　　　　　　　　　　　　　　　　　 47.5m

～～～～～～～～～～～～ 角度不整合 ～～～～～～～～～～～～

下伏地层：前石炭纪酉西岩组黑云斜长变粒岩、二长浅粒岩、黑云二长片麻岩、二云石英片岩

3）岩相、相序与层序地层划分

东达村组下部为灰褐色砾岩，砾石成分以酉西岩组构造片岩为主，棱角状，大小相差悬殊，从0.02～2m不等，无定向排列，充填物为砂泥质。岩石呈杂基支撑，分选性极差，为冲积扇泥石流沉积。砾岩中往往发育枯水期扇面水道砂岩透镜体。向上为中细粒长石石英砂岩，发育平行层理及低角度冲洗层理，为滨岸相沉积。中上部暗灰色粉晶灰岩，发育网格构造（图版Ⅳ-1）、干缩角砾状构造（图版Ⅳ-2、3）、块状层理、角砾状构造（图版Ⅳ-3）、网格状及鸟眼构造（图版Ⅳ-4），米级旋回发育。沉积旋回组合为退积型，为碳酸盐台地潮坪相沉积（李尚林等，2004）（图2-16）。东达村组沉积序列自下向上为冲积扇泥石流-滨岸潮坪相，总体构成海侵序列（图2-17）。

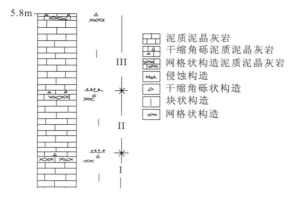

图 2-16 东达村组中上部沉积旋回图

4) 东达村组时代讨论

东达村组中上部暗灰色粉晶灰岩、泥质灰岩中产珊瑚 Margarosmillia confluens，菊石 Paratibetites sp.，另有大量双壳类、腕足等化石残片。其中 Paratibetites sp. 为喜马拉雅区特提斯海域晚三叠世诺利期的特有属，故而将东达村组的时代定为晚三叠世。

2. 甲丕拉组（$T_3 j$）

由四川省第三区测队（1974）创名于昌都县城东甲丕拉山，含义为超覆于妥坝组页岩、粉砂

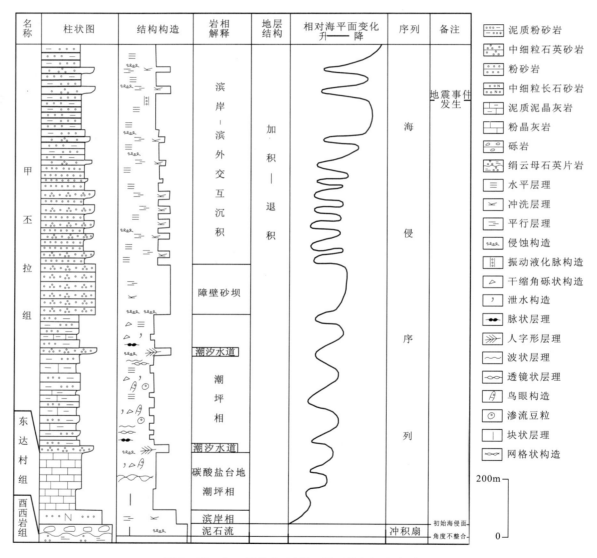

图 2-17 上三叠统东达村组、甲丕拉组沉积序列图

岩地层及夏牙村组之上的一套红色碎屑岩地层体夹安山岩、石灰岩层，含菊石 Protrachyceras sp.，Trachyceras sp.，珊瑚 Margarosmilites confluens，双壳 Schafhaeutlia cf. manzavinii 等（西藏自治区地质矿产局，1997；青海省地质矿产局，1997；郝子文等，1999）。

1) 基本特征

甲丕拉组呈近东西向展布于测区的洛陇贡玛、多巧、巴青乡和荣青乡等地。下部为紫红色泥质粉砂岩

与泥灰岩不等厚互层,夹薄层渗流豆粒泥质灰岩;上部为灰色、暗灰色粉砂岩及粉砂质泥岩,夹深灰色油染中细粒石英砂岩,含双壳、菊石等化石残片,与下伏东达村组呈整合接触,厚度大于1 010.8m。

2)剖面描述

测区以巴青县江绵乡坡布拢剖面为代表,地层层序自上而下如下(图2-15)。

上三叠统甲丕拉组(T_3j)   >1 010.8m

未见顶

20. 灰黑色粉砂质泥岩夹中细粒石英砂岩,发育水平层理、平行层理及低角度冲洗层理 >117.7m
19. 暗灰色粉砂岩夹油染中细粒石英砂岩,发育水平层理、平行层理及低角度冲洗层理 129.6m
18. 灰色中细粒石英砂岩夹暗灰色粉砂岩,发育水平层理、平行层理及低角度冲洗层理 79.2m
17. 暗灰色粉砂岩,水平层理发育 15.2m
16. 灰色中细粒石英砂岩与暗灰色粉砂岩不等厚互层,发育水平层理、平行层理及低角度冲洗层理 68.3m
15. 灰色中细粒石英砂岩,发育平行层理及低角度冲洗层理 220.0m
14. 紫红色泥质粉砂岩,发育水平层理 49.8m
13. 紫红色泥质粉砂岩夹灰色渗流豆粒泥质灰岩 26.8m
12. 紫红色泥质粉砂岩,夹中细粒石英砂岩透镜体 23.0m
11. 灰色中细粒石英砂岩,发育人字形层理,与下伏呈侵蚀接触 11.2m
10. 紫红色泥质粉砂岩,发育水平层理 94.9m
9. 紫红色泥质粉砂岩与泥灰岩不等厚互层,发育米级旋回 34.3m
8. 黄绿色泥灰岩,发育脉状层理、波状层理、透镜状层理,角砾状构造、泄水构造、网格状构造和鸟眼构造 4.3m
7. 紫红色泥质粉砂岩与泥灰岩不等厚互层,米级旋回发育 8.6m
6. 紫红色泥质粉砂岩,水平层理发育 4.3m
5. 紫红色泥质粉砂岩与泥灰岩不等厚互层,发育米级旋回 110.0m
4. 灰色中粒砂岩,发育人字形层理,与下伏呈侵蚀接触 13.6m

———————— 整合 ————————

下伏地层:上三叠统东达村组暗灰色粉晶灰岩

3)岩相、相序与层序地层划分

该套地层从下往上沉积层序为向上变细。下部为紫红色泥质粉砂岩与泥灰岩不等厚互层夹薄层渗流豆粒泥质灰岩,发育米级旋回(图2-18)。每一沉积旋回的下部为泥质粉砂岩,发育水平层理,为潮下带沉积;上部为泥灰岩,发育脉状层理、波状层理和透镜状层理(图版Ⅳ-5),为潮间带沉积;顶部发育角砾状构造(图版Ⅳ-6)、泄水构造、网格状构造及鸟眼构造,当属潮上带沉积。该组中部为灰色厚层中细粒石英砂岩,发育平行层理及低角度冲洗层理,为障壁砂坝沉积(图2-19、图2-20)。上部为中细粒石英砂岩、粉砂岩及粉砂质泥岩,其沉积旋回为米至十米级。每一沉积旋回为向上变粗变浅型,典型的沉积旋回从下

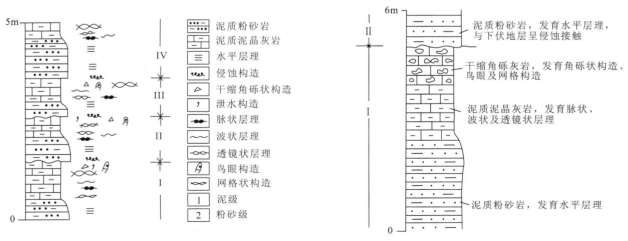

图2-18 甲丕拉组下部沉积旋回图   图2-19 甲丕拉组中下部沉积旋回图

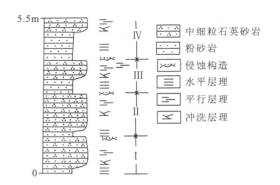
图 2-20 甲丕拉组中上部沉积旋回图

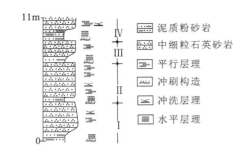
图 2-21 甲丕拉组上部沉积旋回图

往上为粉砂质泥岩、粉砂岩、中细粒石英砂岩。粉砂质泥岩和粉砂岩水平层理发育,为滨外陆棚沉积,而中细粒石英砂岩发育平行层理及低角度冲洗层理,为滨岸相沉积(图 2-20、图 2-21)。总体上构成退积型沉积旋回,即由滨岸相向滨外陆棚逐渐演化。上部地层局部发育有振动液化脉(图 2-22;图版Ⅳ-7),为地震事件的记录。从东达村组到甲丕拉组总体过程是一个较为完整的海侵序列(图 2-17)。

4)时代讨论

测区甲丕拉组化石较少,所采集到的化石有双壳类 *Palaeocardita* sp.,*Halobia* sp.,珊瑚 *Margarosmilites confluens*,*Thecosmilia clathrata*,*Procyclites elegans*,*Margarophyllia* cf. *crenata*,*Volzela chagyabensis*,*Conophyllia* sp.,*Didtichophyllia* sp.。前人在该组中也获得菊石 *Protrachyceras*,*Trachyceras* 等。上述化石为喜马拉雅地区晚三叠世卡尼期-诺利早期的代表性分子。

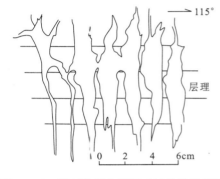
图 2-22 甲丕拉组上部振动液化脉素描图

3. 波里拉组(T₃b)

该组由四川省第三区测队(1974)命名于藏东察雅县波里拉山,指由碳酸盐岩组成的地层体,含腕足、双壳、菊石、珊瑚等化石(郝子文等,1999)。《西藏自治区岩石地层》重新厘定其含义:整合地夹持于下伏甲丕拉组红色碎屑岩与上覆巴贡组含煤碎屑岩之间的一套石灰岩地层体(西藏自治区地质矿产局,1997;青海省地质矿产局,1997)。

1)基本特征

主要出露于色才村、巴陇、贡钦村-吉陇改、巴日埃欧、日阿日通以及江绵一带,为一套厚层含生物碎屑泥晶灰岩、硅质团块结晶灰岩,与下伏甲丕拉组整合接触,其上被巴贡组地层整合覆盖,厚度 596.45m。

2)剖面描述

剖面位于巴青县江绵乡北东贡长玛一带,岩石出露较好,地层发育齐全,厚度大于 596.45m(图 2-23)。

13. 上覆地层:中侏罗统雀莫错组砖红色粗中粒砂岩夹粉砂岩

～～～～～～～ 角度不整合 ～～～～～～～

上三叠统波里拉组(T₃b)	**596.45m**
12. 深灰色中厚层状硅质结核灰岩;硅质结核呈透镜状,与灰岩界限明显,无定向排列	24.47m
11. 灰色砂质生屑灰岩,含有腕足类化石	61.44m
10. 深灰色中厚层状泥晶灰岩,偶见硅质团块	37.78m
9. 深灰色中厚层状泥质灰岩,偶见腕足类碎片	30.43m
8. 深灰色块状砂屑灰岩,含腕足类化石	117.76m
7. 灰色厚层状泥晶灰岩,见少量生物碎屑	44.07m

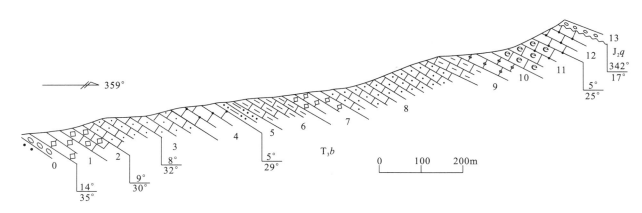

图 2-23 西藏巴青县江绵乡贡长玛上三叠统波里拉组实测剖面图

6. 深灰色中厚层状泥晶灰岩,偶见腕足类化石　　　　　　　　　　　　　　　　　58.12m
5. 深灰色泥质粉砂岩,发育水平层理　　　　　　　　　　　　　　　　　　　　　21.06m
4. 灰色中厚层状硅质结核灰岩　　　　　　　　　　　　　　　　　　　　　　　　53.24m
3. 深灰色厚层状砂屑灰岩,含有腕足类和双壳类碎片　　　　　　　　　　　　　　102.11m
2. 深灰色厚层状结晶灰岩,含有腕足类和双壳类化石碎片　　　　　　　　　　　　38.99m
1. 深灰色中-厚层状粉晶灰岩,含有少量的有机质集合体,局部相对集中呈波纹状排列　51.09m
―――――――― 整合 ――――――――
0. 下伏地层:上三叠统甲丕拉组灰色中厚层状砾岩夹砂岩

3) 岩相、相序与沉积环境

波里拉组在区域上展布比较稳定,为一套灰色、灰黑色灰岩、泥质灰岩、生物碎屑灰岩,岩相变化不大,沉积环境为缓斜碳酸盐台地沉积。

4) 时代讨论

测区和区域上在波里拉组中均采到丰富的化石。腕足类有 *Orchaetinopsis ovata*, *Sepraliphoria* sp., *Aulacothyris* sp., *Adygella* sp.; 菊石类有 *Parathisbetis ronaldshayi*, *Jellinekites barnardi*, *Anatibetitea kelvini*, *Cyrtopleurites* sp., *Placites* sp.; 双壳类有 *Myophoria mapengensis*, *Myophoria* (*Costataria*) *mansayi*, *Megalodontid* sp., *Halobia yangdongensis*, *Cardium* 等(辜学达,1992),另有六射珊瑚 *Montlivaltia tenuse*。其中,腕足类有7个组合带,时代为 Norian 期。考虑到尚有部分化石种属的时代为 Carnian 期,故本报告将波里拉组的形成时代置于 Carnian-Norian 期。

4. 巴贡组(T_3bg)

四川省第三区测队(1974)将李璞(1955)划分的巴贡煤系改称巴贡组,意指晚三叠世沉积形成的一套暗色含煤细碎屑岩,含半咸水双壳动物群,厚约400m。青海省地质矿产局(1997)引用巴贡组,并重新定义巴贡组定义为:整合于波里拉组石灰岩之上的一套含煤碎屑岩地层体,产植物、孢粉等化石。青海省区测队(1970)曾将其称为土门格拉组。

1) 基本特征

巴贡组呈近东西向展布于测区本塔-杂色镇、索雄-百乃贡一带,面积约1 200km²。其下部为灰色、深灰色粗中粒石英砂岩与泥质粉砂岩互层夹紫红色长石砂岩,局部夹粉砂质页岩,含双壳、植物化石碎片。巴贡组与下伏波里拉组整合接触,与上覆中侏罗统雀莫错组为角度不整合接触(图2-24),厚度大于3 560m。

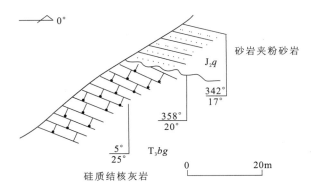

图 2-24 巴贡组与雀莫错组角度不整合接触关系图

2)剖面描述

剖面位于西藏索县-岗切简易公路的扎色一带,由本图幅工作人员与西藏自治区地质矿产局地质调查院联合测制(图2-25)。剖面上巴贡组褶皱变形强烈,部分地段尚发育断层,排除构造干扰后恢复的地层层序自上而下如下。

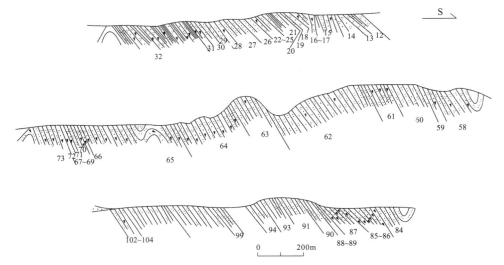

图 2-25 西藏索县亚拉镇安达村-高口区上三叠统巴贡组实测剖面图

古-始新统牛堡组紫红色砾岩、砂岩

～～～～～～ 角度不整合 ～～～～～～

上三叠统巴贡组(T_3bg) >3 560.63m

12. 灰黑色薄层泥质粉砂质板岩夹灰色薄层变质岩屑细粒石英砂岩,砂泥比约1:4～1:5,夹煤线 118.17m
13. 灰色中-薄层变质细粒岩屑石英砂岩(a)与灰黑色薄层泥质砂质板岩(c)组成韵律层,a:c为2:1～3:1 13.41m
14. 灰色中-薄层变质细粒岩屑石英砂岩,偶夹灰黑色泥质粉砂质板岩 26.82m
15. 灰-灰黄色中薄层变质细粒岩屑石英砂岩(a)与灰黄色微薄层变质泥质粉砂岩(c)组成韵律层。a单元厚1～3m,c单元厚0.4～1.5m,顶部夹碳酸盐化蚀变玄武岩。产双壳类化石 103.93m
16. 灰黄色薄-微薄层变质泥质粉砂岩 12.46m
17～18. 灰色中-薄层变质细粒岩屑石英砂岩,发育波痕构造。产双壳类化石碎片 47.84m
19. 灰色中粒薄层变质岩屑石英砂岩(a)与黑色薄-微薄层变质泥质粉砂岩(c)组成韵律层。a单元厚5～8m,c单元厚约10m,发育透镜状层理。产双壳类化石 20.72m
20. 灰色薄层变质细粒岩屑石英砂岩(a)与灰黑色薄-微薄层变质泥质粉砂岩(c)组成小韵律层 6.33m
21. 黑-黑灰色变质粉砂质页岩、泥质页岩夹灰黑色变质粉砂岩 43.73m
22. 灰色中薄层变质细粒岩屑石英砂岩(a)与灰黑色薄-微薄层变质泥质粉砂岩(b)组成韵律层,a:b为1:3～1:4,产植物化石碎片及双壳类化石 9.72m
23. 灰、深灰色纹层状变质粉砂岩,波痕发育 4.86m
24. 灰色中薄层变质细粒岩屑石英砂岩(a)与灰黑色薄层变质粉砂岩(b)组成韵律层,a:b为1:2 7.29m
25. 灰、褐灰色中-厚层变质细粒岩屑石英砂岩(a)夹灰黑色薄层变质粉砂岩(b),波痕构造较发育,粉砂岩中含煤层。产双壳类化石 14.58m
26. 灰黑色薄层变质粉砂岩夹灰色薄层变质细粒岩屑石英砂岩 26.84m
27. 灰色薄层变质细粒岩屑石英砂岩(a)与灰黑色薄-微薄层变质粉砂岩(b)组成韵律层,a:b约1:1。发育有砂棒构造 36.84m
28. 褐黄色中层、厚层变质细粒岩屑石英砂岩互层,含植物化石碎片 12.85m
29. 褐黄色薄层变质细粒岩屑石英砂岩夹灰黑色微薄层变质粉砂岩 17.13m
30. 暗灰色薄层变质粉砂岩,偶夹灰色薄层变质细粒石英砂岩 15.23m
31. 灰色中薄层变质细粒岩屑石英砂岩(a)与灰黑色薄层变质粉砂岩(b)组成韵律层,a:b约3:1 29.94m
32. 灰色中薄层变质细粒岩屑石英砂岩(a)与灰黄色薄-微薄层变质泥质粉砂质页岩(b)组成韵律层,a

单元厚 1~2m,b 单元厚 1~5m	224.50m
58. 灰黑色薄-微薄层变质粉砂岩夹灰色薄层变质细粒岩屑石英砂岩	71.72m
59. 灰色中薄层变质细粒岩屑石英砂岩(a)与灰黑色微薄层变质粉砂岩(b)组成韵律层。a 单元厚约 2m,b 单元厚约 3m	9.30m
60. 灰黑色微薄层变质粉砂岩	98.52m
61. 灰色中层变质细粒岩屑石英砂岩(a)与灰黑色薄-微薄层变质粉砂岩(b)组成韵律层,a:b 约 1:1	129.11m
62. 灰黑色微薄层变质粉砂岩,偶夹灰色中层变质细粒岩屑石英砂岩	520.06m
63. 灰黑色微薄层变质粉砂岩夹灰色中层变质细粒岩屑石英砂岩	261.84m
64. 灰色中薄层变质细粒岩屑石英砂岩(a)与灰黑色微薄层变质粉砂岩(b)组成韵律层,a 厚 1~1.5m,b 厚大于 3m	123.78m
65. 黑-灰黑色微薄层变质粉砂岩(b)、泥质粉砂岩(c)组成韵律层,夹灰色薄层变质细粒岩屑石英砂岩(a)	235.69m
66. 灰色薄层变质细粒岩屑石英砂岩(a)与灰黑色微薄层变质粉砂岩(b)组成小韵律层	13.32m
67~69. 灰色中层变质细粒含钙质岩屑石英砂岩(a)与黑-灰黑色微薄层变质粉砂岩(b)组成韵律层,a:b 从下而上为 1:3~4:1,发育波痕构造,中上部夹多层煤线	18.65m
70. 黑色微薄-薄层变质粉砂岩	34.64m
71. 灰色薄层变质细粒岩屑石英砂岩(a)与黑色微薄层变质粉砂岩(b)组成韵律层,a 厚 3~5m,b 厚 5~7m	22.40m
72. 灰色中层变质细粒岩屑石英砂岩,向上夹黑色薄层变质粉砂岩,含植物化石碎片	206.86m
73. 下部为灰黑色中薄层变质细粒岩屑石英砂岩(a)与薄层变质粉砂岩(b)互层,厚 3~6m;上部为灰黑-黑色微薄层变质粉砂岩,厚约 1m,共同组成 10 个沉积旋回	54.72m
84. 灰黑色薄层变质泥质粉砂岩	130.17m
85. 灰色中层变质细粒含泥砾岩屑石英砂岩,含植物化石碎片	3.70m
86. 灰黑色中层变质细粒岩屑石英砂岩	99.00m
87. 灰黑色薄层变质泥质粉砂岩	96.54m
88. 灰黑色薄层变质泥质粉砂岩(c)夹灰色中层变质细粒岩屑石英砂岩透镜体(a)	10.24m
89. 灰色薄层变质泥质粉砂岩与变质泥岩互层,组成小韵律层	2.58m
90. 灰黑色薄-微薄层变质泥质粉砂岩	59.94m
91. 灰褐色薄层变质粉砂岩夹灰黑色变质粉砂质泥岩	73.15m
93. 灰黑色薄层变质粉砂质泥岩	78.26m
94. 灰褐色微薄层变质泥质粉砂岩,见脉状层理	47.17m
99. 灰褐色微薄层变质泥质粉砂岩,见脉状层理	47.17m
100. 褐灰色薄-微薄层变质泥质粉砂岩(c)夹灰色中层变质细粒岩屑石英砂岩透镜体(a)	305.85m
101. 灰黑色薄-微薄层变质泥质粉砂岩(c)夹灰色中薄层变质岩屑石英砂岩透镜体	23.48m
102. 灰色薄-中层变质细粒岩屑石英砂岩(a)与灰黑色薄层变质泥质粉砂岩(c)组成韵律层	10.06m
103. 灰色微薄层变质细粒岩屑石英砂岩(a)与灰黑色薄层变质粉砂岩(c)组成韵律层	12.76m
104. 灰色薄-中层变质细粒岩屑石英砂岩(a)与灰黑色薄层变质粉砂岩(c)组成韵律层	13.93m

未见底

3)岩相、相序与沉积环境

测区中巴贡组厚度较大,其岩性组合可以和邻区以及标准剖面进行对比。

测区内岩性组合特征如下:下部是一套以灰黑色微薄层变质粉砂岩,黑-灰黑色微薄层变质含砾粉砂岩、泥质粉砂岩夹灰色中-薄层变质细粒岩屑石英砂岩,灰色中薄层变质细粒岩屑石英砂与灰黑色微薄层变质粉砂岩组成的韵律层,部分地段偶夹褐黄色中-厚层变质细粒岩屑石英砂岩;上部为灰黑色变质细砂岩,含有多层煤线。剖面中双壳类化石较丰富,局部见有波痕(图版Ⅳ-8)以及同沉积构造(图版Ⅴ-1),为一套海-陆交替相含煤碎屑岩沉积组合,多属滨海沼泽环境,局部为潮坪泻湖环境。

4)时代讨论

该组产双壳类:*Pichleria inaequlis* Chen,*Cardium*(*Tulongocardium*)*neguam* Healy,*Cardium*(*Tu-*

longocardium) *xizangensis* Zhang, C.（T.）*submartini* Chen., C.（T）cf. *lanpinensis* Guo, *Myophoria* (*Costatoria*) cf. *miner* Chen；植物化石 *Equisetites* sp.，时代为诺利晚期-瑞替期。

（二）班公湖-怒江地层区——确哈拉组（T_3q）

由饶荣标等（1987）创建于丁青县查隆乡确哈拉的"确哈拉群"演变而来（《青藏高原地层》，2001），指由轻微变质的石英砂岩、砂板岩、硅质灰岩、泥灰岩构成3个沉积旋回所组成的一套地层组合，分布于南侧班戈—比如—丁青—洛隆一带。

1. 基本特征

区内确哈拉组呈断片状出露于图幅西南角卡吉松多-珠劳拉断裂带以南的班公湖-怒江缝合带中，主要为由深灰色厚层状砾岩、砂岩、粉砂岩、粉砂质泥岩及硅质条带灰岩组成的复理石韵律层（图2-26）。单个韵律层底部为中粒砂岩，中部为细粒砂岩，上部为深灰色、黄绿色粉砂岩，顶部为含硅质团块和硅质条带的白云质灰岩，厚50～80cm，内部呈渐变过渡关系，相邻韵律层之间发育冲刷面和冲刷槽，界线截然。局部见粉砂岩或砂岩的枕状岩球（图2-27）。

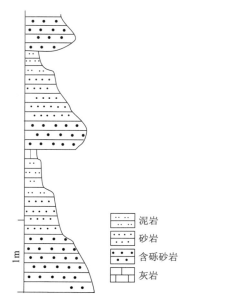

图2-26 D1143点确哈拉组基本层序

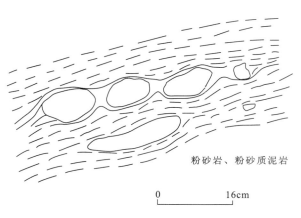

图2-27 确哈拉组砂岩球素描图

2. 岩相、相序与沉积环境

确哈拉组下部为变质砾岩，上部为变质砂岩、砂质板岩、含燧石团块灰质白云岩与钙质板岩构成多个韵律的有序叠加，总体上构成退积序列。据所含珊瑚化石及燧石团块灰质白云岩等岩性组合分析，确哈拉组沉积环境下部为冲积扇，上部为局限潮坪相混合沉积，边缘局部发育珊瑚礁灰岩。

3. 时代讨论

西邻1∶25万安多幅区调在确哈拉组中采集了较多的珊瑚化石，主要有 *Retiphyllia mailonggangensis*，*R. yalungensis*，*Pamiroseris* sp.，时代为卡尼期-诺利期。测区确哈拉组是其东延部分。

二、侏罗系

三叠纪末期的晚印支运动使得羌北-昌都地层区与索县-左贡地层分区转为一体，称"北羌塘地层区"，同时接受中侏罗世沉积。与本塔断裂带以南的多玛地层分区的侏罗纪地层相比，测区侏罗系在岩石组合及古生物面貌上存在明显区别。

一)北羌塘地层区

根据岩相特征、沉积组合等划分为那底岗日组,雁石坪群雀莫错组、布曲组和夏里组(表2-4)。

表2-4 羌北-昌都-索县-左贡地区中侏罗统地层划分沿革表

青海省区域地质调查大队 (1970)		青海省地质 矿产局(1991)		西藏自治区地质矿产局 (1993)		青海省地质矿产(1997) 西藏自治区地质矿产局(1997) 郝子文等(1999)		本报告 (2006)	
中侏罗统	雁石坪群	上石灰岩组	中侏罗统	雁石坪群	中侏罗统	雁石坪群	上砂岩段	中侏罗统	雁石坪群	夏里组	中侏罗统	雁石坪群	夏里组
		下石灰岩组					下灰岩段			布曲组			布曲组
		下砂岩组					下砂岩段			雀莫错组			雀莫错组

(一)那底岗日组(J_1n)

那底岗日组由西藏自治区区域地质调查大队创名(1986),岩性为一套中酸性火山熔岩、火山碎屑岩夹火山碎屑沉积岩,区域上不整合于上三叠统肖茶卡群灰岩之上,与雁石坪群为连续沉积,时代为早侏罗世至中侏罗世的早期(西藏自治区地质矿产局,1997;王成善等,2001)。

1. 基本特征

那底岗日组主要出露于测区唐古拉山北坡岗陇日一带,近北西西向展布。岩性组合底部为灰绿色、紫红色安山岩;下部为深灰色、灰色流纹质角砾凝灰岩、流纹质火山角砾岩、石英粗安质凝灰熔岩夹细粒岩屑砂岩、泥质粉砂岩和砾岩。岩石组合下部以安山质火山熔岩为主,夹多层凝灰岩,上部主要为流纹质火山碎屑岩,与唐古拉山岩浆带呈断层接触,被雀莫错组整合覆盖,厚度大于679.56m。

2. 剖面描述

剖面位于杂多县旦荣乡阿涌北部车龙抗巴一带,火山岩所占比例较高(图2-28)。

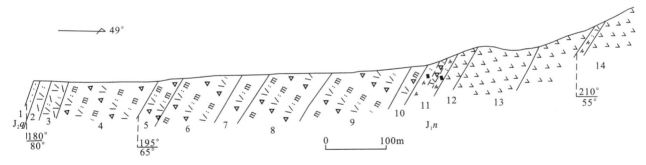

图2-28 青海省杂多县阿涌北部车龙抗巴下侏罗统那底岗日组实测剖面图

J_2q. 中侏罗统雀莫错组;J_1n. 下侏罗统那底岗日组

1. 中侏罗统雀莫错组紫红色砂岩

——————————— 整合 ———————————

下侏罗统那底岗日组(J_1n)   ＞679.56m

2. 紫红色含火山角砾晶屑凝灰岩   14.77m
3. 灰绿色流纹质火山角砾凝灰岩   22.15m
4. 紫红色流纹质熔结角砾凝灰岩   127.42m
5. 紫红色流纹质熔结角砾凝灰岩   29.60m
6. 紫红色流纹质熔结角砾凝灰岩   39.81m
7. 灰绿色流纹质熔结角砾凝灰岩   28.38m

8. 紫红色含晶屑流纹质熔结角砾凝灰岩	79.59m
9. 灰绿色流纹质熔结角砾凝灰岩	105.86m
10. 紫红色流纹质熔结角砾凝灰岩	22.66m
11. 紫红色重结晶石英粗安质晶屑玻屑凝灰岩、流纹质角砾凝灰岩	26.08m
12. 紫红色杏仁状安山岩	16.35m
13. 紫红色杏仁状安山岩、粗安质含角砾岩屑凝灰岩	73.07m
14. 暗灰绿色安山岩,隐晶质结构,块状构造,局部含气孔	86.22m

———— 未见底 ————

3. 时代讨论

区内那底岗日组喷发不整合于三叠纪唐古拉山岩体之上,被雀莫错组整合覆盖。其岩石组合与区域上完全可以对比,因此将区内那底岗日组的时代定为早侏罗世。

(二)中侏罗统雁石坪群

雁石坪群由詹灿惠、韦思槐(1957)创名的"雁石坪岩系"演化而来。原地质部石油局综合研究队青藏分队(1966)将该套地层重新命名为唐古拉山群。青海省区域地质测量队(1970)将其划归中、晚侏罗世,时代为巴通-卡洛夫期,同时由下向上命名为温泉组、安多组。青海省区域地质测量队(1970)沿用雁石坪群,时代归中-晚侏罗世。青海省地质研究所编图组(1981)又将雁石坪群由下向上划分为碎屑岩组、碳酸岩盐碎屑岩组、碎屑岩组,时代归中侏罗世。蒋忠惕(1983)将其称为唐古拉群,由下而上划分为温泉组、羌姆勒曲组、雪山组,地质时代归中侏罗-早白垩世。青海省地质矿产局(1997)对雁石坪群重新厘定的涵义为:指不整合于结扎群及其以前地层之上,为一套碎屑岩夹灰岩,下部局部地区夹火山岩组成的地层,上未见顶。自下而上分为雀莫错组、布曲组、夏里组、索瓦组、雪山组。产双壳类、腕足类、腹足类、菊石、孢粉等化石,时代总体为中-晚侏罗世。

1. 雀莫错组(J_2q)

青海省区调综合地质大队(1987)创名于格尔木市唐古拉山乡雀莫错西南。青海省地质矿产局(1997)沿用此命名,指不整合覆于结扎群及以下地层之上,整合伏于布曲组之下的以紫色、灰紫色及灰色为主的复成分砾岩、含砾砂岩、石英砂岩、杂色砂岩、粉砂岩夹少量灰岩、铁质砂岩组成的地层。

区内该组岩石类型比较复杂,底部发育代表北羌塘盆地南缘隆升造山的"磨拉石"建造,沉积层序为由粗变细型,顶部以布曲组灰岩的始现为界,双壳类和腕足类化石丰富。

1)基本特征

雀莫错组广泛分布于查吾拉区、江绵、扎仁根才等地,总体呈北西向展布。底部为灰色底砾岩,向上为灰白色中粒石英砂岩;中下部为杂色细砂岩、粉砂岩、页岩,夹粉细砂岩、泥晶灰岩、泥质泥晶灰岩和角砾状灰岩;中部为灰色介壳灰岩、泥质泥晶灰岩、泥晶灰岩、黑色钙质页岩和杂色粉细砂岩,夹细砂岩透镜体;中上部为介壳鲕粒灰岩、鲕粒灰岩和鲕粒介壳灰岩与钙质页岩不等厚互层;上部为灰绿色粉细砂岩与紫红色粉细砂岩不等厚互层,夹杂色介壳灰岩和紫红色膏盐角砾泥晶灰岩,普遍夹 2~5mm 的白色纤维状石膏层,与前石炭系呈角度不整合接触(图版Ⅴ-2,3,4),被古-始新统牛堡组不整合所覆(图版Ⅴ-5),厚度大于 1 128.5m。

2)剖面描述

(1)西藏聂荣县查吾拉乡查吾拉区中侏罗统雀莫错组实测剖面。

剖面位于聂荣县查吾拉区南侧,自上而下的层序如下。

上覆地层:牛堡组紫红色砾岩

～～～～～～ 角度不整合 ～～～～～～

中侏罗统雀莫错组(J_2q)	>61.5m
27. 紫红色页岩、粉细砂岩夹暗灰色泥晶灰岩,2~5mm 厚白色纤维状石膏层,局部发育膏盐角砾	34.0m
26. 灰绿色粉细砂岩与紫红色粉细砂岩不等厚互层,局部夹暗灰色介壳灰岩透镜体,含腕足	

Holcotyris sp.*Burmirhynchia* sp.,虫管迹　　　　　　　　　　　　　　　　　　　　22.3m
25.暗灰色砂质介壳灰岩,含腕足类 *Burmirhynchia* cf. *asiatica*,*Holcothyris trigonalis*,
　　Holcothyris sp.　　　　　　　　　　　　　　　　　　　　　　　　　　　　　　>5.2m

(2)西藏聂荣县查吾拉区中侏罗统雀莫错组(J_2q)实测地层剖面(图2-29)。

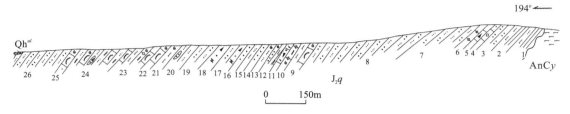

图2-29　西藏聂荣县查吾拉区中侏罗统雀莫错组实测剖面图

剖面位于聂荣县查吾拉区北西查吾拉寺院附近,与恩达岩组呈断层接触,未见顶、底。

未见顶

中侏罗统雀莫错组(J_2q)　　　　　　　　　　　　　　　　　　　　　　　　　>1 167.5m
26.灰绿色细砂岩、紫红色细砂岩不等厚互层　　　　　　　　　　　　　　　　　　154.7m
25.暗灰色介壳鲕粒灰岩,含双壳类和腕足类化石　　　　　　　　　　　　　　　　17.2m
24.黄绿色泥质粉砂岩夹暗灰色介壳灰岩及细中粒岩屑长石砂岩透镜体　　　　　　26.8m
23.暗灰色介壳灰岩与泥质粉晶灰岩不等厚互层,夹黑色钙质页岩,产双壳类和腕足类
　　Holcotyris sp.,*Burmirhynchia* sp.,*Listrea* sp.,*Holcotyris* sp.,*Burmirhynchia* sp.,
　　Pseudotubithyris longicularis,*P.* cf. *globosa*,*Burmirhynchia* cf. *igonalis* 等化石　　49.9m
22.暗灰色介壳灰岩,含双壳类和腕足类 *Burmirhynchia asiatica* 等化石　　　　　60.7m
21.暗灰色钙质页岩夹鲕粒介壳灰岩及鲕粒灰岩,含双壳类 *Modiolus* sp.,*Anisocardia* sp.,
　　Melegrinella sp.,*Liostrea birmanica* 和腕足类化石　　　　　　　　　　　　32.9m
20.暗灰绿色粉砂岩夹细砂岩透镜体　　　　　　　　　　　　　　　　　　　　　　56.1m
19.灰绿色粉细砂岩与紫红色粉细砂岩不等厚互层　　　　　　　　　　　　　　　　64.0m
18.浅灰色中细粒岩屑长石砂岩　　　　　　　　　　　　　　　　　　　　　　　　54.0m
17.灰紫色粗中粒岩屑长石砂岩与紫红色粉细砂岩不等厚互层　　　　　　　　　　51.1m
16.浅灰绿色细砂岩,发育人字形层理　　　　　　　　　　　　　　　　　　　　　7.5m
15.灰绿色泥质粉砂岩　　　　　　　　　　　　　　　　　　　　　　　　　　　　8.1m
14.浅灰绿色细砂岩　　　　　　　　　　　　　　　　　　　　　　　　　　　　　8.1m
13.灰绿色泥质粉砂岩与紫红色泥质粉砂岩不等厚互层,局部夹细砂岩透镜体　　　54.8m
12.黑色钙质页岩与暗灰色细砂岩不等厚互层,局部夹暗灰色薄层介壳灰岩　　　　21.5m
11.褐黄色灰岩,渣状钙结岩　　　　　　　　　　　　　　　　　　　　　　　　　0.1m
10.黑色泥质泥晶灰岩夹介壳灰岩,含双壳类 *Eomiodon* sp. 和海星等化石　　　　9.1m
9.灰黑色钙质页岩夹薄层介壳灰岩,含双壳类 *Oysters* sp.,*Lopha* sp.,*Camptonectes* sp.　17.5m
8.灰绿色粉细砂岩夹紫红色粉细砂岩　　　　　　　　　　　　　　　　　　　　　104.3m
7.紫红色粉细砂岩　　　　　　　　　　　　　　　　　　　　　　　　　　　　　99.0m
6.暗灰色泥晶灰岩　　　　　　　　　　　　　　　　　　　　　　　　　　　　　39.9m
5.暗灰色灰岩角砾岩,发育干缩角砾状构造　　　　　　　　　　　　　　　　　　32.9m
4.暗灰色亮晶砂屑灰岩　　　　　　　　　　　　　　　　　　　　　　　　　　　19.2m
3.暗灰色细砂岩与紫红色细砂岩不等厚互层　　　　　　　　　　　　　　　　　　32.9m
2.黑色页岩与土黄色钙质粉砂岩互层　　　　　　　　　　　　　　　　　　　　　29.7m
1.土黄色钙质粉砂岩夹黑色页岩,发育水平层理(未见底)　　　　　　　　　　　>13.7m
━━━━━━━━━━ 断层 ━━━━━━━━━━
前石炭系恩达岩组斜长角闪岩、混合岩

3)岩相、相序与沉积环境分析

雀莫错组被一个较明显的古风化层序界面分割成两套层序。查吾拉区剖面的第11层是古风化壳上的渣状钙结岩(图版Ⅴ-6、7、8,图版Ⅵ-1),被第12层上超(图版Ⅴ-8,图版Ⅵ-1)。雀莫错组底部为灰色底砾岩(图版Ⅵ-2),向上为灰白色中粒石英砂岩,发育平行层理和低角度冲洗层理(图版Ⅵ-3),为滨岸相沉积。从底部至第11层构成一个完整的层序。第1~2层为钙质粉砂岩和黑色页岩,发育水平层理,为相对深水沉积,地层结构为加积,其中黑色页岩为凝缩段,其下部为总体向上变细型,显示了由退积向加积过渡(图2-30),构成海侵体系域(TST)。第3~10层的岩性为黑色泥质泥晶灰岩、暗灰色泥晶灰岩、介壳灰岩(图版Ⅵ-4);灰黑色钙质页岩夹灰绿色、紫红色粉细砂岩、暗灰色灰岩角砾岩(图版Ⅵ-5)、细砂岩和暗灰色亮晶砂屑灰岩等,发育波状层理、透镜状及脉状层理,局部见泥裂构造、同沉积断裂、干缩角砾状构

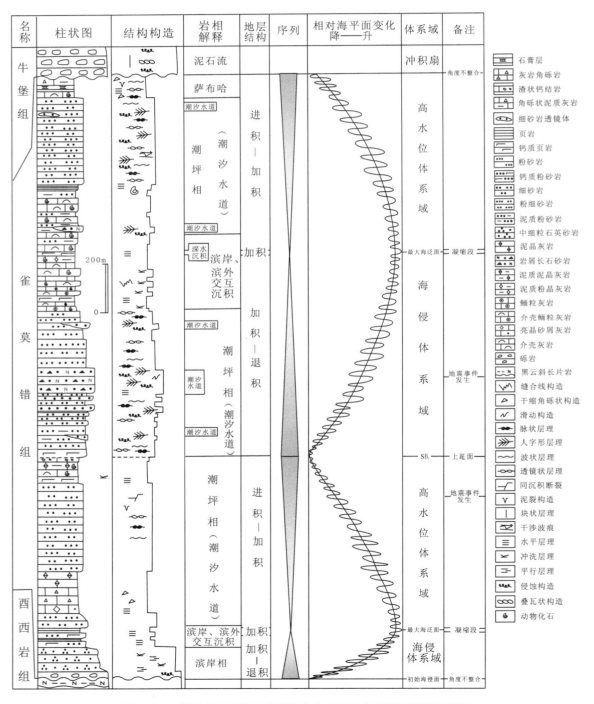

图2-30 聂荣县查吾拉区查吾拉乡中侏罗统雀莫错组沉积序列图

造等,为局限海台地浅水沉积,兼有地震事件记录。地层结构由下至上,由加积向进积逐渐过渡,即总体向上变浅(图2-30)。第12~20层为暗灰绿色-紫红色-灰紫色-暗灰色细砂岩、粉砂岩和粉细砂岩夹黑色钙质页岩、粗中粒岩屑长石砂岩、薄层介壳灰岩、泥质粉砂岩、浅灰色中细粒岩屑长石砂岩,局部夹细砂岩透镜体,米级旋回发育。岩石中发育波状层理、透镜状及脉状层理。细砂岩透镜体发育人字形层理(图版Ⅵ-6),粗中粒岩屑长石砂岩发育双向斜层理(图版Ⅵ-7)及地震事件成因滑动变形层理,底侵构造较发育。第21~22层的暗灰色介壳灰岩、钙质页岩、鲕粒介壳灰岩及鲕粒灰岩夹介壳鲕粒灰岩等,发育冲洗层理,其中钙质页岩水平层理发育,为相对深水的沉积。第12层至第22层总体构成向上变深的沉积序列,由退积型加积逐渐螺旋式地演化,构成海侵体系域。第23层富含保存良好生物化石的黑色钙质页岩代表了凝缩段沉积。第24~27层紫红色-灰绿色-暗灰色粉细砂岩、砂质介壳灰岩和黄绿色泥质粉砂岩夹介壳鲕粒灰岩、介壳灰岩(图版Ⅵ-8;图版Ⅶ-1、2)及细中粒岩屑长石砂岩透镜体等,发育波状层理、透镜状及脉状层理(图版Ⅶ-3、4、5),局部见有小型干涉波痕(图版Ⅶ-6)和虫管等,为滨岸浅水相的沉积。第24~27为高水位域(HST);第28层为紫红色页岩、粉细砂岩,夹暗灰色泥晶灰岩、浅紫红色介壳灰岩和膏岩角砾岩(图版Ⅶ-7),普遍夹2~5mm厚的白色纤维状石膏层(图版Ⅶ-8,图版Ⅷ-1),发育脉状层理、波状层理及透镜状层理,普遍发育泥裂构造(图版Ⅷ-2)和干缩角砾状构造,角砾被纤维状石膏胶结(图版Ⅶ-7、8),局部发育肠状构造(图版Ⅷ-3),为干热气候条件下的潮坪和萨布哈沉积。从第23层到第28层,总体上为一个向上变浅的序列,地层结构由加积向进积逐渐螺旋式演化,构成高水位体系域。

4)区域地层对比与时代讨论

雀莫错组生物化石丰富,有双壳类化石 *Arcomytilus* sp., *Anisocardia* sp., *Eomiodon* sp., *Liostrea birmanica*, *Lopha* sp., *Liostrea* sp., *Modiolus* sp., *Melegrinella* sp., *Oysters* sp.;腕足类化石 *Burmirhynchia* sp., *B. asiatica*, *B.* cf. *asiatica*, *B.* cf. *trigonalis*, *Holcothyris* sp., *H. trigonalis*, *Pseudotubithyris* cf. *globosa*, *P. longicularis*, *Stroudithyris* sp. 等。其中,腕足类化石构成 *Burmirhynchia*-*Holcothyris* 组合带,是中侏罗世巴通期的代表性组合。

雀莫错组中的腕足类与青藏高原北部已知的腕足动物群十分相似,皆为广泛分布于特提斯东北缘的特征分子,与云南柳湾组和类乌齐-左贡分区柳湾组中的 B-H 动物群面貌大致相似,属特提斯东部北缘典型的底栖生物群落,代表近岸浅水环境。其中,*Holcothyris* 与英国的 *Avonothyris* 相似。产于英国的 *Avonothyris distorta*,在改则北拉相错等地亦有发现(西藏自治区地质矿产局,1991);*Burmirhynchia* 在英国主要形成于巴通期,在特提斯东北缘的 B-H 动物群中常见,主要分布于帕米尔、新疆南部、西藏北部、青海南部、云南及缅甸等地(顾知微,1962;尹集祥等,1973;阴家润,1980、1986、1987、1988、1989;孙东立,1982;马孝达,1983;王乃文,1983、1985;苟宗海等,1985;徐钰林等,1990;沙金庚,1995;阴家润等,1996;中国地层典编委会,2000)。雀莫错组中 *Burmirhynchia* 十分丰富,常富集成层。与 B-H 动物群共生的双壳类,经阴家润教授鉴定有 *Arcomytilus* sp., *Anisocardia* sp., *Camptonectes* sp., *Eomiodon* sp., *Liostrea birmanica*, *Lopha* sp., *Liostrea* sp., *Modiolus* sp., *Melegrinella* sp, *Oysters* sp.,并认为是古地中海地区中侏罗统的常见分子,在缅甸中侏罗统南姆尧组(Namyau Formation)、我国云南柳湾组、藏南拉弄拉组和唐古拉地区雁石坪群中均有丰富的产出,时代可能是中侏罗统巴通至卡洛阶。综合腕足类与双壳类等分子,将雀莫错组时代置于早-中巴通期。

2. 布曲组(J_2b)

白生海(1989)创名于唐古拉山乡布曲,原意指一套浅海相碳酸盐岩,由泥晶灰岩、生物碎屑灰岩、鲕粒状灰岩、亮晶砂屑灰岩夹少量粉砂岩等组成,产丰富的双壳类和腕足类化石。詹灿惠等(1957)将该套岩层划为"雁石坪岩系"下灰岩层;原地质部石油局综合研究队青藏分队(1966)将其作为唐古拉群温泉组的一部分;蒋忠惕(1983)将其划归温泉组下石灰岩段;青海省区域地质调查综合地质大队(1987)将其划为温泉组;杨遵仪等(1988)称其为沱沱河组。青海省地质矿产局(1997)采用白生海(1989)的划分方案;西藏自治区地质矿产局(1997)沿用布曲组,意指整合于雀莫错组之上、夏里组之下、以碳酸盐岩为主夹粉砂岩的地层体,产有丰富的双壳类、腕足类及少量海胆、菊石等化石,上限以碳酸盐岩的消失为界,下限以碳酸盐岩的始现为界。

1)基本特征

布曲组主要出露于测区达尔敌赛、昂滑结、当曲北部、珠劳拉北部等地，呈北西向展布。岩性为暗灰色、黑色、灰色介壳灰岩、鲕粒灰岩、粉屑灰岩及粉晶灰岩夹泥晶灰岩，局部夹黑色沥青脉(图版Ⅷ-4)。岩石普遍具油染现象，并发现黑色沥青脉，因此布曲组是烃原岩和储积岩。布曲组与雀莫错组和夏里组整合接触，厚度大于608.1m。

2)剖面描述

以巴青县贡日乡剖面为例，将其层序自上而下描述如下(图2-31)。

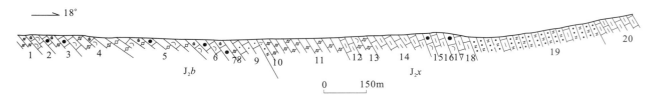

图2-31 西藏巴青县贡日乡中侏罗统布曲组和夏里组实测剖面图

上覆地层：夏里组紫红色长石石英砂岩
———————— 整合 ————————

中侏罗统布曲组(J_2b) **>608.1m**

9.暗灰色粉屑灰岩，发育波状层理、透镜状层理及脉状层理　　58.3 m
8.灰色泥晶灰岩，夹0.5～1cm厚的黑色沥青脉　　8.4 m
7.暗灰色鲕粒灰岩夹介壳灰岩，含双壳类和腕足类等化石　　44.2 m
6.暗灰色介壳灰岩与鲕粒灰岩不等厚互层　　75.3 m
5.黑色中厚层粉晶灰岩夹介壳灰岩和鲕粒灰岩，局部发育干缩角砾状构造　　285.6 m
4.暗灰色泥晶灰岩与介壳灰岩不等厚互层，发育角砾状构造和泥裂构造　　29.1 m
3.灰色泥晶灰岩与鲕粒灰岩不等厚互层夹纹层状泥晶灰岩　　76.9 m
2.暗灰色介壳灰岩　　13.5m
1.暗灰色泥晶灰岩　　>16.8m

未见底

3)岩相、相序与层序地层划分

根据粒泥比、颗粒类型及生物化石组合等特点，按Dunham(1962)和Wilson(1981)的沉积结构分类和余素玉(1988)的分类方案，从布曲组(J_2b)碳酸盐岩划分出10种主要的碳酸盐岩微相类型。

MF-1 灰泥灰岩：深灰色块状或薄层状，主要由泥晶方解石构成，杂基支撑结构，含量90%～95%。局部含少量藻团粒，偶见腹足类、腕足类、有孔虫和介形虫等碎片，以半自形-自形为主，含量小于5%。另外，含少量粉砂级陆源碎屑石英颗粒。常见角砾状、网格状等暴露干裂构造。此类岩性主要形成于潮上低能环境中，长时间露出水面。

MF-2 纹层状粉砂泥晶灰岩：岩石主要由陆源粉砂和微晶方解石组成，无生物碎屑。陆源碎屑成分主要为长石、石英，粒度小于0.06mm，含量约40%～50%。均匀板状毫米级粉细砂与纹纹层发育，层内颗粒分选较好，纹理接触面凹凸不平，常见小规模的切割现象，一些纹层中可见石英粉砂。发育条带状、波状和透镜状层理。主要形成于能量中等的潮间带附近。

MF-3 砂屑灰岩：以砂屑及生物碎屑为主，砂屑约占50%，粒径以0.2～0.9mm为主，多为棱角状-次棱角状，分选、磨圆较差，砂屑的主要成分为长石，少量石英和火山碎屑。生物碎屑含量约5%～8%，以腕足类、腹足类和双壳类为主，多为半自形-自形。填隙物主要为泥晶及少量亮晶。

MF-4 球粒泥亮晶泥粒灰岩：颗粒支撑结构，泥晶胶结，颗粒类型主要为球粒和生物碎屑。球粒分选较好，边缘轮廓较为模糊，含量约50%～60%；生物碎屑含量约10%～20%。球粒在所有的环境中都能大量产生，但因其易破碎易分解，保存下来需要较特殊的环境，所以此类微相一般是潮下带和潮间带下部的主要类型，形成于较为低能的水动力环境(Folk et al.,1964)。

MF-5 含核形石、团块泥粒灰岩：仅分布在少数层位，以颗粒支撑结构为主，局部可变为泥状、亮泥晶胶结。核形石由藻类等的粘液粘结碳酸盐颗粒及生屑构成，多数呈椭圆形，呈孤立状存在，粒径在2mm以上，含量约10%。核形石内部为泥晶结构，颗粒类型有砂屑、生屑等，生屑壳体完整，含量约20~30%。团块与核形石可形成于不同的环境中。根据布曲组含团块、核形石泥粒灰岩中灰泥基质较多和较完整的生物碎屑判断，可能形成于略低于正常浪基面的中低能的海水微弱动荡的浅潮下环境中。

MF-6 生物碎屑泥粒灰岩：化石颗粒主要是腕足类，少量的腹足类、内碎屑等，总量高达60%以上，化石均遭受不同程度的破碎，并受到一定程度的泥晶化。除化石外，岩石中还可见零星鲕粒，呈长椭圆形，鲕粒壁比较薄，具不明显的同心层状构造。岩石总体呈颗粒支撑结构，生物颗粒之间由灰泥充填。该微相主要分布在正常浪基面以上的中低能量环境中，水体能量略高于MF-5。

MF-7 生物碎屑粒泥灰岩：岩石主要由方解石灰泥组成，灰泥支撑为主，生物碎屑含量10%~30%，粒泥比较小。生屑碎片包括双壳类、腕足类、腹足类及少量的藻类，磨圆较差，呈半自形-他形产出，可见具完整的腹足类壳体，生物碎屑常见泥晶化现象。该微相分布广泛，形成于正常浪基面或刚好在浪基面以下开放循环的浅海海水中。

MF-8 含鲕粒生屑颗粒灰岩：生物碎屑含量50%以上，颗粒支撑结构，亮晶方解石胶结，无灰泥基质，颗粒分选中到好，次圆状-圆状。生物种类主要包括双壳类、腕足类、腹足类等。生物碎屑边缘可见泥晶化作用。主要形成于中高能的浅滩或浅滩边缘环境。

MF-9 含生屑粒泥灰岩：泥晶基质，杂基支撑结构，颗粒含量5%~10%，化石完整，多为自形-半自形，无明显的磨蚀与分选，保存在微晶基质之中。水平层理比较发育，反映其形成时的水动力条件很弱，为浪基面以下的静水沉积。

MF-10 细生物碎屑粉屑灰岩(SMF-2)：为细生物碎屑及似球粒的混合物，富含有机质，具极细的颗粒岩或泥质颗粒岩结构，形成于浪基面以下或深缓坡下部安静水体中。

4）布曲组沉积相模式

测区布曲组的泥裂构造、干缩角砾状构造、潮汐韵律层理发育，为判断其沉积环境提供了良好的指相标志。结合粒泥比、颗粒类型、生物组合等微相分析，布曲组灰岩属碳酸盐岩缓坡型沉积。

碳酸盐岩缓坡(carbonate ramp)由Wayne M. Ahr(1973)年提出，指"低坡度(<1°)向盆地等斜的海底沉积表面，其上没有明显的地貌坡折，向滨外由浅水波浪搅动环境逐渐过渡到低能深水环境"。随后许多学者将这一概念完善，本报告采用梅冥相(1999)的分类方案，把缓坡台地环境划分为内缓坡、浅缓坡和深缓坡3种沉积环境(图2-32)。

(1)内缓坡：位于浪基面之上受潮汐作用带及其以上地区，即通常所称的潮坪沉积环境，包括潮坪、萨布哈以及浅潮下带，与Tucker et al. (1990)的后缓坡基本一致。根据沉积特征，布曲组内缓坡还可进一步分为潮上带、潮间带和(浅)潮下带3个亚环境。①潮上带沉积：布曲组潮上带沉积物主要由中薄层状的灰泥灰岩、纹层状生物碎屑灰岩夹薄层粉晶灰岩、含生物碎屑灰岩组成，常见泥裂构造、干缩角砾状构造。微相类型以MF-1、MF-2为主，含少量MF-9。②潮间带沉积：沉积物主要是纹层状灰泥灰岩、生物碎屑泥粒-粒泥灰岩，发育条带状、透镜状层理，同时见少量的暴露构造。微相类型以MF-2、MF-6和MF-7为主，其次还包括MF-1、MF-3和MF-4。③(浅)潮下带沉积：潮汐水道发育，颗粒沉积物较多，其中包括内碎屑和生物碎屑。微相类型以MF-7和MF-8为主，其次是MF-5和MF-6。

(2)浅缓坡：在布曲组中浅坡相的微相以MF-7、MF-8为主，其次为MF-4。浅坡微相为潮汐作用以下到正常浪基面之间的高能水体环境，生物颗粒受到较强的泥晶作用，岩石的类型主要以颗粒灰岩夹薄层粒泥灰岩为特征。

(3)深缓坡：位于正常浪基面以下到风暴浪基面之间的沉积环境，主要受风暴浪作用影响。正常天气下，在此环境形成悬浮沉降的灰泥及陆源泥，多被生物扰动。灰泥灰岩和含生物碎屑灰岩是该环境的主要沉积类型。生屑含量一般为10%以下，化石的分选与磨蚀程度差，常见完整的生物壳体。微相类型以MF-7、MF-9为主，其次为MF-10。

5）沉积环境

布曲组由介壳灰岩、鲕粒灰岩、粉屑灰岩及粉晶灰岩夹泥晶灰岩、纹层状泥晶灰岩组成，局部夹黑色沥

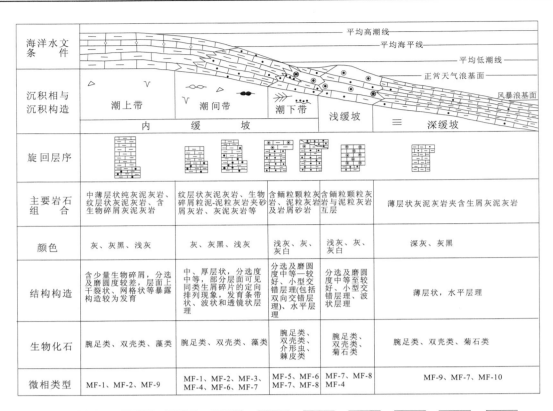

图 2-32 布曲组沉积微相综合理想模式图

1. 粉晶灰岩；2. 粒泥灰岩；3. 泥粒灰岩；4. 颗粒灰岩；5. 灰泥灰岩；6. 砂屑灰岩；7. 砂岩；8. 角砾状构造、泥裂构造；9. 脉状层理、透镜状层理；10. 人字形层理；11. 水平层理

青脉，含腕足类、双壳类等化石。其中粉晶灰岩及泥晶灰岩发育波状、透镜状、脉状层理、泥裂构造及干缩角砾状构造，为潮坪相沉积。纹层状泥晶灰岩中发育水平层理，为局限台地沉积。介壳灰岩、鲕粒灰岩为台地边缘或碳酸盐滩相沉积。粉屑灰岩可能是潮汐水道沉积。从下至上，由潮坪相沉积的泥晶灰岩向台地边缘或碳酸盐滩相沉积的介壳灰岩和鲕粒灰岩、局限台地沉积的纹层状泥晶灰岩变化，反映了海水加深的变化，地层结构为退积型（图 2-33）。

6）时代讨论

布曲组含双壳类：*Liostrea birmanica*，*L sublamallosa*，*L eduhformis*，*Protocaridia stricklandi*，*P. stricklandi*，*P. hepingxiangensis*，*Poladomya socialis qinghaiensis*，*Pseudotranpezium cord forforme* 等（肖传桃，2001）。其中 *Liostrea birmanica* 为地中海中侏罗世巴通期常见分子。*Pseudotranpezium cord forforme* 为中侏罗世巴柔期-巴通期的标准分子。在测区中布曲组地层产较为丰富的化石，其中双壳类 *Melegrinella* sp.，*Gervilleia* sp.，*Chlamys* sp.，*Camptonectes* cf. *laminams*，*Myoconcha* sp.（阴家润教授鉴定）等化石，时代归中侏罗世巴柔期至中晚巴通期。根据上述双壳类分子的组合关系，将布曲组时代定为巴通期。

3. 夏里组（J_2x）

该组由青海省区调综合地质大队（1987）创名于格尔木市唐古拉山乡雀莫错西夏里山，原意指中侏罗统层位最高的一个地层单元，以灰紫、灰绿、褐、红等色相间的杂色碎屑岩为主，夹少量灰岩及石膏（矿）层。青海省地质矿产局（1997）定义的夏里组为整合于布曲组碳酸盐岩组合之上和索瓦组碳酸盐岩与细碎屑岩互层组合之下的一套杂色细碎屑岩夹少量灰岩和石膏层的地层序列。

1）基本特征

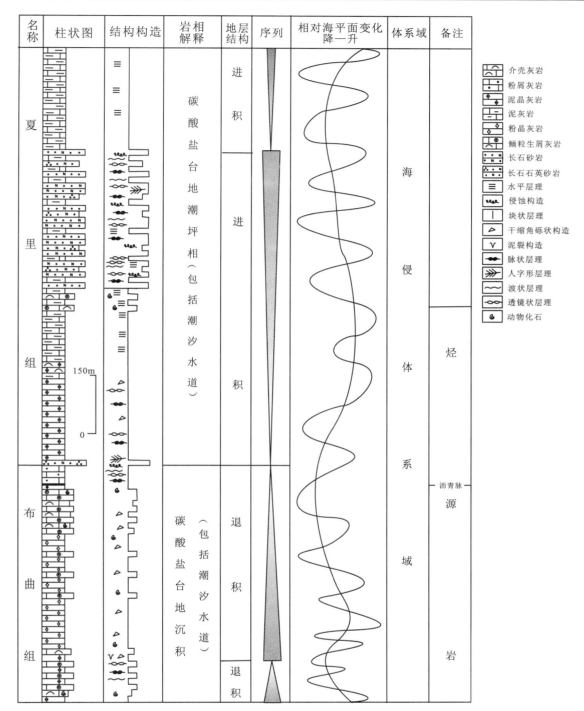

图 2-33 西藏巴青县贡日乡中侏罗统雁石坪群布曲组和夏里组沉积序列图

测区夏里组主要出露于珠劳拉北部、腊爱一带,与布曲组整合接触,被沱沱河组不整合所覆,控制厚度大于 937.4m。底部为紫红色粗粒长石石英砂岩,中上部为灰黄色泥灰岩与暗灰色生屑鲕粒灰岩、鲕粒生屑灰岩不等厚互层,夹泥晶灰岩、紫红色中粒长石砂岩及细粒长石石英砂岩等。含双壳类、腕足类等化石碎片。

2) 剖面描述

以巴青县贡日乡剖面(图 2-31)为例,区内夏里组的地层层序如下。

中侏罗统夏里组(J_2x)   **>937.4m**

未见顶

20. 灰黄色泥灰岩   >122.2m

19. 紫红色中粒长石砂岩夹灰黄色泥灰岩、泥晶灰岩、细粒长石石英砂岩	386.3m
18. 灰黄色泥灰岩,发育水平层理	0.7m
17. 暗灰色鲕粒生屑灰岩,含双壳类、腕足类化石	0.4m
16. 灰黄色薄层泥灰岩	21.9m
15. 暗灰色生屑鲕粒灰岩,含双壳类、腕足类化石	9.3m
14. 灰黄色薄层泥灰岩,发育水平层理	138.4m
13. 暗灰色生屑泥晶灰岩	27.3m
12. 灰黄色薄层泥灰岩,发育水平层理	7.9m
11. 暗灰色泥晶灰岩,发育角砾状构造、透镜状层理及脉状层理	270.3m
10. 紫红色粗粒长石石英砂岩	15.7m

——————— 整合 ———————

下伏地层:中侏罗统布曲组暗灰色粉屑灰岩

3)岩相、相序与层序地层分析

夏里组底部为紫红色粗粒长石石英砂岩,中上部为灰黄色泥灰岩与暗灰色生屑鲕粒灰岩、鲕粒生屑灰岩不等厚互层夹泥晶灰岩、紫红色中粒长石砂岩及细粒长石石英砂岩等,含双壳类、腕足类等化石碎片。其中局限台地沉积的泥灰岩中发育水平层理;生屑鲕粒灰岩、鲕粒生屑灰岩和中粒长石砂岩为较典型的滨海相沉积;泥晶灰岩为发育波状层理、透镜状层理、脉状层理和干缩角砾状构造的潮坪相沉积。从下至上由潮坪相沉积向台地边缘或碳酸盐岩滩相沉积、局限台地沉积变化,反映海水加深的变化。夏里组从下至上可大致划分为两个退积亚旋回,总体为退积结构(图2-33)。

4)时代讨论

虽然测区中夏里组化石较多,但保存条件较差,多数无法鉴定。前人在邻区采集到 *Meleagrinella bramburiensis－Pronoella triangularis* 组合,其主要种属 *Meleagrinella bramburiensis*,*Pronoella triangularis*,*Anisocardia*（*A.*）*tenera*,*Chlamy textoria*,*Pteroperna decorata*,*Pholadomya* cf. *qinghaiensis*,*Spondylopecten badiensis*,*Isocyprina*(*Isocyprina*) *politula*,*Bakevellia*(*Bakevellia*) *waltoni*,*Liostrea* cf. *birmanica* 时代为中侏罗世卡洛期。因此,本报告将区内夏里组时代归入中侏罗统卡洛期。

二)多玛地层分区

多玛地层分区发育的侏罗系佣钦错群是由《西藏自治区区域地质志》(1993)早期定义的莎巧木组更名而来。本报告根据上、下地层间接触关系及沉积旋回特点由下而上将其划分为早-中侏罗世色哇组、中侏罗世捷布曲组。由于受北侧的本塔断裂带和南侧班公湖-怒江断裂带的改造,地层多呈断片状产出,并被新近系角度不整合覆盖。

1. 色哇组($J_{1-2}s$)

色哇组由文世宣(1979)命名于班戈县色哇区莎巧木山北坡及加玉马头一带,原意指下部为灰色灰岩,中部为泥灰岩,上部为灰黑色、深灰色泥页岩夹泥灰岩的地层体。1:150万西藏高原及邻区地质图(1986)、《西藏自治区区域地质志》(1993)、1:25万兹格唐错幅(2003)、青藏高原1:150万地质图与说明书等均直接引用其原意。《西藏自治区岩石地层》(1997)扩大其含义,将下伏原曲色组或则松组涵盖在内。《青藏高原地层》(2001)将扩大含义后的地层命名为曲色组;1:25万安多幅扩大其涵义,将前人划分的曲色组和色哇组合并为"色哇组",本报告从之。

1)基本特征

测区色哇组主要出露于塞陇通-吉甸达一带,为一套陆源碎屑岩沉积。主要岩石类型有砾岩、砂岩和粉砂岩等,底部产丰富的腕足类和遗迹化石,上被新近系康托组角度不整合覆盖,未见底,厚度大于1 626m。

2)剖面描述

在比如县下秋卡乡塞陇通一带测制的色哇组剖面(图2-34)的层序自上而下如下。

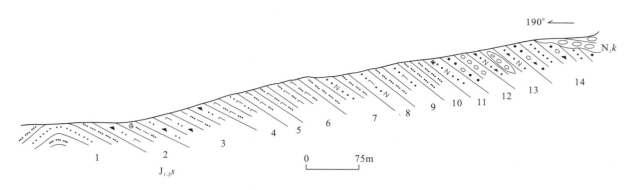

图 2-34　西藏比如县下秋卡乡塞陇通下-中侏罗统色哇组实测剖面图

上覆地层：康托组浅红色砾岩

～～～～～～～ 角度不整合 ～～～～～～～

下-中侏罗统色哇组（$J_{1-2}s$）　　　　　　　　　　　　　　　　　　　　　　　　　　　　>1 001.4m

14. 紫红色含砾中粗粒岩屑砂岩与细砂岩互层　　　　　　　　　　　　　　　　　　　　　　　58.2m
13. 灰黄色中细粒岩屑砂岩，夹细砾岩，发育平行层理和侵蚀构造　　　　　　　　　　　　　　87.3m
12. 紫红色细砾岩夹含砾粗砂岩，发育平行层理和侵蚀构造　　　　　　　　　　　　　　　　　59.3m
11. 浅褐灰色粗粒长石砂岩与中细粒岩屑砂岩互层，夹细砂岩，含植物化石碎片　　　　　　　38.1m
10. 紫红色粉砂岩，发育钙质结核及脉状层理　　　　　　　　　　　　　　　　　　　　　　　54.4m
9. 浅灰色钙质细砂岩与粉砂岩互层　　　　　　　　　　　　　　　　　　　　　　　　　　　77.7m
8. 灰色中厚层钙质中细粒长石砂岩，发育平行层理　　　　　　　　　　　　　　　　　　　　38.8m
7. 灰色中粒长石砂岩与紫红色粉砂岩不等厚互层，夹细砾岩透镜体　　　　　　　　　　　　116.5m
6. 紫红色中薄层钙质粉砂岩，发育波状层理、透镜状层理及脉状层理　　　　　　　　　　　130.2m
5. 灰黄色钙质粉砂岩　　　　　　　　　　　　　　　　　　　　　　　　　　　　　　　　　 3.8m
4. 紫红色钙质粉砂岩，夹灰色钙质细砂岩，发育波状层理、透镜状层理及脉状层理　　　　　80.3m
3. 紫红色钙质中细粒岩屑砂岩，夹泥质粉砂岩，局部见小型干涉波痕　　　　　　　　　　　128.5m
2. 黄绿色-紫红色泥质粉砂岩，偶见小型干涉波痕，含腕足化石碎片、遗迹化石
   Beaconites ichnosp.，*Bifungites* cf. *hanyangesis*，*Cruziana* ichnosp.，
   Micatuba ichnosp.，*Palaeophycus* ichnosp.，*Treptichnus* cf. *bifurcus*，
   Rhizocorallium ichnosp.　　　　　　　　　　　　　　　　　　　　　　　　　　　　　77.1m
1. 黄绿色粉砂岩与细砂岩互层夹中细粒岩屑砂岩，局部夹薄层泥岩　　　　　　　　　　　 >51.2m

未见底

3）岩相、相序与层序地层分析

色哇组下部为紫红色、黄绿色等杂色泥质粉砂岩、钙质粉砂岩、粉砂岩、细砂岩、钙质细砂岩夹钙质中细粒岩屑砂岩、中细粒岩屑砂岩，局部夹中粒长石砂岩等，发育波状层理、透镜状层理及脉状层理，局部见小型干涉波痕，产腕足类化石碎片和较为丰富的遗迹化石，其组合特征为潮坪-滨浅海相的沉积；中部为浅褐灰色粗粒长石砂岩与中细粒岩屑砂岩互层，夹细砂岩、紫红色粉砂岩和浅灰色钙质细砂岩，局部夹灰色中厚层钙质中细粒长石砂岩等，含植物化石碎片，发育侵蚀构造、平行层理和大型板状交错层理，为三角洲前缘沉积；上部为紫红色含砾中粗粒岩屑砂岩与细砂岩互层，夹灰黄色中细粒岩屑砂岩、细砾岩和含砾粗砂岩，发育平行层理和侵蚀构造等，主体为辫状河三角洲平原上的辫状河道沉积（图 2-35）。根据岩性组合、沉积构造及所含化石等特征，测区出露的色哇组从下往上总体为向上变粗的进积序列。

4）时代讨论

塞陇通剖面上采集到少量腕足类化石碎片，却发现大量遗迹化石 *Belacaies birensis* ichno sp nov，*B. fungites* cf. *hanyangesis* Yang，*Biruichnus maliensis* ichno sp. nov，*Criuziana* ichno sp.，*Micatuba selongtongon's* ichno sp. nov，*Palaeophycus* ichno sp.，*Treptichnus* cf. *bifurucs miller*，*Rhizocora* ichno sp. 等，反映其时代为早-中侏罗世。

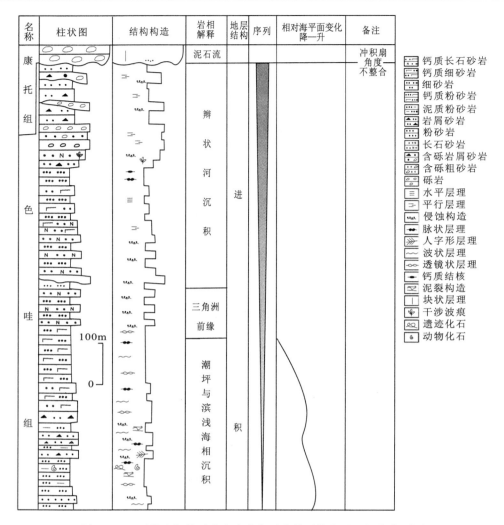

图 2-35 西藏比如县下秋卡乡塞陇通中侏罗统色哇组沉积序列图

2. 捷布曲组（J_2j）

1）基本特征

捷布曲组为1:25万《安多幅》新建。本区内该组出露在比如县下秋卡乡玛双布、塞陇通、洛陇贡玛、果阳及玛加改等地，岩性主要为结晶灰岩、白云质灰岩，含珊瑚化石，局部发育震动泥晶脉以及干缩角砾状构造，控制厚度＞83.8m。

该组中发育震积岩和海啸岩，在3m宽的露头范围内连续出现7层以上的地震-海啸层，说明捷布曲组沉积期是震积事件（地震及海啸）多发期。

比如县下秋卡乡玛双布实测剖面地层层序如下（图2-36）。

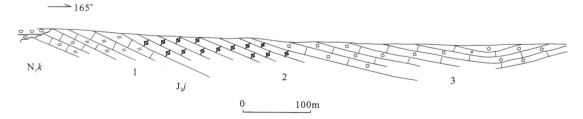

图 2-36 西藏比如县南牙乡塞陇通南西中侏罗统捷布曲组实测剖面图

中侏罗统捷布曲组（J_2j） ＞**83.8m**

未见顶

3. 浅粉灰色结晶灰岩，发育震动泥晶脉和干缩角砾状构造 ＞63.8m

2. 暗灰色泥晶灰岩,含珊瑚 *Margarophyllia* sp.,局部发育震动泥晶脉状构造　　　　　　　　　　12.4m
1. 浅粉灰色白云质灰岩,发育震动泥晶脉,局部见有干缩角砾状构造　　　　　　　　　　　　　>7.6m

　　　　　　　　　　　　　　　　　未见底

2)岩相、相序与层序地层划分

测区内捷布曲组下部为暗灰色泥晶灰岩和浅粉灰色白云质灰岩,上部为浅粉灰色结晶灰岩,局部夹菊花状灰岩,标志着唐古拉-昌都弧内盆地海侵的鼎盛时期,海侵范围最大,沉积相对稳定。在灰岩中出现连续7层以上的地震-海啸层,表明此时测区地震-海啸的多发性。

3)震积岩和海啸岩

在玛双布东约4km处的捷布曲组中,除见脉状和菊花状灰岩外,还发育地震断层、微褶皱纹理、微同沉积断裂和丘状层理、泥晶脉等碳酸盐岩震积岩(图版Ⅷ-5)标志。泥晶脉是碳酸盐震积岩中一种特殊的构造,由泥晶方解石脉体组成,Bauerman(1885,引自于杜远生等,2001)称之为白齿构造,主要见于碳酸盐震积岩中(乔秀夫等,1994;Fairchild,1997)。捷布曲组中的泥晶脉主要有两种类型:一种为近于平行排列直脉状,直脉多向两端尖灭[图2-37(a)];另一种呈飘带状、飞鸟状、团块状、扇状和短柱状等不规则的弯曲状[图2-37(b)、(c)]。泥晶脉主要由泥晶方解石组成,与后期构造裂隙充填亮晶方解石脉有较为明显的区别,一般宽为2~10mm,细的仅1mm。直脉状的泥晶脉可能与灰泥充填地震微断裂有关;弯曲状的可能与地震造成岩石液化有关。

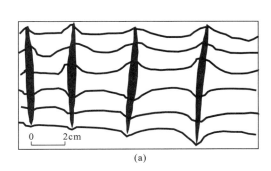
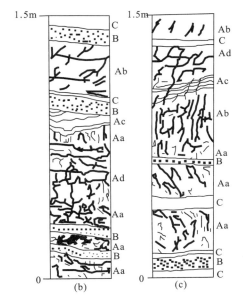

图2-37　藏北玛双布捷布曲组震积岩-海啸岩素描图
(根据照片简化)
(a)微褶皱纹理和液化泥晶脉;(b)、(c)Aa.液化泥晶脉灰岩,Ab.震裂岩,Ac.震褶岩,Ad.自碎屑角砾岩和内碎屑副角砾岩,B.海啸岩,C.背景沉积

捷布曲中的地震破裂层是由各种微断裂形成的岩层。微断裂以张性裂隙为主,由岩层底部向上逐渐变细变少或均匀分布。微断裂面不穿层,且不具共轭性,泥晶质充填其间[图2-37(b)、(c)]。一些微断裂形成阶梯状的同沉积微断裂。

微褶皱纹理是捷布曲组震积岩中较为普遍的同沉积构造变形现象,属于层内软变形,局限于地震扰动层之内,形态不规则、不协调,定向性差,尺度较小[图2-37(a)、(b)、(c)],区别于后期构造形成的褶皱变形。

捷布曲组丘状层理是由平缓的丘状纹层组成的一种层理(图版Ⅷ-6)。一般认为,丘状层理是海啸(津浪 tsunami)形成的丘状层(乔秀夫等,1994;宋天锐,1988),至少与典型震积岩伴生的丘状层理和地震引起的海啸有关(杜远生等,2001)。

在地层中还发现两种不同类型的角砾岩。一种是呈复杂的拉长、侧向变细和弯曲、具锯齿状边缘、撕裂状痕迹和可拼性角砾的塑性角砾岩;另一种是具可拼性的脆性角砾岩。捷布曲组的海啸岩通常与典型震积岩共生,也可孤立出现于背景沉积层中。

4)震积岩-海啸岩的事件沉积序列

捷布曲组为滨浅海碳酸盐台地沉积,地震引发的重力流沉积不发育,而主要发育地震-海啸事件沉积。地震-海啸沉积序列自下而上由震积岩(A单元)、海啸岩(B单元)和背景沉积(C单元)构成。根据地震及其引发海啸作用过程,捷布曲组可分3种地震事件沉积序列:震积岩-海啸岩-背景沉积[A-B-C序列,图2-37(b)]、震积岩-背景沉积[A-C序列,图2-37(c)]和海啸岩-背景沉积[B-C序列,图2-37(c)]。A-B-C序列代表地震及其引发的海啸形成的事件沉积序列;A-C序列代表地震未能引发海啸形成的地震事件沉积序列;B-C序列代表远离震中区,仅有海啸岩发育的事件序列。藏北裂谷玄武岩喷发可以被看作是特提斯洋进一步扩张的前兆和古大陆裂解的标志。这次震积事件沉积可能与板内地震事件和古大陆裂解有一定的联系,至少为碳酸盐台地上的震积-海啸岩提供了十分重要的地质信息。

5)时代讨论

1:25万安多幅曾在该组中采集到 *Burmirhynchia-Holcothyris* 组合带的代表性化石,时代归为中侏罗世。

三、白垩系

测区白垩纪以来转换为统一陆块,地层分布明显受断裂控制。晚侏罗世-早白垩世地层分布在测区东北部的特陇拉哈、加柔一带,为一套深灰色、灰紫色玄武安山岩、安山玄武岩以及玄武岩构成的火山岩地层,本次定名为旦荣组。晚白垩世阿布山组主要出露在测区的西南角本塔-巴青乡一带。

(一)旦荣组(J_3K_1d)

1. 基本特征

旦荣组为本次新建的岩石地层单位,指北羌塘-昌都地层区晚侏罗世-早白垩世时期一次中基性火山喷发活动形成的火山岩地层体,喷发不整合于雁石坪群之上,厚度大于1 688.54m。

2. 剖面描述

1)青海省杂多县旦荣乡克罗底上侏罗统-下白垩统旦荣组实测剖面(图2-38)

该剖面位于青海省杂多县旦荣乡,为旦荣组上部层位。主要的岩性为深灰色安山玄武岩,发育气孔、杏仁构造。未见顶,向下与杂多群碳酸盐岩组呈喷发不整合接触。

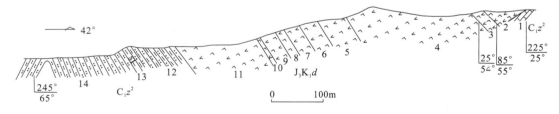

图2-38 青海省杂多县旦荣乡克罗底上侏罗统-下白垩统旦荣组剖面图

上侏罗统-下白垩统旦荣组(J_3K_1d) >**568.48m**

未见顶

2. 深灰色玄武安山岩,见较小的气孔,杏仁状构造,有铜矿化现象　　70.52m
3. 灰色安山玄武岩,斑状结构,气孔、杏仁状构造　　14.62m
4. 深灰色安山玄武岩　　198.12m
5. 深灰色安山玄武岩　　36.26m
6. 深灰绿色安山玄武岩,隐晶质结构,气孔、杏仁构造　　23.74m
7. 深灰色安山玄武岩,气孔构造　　17.86m
8. 深灰色安山玄武岩,块状构造　　10.95m
9. 浅灰色安山玄武岩　　16.77m

10. 浅灰色安山玄武岩 101.84m
11. 灰绿色安山玄武岩,隐晶质至微晶结构,块状构造 77.80m

2)青海省杂多县旦荣乡尕来琼果上侏罗统-下白垩统旦荣组实测地层剖面(图2-39)

该剖面位于青海省杂多县阿多乡俄里陇巴,火山岩层厚度大于1 688.54m。

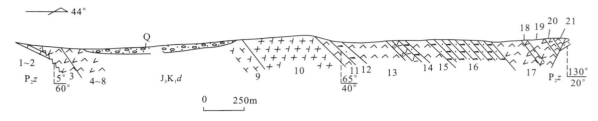

图2-39 青海省杂多县旦荣乡尕来琼果上侏罗统-下白垩统旦荣组实测剖面图

上侏罗统-下白垩统旦荣组(J_3K_1d) >1 688.54m

未见顶

21. 灰色玄武岩	>53.45m
20. 深灰色气孔安山玄武岩	46.77m
19. 深灰色玄武安山岩	81.92m
18. 深灰色安山玄武岩	82.79m
17. 灰色玄武安山岩,发育杏仁、气孔构造	73.25m
16. 灰色中厚层状岩屑砂岩,局部见水平层理	276.88m
15. 灰色玄武岩	90.61m
14. 底部为灰绿色玄武岩,顶部为灰绿色中层细砂岩	25.89m
13. 灰色玄武岩	265.9m
12. 浅灰绿色中层状岩屑砂岩	45.34m
11. 灰绿色玄武岩	54.56m
10. 浅灰色辉长玢岩	318.04m
9. 浅灰色石英辉长闪长玢岩	26.44m
8. 深灰色玄武安山岩	22.21m
7. 深灰色玄武安山岩	55.94m
6. 深灰色-绿色玄武安山岩	4.11m
5. 深灰色玄武安山岩,气孔、杏仁状构造	33.79m
4. 深灰色玄武安山岩,偶见气孔、杏仁状构造	8.45m
3. 灰色气孔-杏仁状玄武安山岩	122.2m

<div align="center">~~~~~~ 角度不整合 ~~~~~~</div>

下伏地层:下石炭统杂多群碳酸盐岩组灰色中厚层长石石英砂岩夹厚层状石英砂岩

3. 岩相类型、喷发单元

旦荣组主要由一套偏基性的喷出岩组成,不整合于杂多群之上。旦荣组的中部主要为一套可能代表次火山岩或侵出相火山岩的中基性玢岩并夹有数层沉积而成的碎屑岩和少量的流纹质岩石。从岩石组合的变化,尤其是存在数层沉积岩夹层推断,整个旦荣火山岩应是由多次火山喷发形成。

4. 时代讨论

旦荣组火山岩和下伏地层呈不整合接触。旦荣组中测得火山岩的4个全岩K-Ar年龄值分别为129.77±2.21Ma、132.06±3.67Ma、136.98±2.70Ma、156.16±0.49Ma。根据野外观测到的地质体之间的关系,并结合同位素测年的结果,将旦荣组的时代归为晚侏罗世-早白垩世。

(二)阿布山组(K_2a)

吴瑞忠等(1986)创名阿布山组于双湖阿布山地区的阿布山群演变而来,原意指一套红色砂岩、砾岩夹砂砾岩及泥灰岩。《西藏自治区地质志》(1993)沿用此命,并将其时代划归晚白垩世。《西藏自治区岩石地层》(1994)沿用此命,并重新定义为一套山间磨拉石杂色碎屑岩建造,由红色砂岩、砾岩、砂砾岩夹泥灰岩、粉砂岩、泥质粉砂岩组成,产较多的生物化石。本次工作将测区内本塔-巴青乡一带的一套红色碎屑岩和标准的阿布山地层进行对比,将其划为阿布山组。

1. 基本特征

该组零星出露于本塔-巴青乡一带,为一套灰紫色厚层状砾岩、含砾砂岩、紫红色岩屑长石石英砂岩与钙质粉砂岩构成的韵律层。砾岩中发育交错层理、平行层理、波状层理等,角度不整合覆盖于上三叠统巴贡组之上,厚度大于572m。

2. 剖面描述

引用西邻区1:25万《安多幅》阿布山组实测剖面(图2-40)。

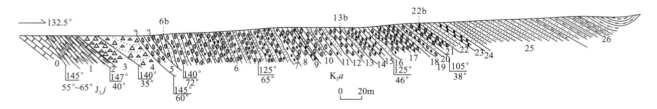

图2-40 西藏安多县116道班阿布山组实测剖面图

晚白垩世阿布山组(K_2a)   >752.15m

未见顶

26. 由3个韵律构成。每个韵律下部为紫红色中层中细粒石英长石砂岩,向上过渡为紫红色中薄层粉砂岩、粉砂质泥岩   57.37m
25. 由8个小韵律构成。每个小韵律下部为紫红色中层中细粒石英长石砂岩,向上过渡为紫红色中薄层粉砂岩、粉砂质泥岩   85.88m
24. 紫红色中层粗粒石英长石砂岩,发育小型沙纹层理,层面上见水平钻孔   8.56m
23. 紫红色中厚层中细砾岩,砾石成分为灰岩和砂岩,次圆状   11.41m
22. 紫红色中层中粗粒石英长石砂岩,发育平行层理和小型波纹层理   19.97m
21. 紫红色厚层中砾岩,砾石成分为灰岩和砂岩,次圆状   17.13m
20. 紫红色粗粒含砾石英长石砂岩,层面上发育小型波痕   7.78m
19. 紫红色厚层中砾岩,砾石成分为灰岩和砂岩   7.78m
18. 紫红色中层粗粒含砾岩屑长石砂岩,发育平行层理和小型沙纹层理   7.78m
17. 紫红色巨厚层砾岩,砾石成分为灰岩和砂岩,次棱角状-次圆状   46.63m
16. 紫红色中层粗粒含砾岩屑长石砂岩   7.78m
15. 紫红色中厚层中砾岩,砾石次圆状   16.67m
14. 紫红色巨厚层中砾岩,砾石成分为灰岩和砂岩,次棱角状-次圆状   16.67m
13. 紫红色中厚层中砾岩,顶部为含砾粗粒岩屑长石砂岩,砾石成分为灰岩和砂岩   16.67m
12. 紫红色巨厚层中砾岩,砾石成分为灰岩和砂岩,次棱角状   16.67m
11. 紫红色中厚层细砾岩,顶部为2m厚的含砾粗砂岩,砾石为灰岩和砂岩,次圆状   18.96m
10. 紫红色巨厚层中砾岩夹粗砂岩透镜体,砾石成分为灰岩和砂岩,次棱角状   39.73m
9. 紫红色中厚层中砾岩,顶部见1m厚的含砾粗砂岩,砾石成分为灰岩和砂岩,次圆状   10.83m
8. 紫红色巨厚层砾岩,砾石成分为灰岩和砂岩,次圆状-次棱角状   29.95m
7. 紫红色中厚层中砾岩,砾石成分为灰岩和砂岩,次圆状   9.18m
6. 紫红色巨厚层极粗砾岩夹紫红色透镜状细砾岩、含砾粗砂岩   274.74m

5.紫红色构造角砾岩,角砾成分为厚层块状中粗砾岩及含砾粗砂岩　　　　　　　　　　　　24.01m
═══════════════════断层接触═══════════════════

下伏地层:中侏罗世捷布曲组灰色构造角砾岩夹碎粉岩

3. 岩相、相序与沉积环境分析

区内阿布山组为一套砖红色碎屑岩,为含砾粗砂岩、砾岩及中层状粉砂岩;含砾粗砂岩中砾石成分以灰色大理岩为主,含少量灰绿色砂岩,砾石呈次圆状-圆状,定向排列,底部发育冲刷面。发育正粒序层理、平行层理、水平层理和楔状交错层理。砂质成分:石英50%,长石5%,磨圆度较差,粉砂质胶结,岩性组合与沉积构造反映其为扇三角洲平原相-前缘相沉积。阿布山组与捷布曲组角度不整合接触。

4. 时代讨论

区内阿布山组产孢粉 *Cupressinocladus* sp.,*Classopollis annulatas*,*Taxodiaceaepollenites* sp.《西藏自治区岩石地层》(1994),时代应为晚白垩世。

第五节　新生界

测区新生界较发育,主要集中于唐古拉山北侧的巴庆盆地以及河流两侧,分为两个沉积区。唐古拉山以北沉积区发育沱沱河组、查保马组和曲果组;唐古拉山以南新生界为牛堡组和康托组(表2-5)。新近纪主要分布于河流两侧、湖泊边缘、沼泽区及海拔较高的山峰(图2-41)。

表2-5　测区古近系、新近系地层划分沿革表

青海省区域地质调查大队(1970)		西藏自治区地质矿产局(1993)		青海省地质矿产局(1991)		西藏自治区地质矿产局(1997)		青海省地质矿产局(1997)		本报告(2006)			
										时代	多玛分区	索县-左贡分区	羌北地层区昌都-芒康地层区
新近系	未分	上新统	石坪顶组	中新统	查保马组	下更新统-上新统	查保马组	中新统	查保马组	上新统	康托组		曲果组
		中新统								中新统			查保马组
古近系		古-渐新统			以下未分			渐新统	沱沱河组	渐新统		牛堡组	沱沱河组

一、古近系

(一)唐古拉山北侧沉积区——沱沱河组($E_{1-2}t$)

该组由沱沱河群演变而来。青海省区域地质调查综合地质大队(1989)创名沱沱河群于格尔木市唐古拉山乡沱沱河,并将其时代定为古新世至始新世。青海省地质矿产局(1997)将群降为组,指不整合于结扎群之上,整合伏于雅西措组之下,由砖红色、紫红色、黄褐色复成分砾岩、含砾砂岩、砂岩、粉砂岩,局部夹泥岩、灰岩组成,产有介形虫、轮藻、孢粉等化石,顶部以雅西措组灰岩的始现为界。

1. 基本特征

测区沱沱河组主要出露于多玛日、重琼陇巴、康果、叉肖玛、宰日埃巴玛、怕尤玛、日根等地,总体呈近东西向展布。岩性为紫红色、砖红色厚层状复成分砾岩、含砾砂岩、砂岩、棕红色泥质粉砂岩,偶夹泥晶灰

岩。不整合覆于晚三叠世侵入岩及二叠系之上,并被全新世松散沉积物覆盖,以冲、洪积为主,间有湖相沉积。

2. 剖面描述

剖面位于杂多县旦荣乡宰日埃巴玛。沱沱河组与下伏开心岭群诺日巴尕日保组不整合接触关系清楚,自上而下的层序如下(图2-42)。

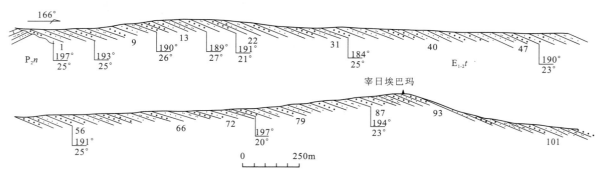

图 2-42 青海省杂多县宰日埃巴玛沱沱河组剖面图

未见顶

沱沱河组($E_{1-2}t$)	>2 665m
104. 灰紫色砾岩,发育正粒序层理,底部发育冲刷面	13.37m
103. 砖红色泥质粉砂岩	21.13m
102. 暗紫色中粒砂岩,底部偶见硅质岩砾石和灰岩砾石	36.56m
101. 灰紫色复成分砾岩,发育正粒序层理,底部发育冲刷面	78.49m
100. 砖红色泥质粉砂岩,发育水平层理	29.22m
99. 暗紫色中粒砂岩,底部含有砾石	42.82m
97. 灰紫色复合成分砾岩,底部发育冲刷面	58.26m
96. 砖红色泥质粉砂岩	45.82m
95. 暗紫红色中粒砂岩,底部偶夹砾石	56.23m
94. 灰紫色含砾粗砂岩,底部砾石增多	48.15m
93. 灰紫色复合成分砾岩,底部发育冲刷面,保存有冲刷槽	62.61m
92. 暗紫色中粒砂岩,底部偶含砾石	11.79m
91. 灰紫色复合成分砾岩,局部砾石具叠瓦状排列	18.70m
90. 暗灰色泥质粉砂岩,发育水平层理	12.45m
89. 暗紫色中粒砂岩,底部偶见砾石	20.20m
88. 灰紫色含砾粗砂岩,砂状结构,发育正粒序层理	27.72m
87. 灰紫色复合成分砾岩	31.47m
86. 砖红色泥质粉砂岩	18.47m
85. 暗紫色中粒砂岩,底部有细小砾石	16.84m
84. 灰紫色含砾粗砂岩,发育正粒序层理	28.38m
83. 灰紫色复合成分砾岩,底部发育冲刷面	35.11m
82. 砖红色泥质粉砂岩,发育水平层理	16.99m
81. 暗紫色中粒砂岩,底部偶见砾石	15.05m
80. 灰紫色含砾粗砂岩	27.75m
79. 灰紫色复合成分砾岩,发育正粒序层理,底部发育冲刷面	36.22m
78. 暗紫色泥质粉砂岩	12.55m
77. 灰紫色细砂岩,发育水平层理	19.37m
76. 灰紫色中粒砂岩,发育平行层理,底部偶见砾石	16.86m
75. 灰紫色复合成分砾岩,底部发育冲刷面	26.55m

74.暗紫色泥质粉砂岩夹细砂岩	14.11m
73.灰紫色中粒砂岩,底部偶见砾石,发育正粒序层理	13.27m
72.灰紫色含砾粗砂岩,发育正粒序层理	24.98m
71.灰紫色砾质粗砂岩	20.68m
70.灰紫色复合成分砾岩,发育正粒序层理,砾石叠瓦状排列	20.77m
69.紫红色泥质粉砂岩	26.75m
68.暗紫色中粒砂岩	19.00m
67.灰紫色含砾粗砂岩	16.42m
66.灰紫色复合成分砾岩,底部发育冲刷面	20.36m
65.紫红色泥质粉砂岩	21.70m
64.砖红色中粒砂岩,发育水平层理	17.65m
63.灰紫色含砾粗砂岩,发育正粒序层理	15.82m
62.灰紫色砾质粗砂岩,发育正粒序层理	13.70m
61.灰紫色复成分砾岩,底部发育冲刷面	25.01m
60.砖红色泥质粉砂岩,发育水平层理	17.04m
59.深灰色细砂岩,发育平行层理	19.47m
58.灰紫色含砾粗砂岩	13.88m
57.紫灰色砾质粗砂岩	31.73m
56.灰紫色复成分砾岩,发育正粒序层理	29.99m
55.暗紫红色细砂岩,发育平行层理	29.60m
54.灰紫色含砾粗砂岩,底部含砾较多	19.74m
53.灰紫色复成分砾岩,底部发育冲刷面	20.54m
52.紫红色粉砂质细砂岩,发育平行层理	33.83m
51.砖红色中粒砂岩	22.40m
50.灰紫色含砾粗砂岩	27.36m
49.灰紫色砾质粗砂岩,发育正粒序层理	28.45m
48.灰紫色复成分砾岩	21.83m
47.砖红色泥质粉砂岩,发育水平层理	29.24m
46.暗紫色中粒砂岩,发育水平层理	37.91m
45.灰紫色含砾粗砂岩	32.02m
44.紫红色砾质粗砂岩	31.61m
43.紫红色砾岩	32.55m
42.暗紫红色粉砂质细砂岩	23.86m
41.暗紫红色中粒砂岩,发育平行层理	29.16m
40.灰紫色含砾粗砂岩	20.37m
39.灰紫色砾质粗砂岩	20.29m
38.灰紫色砾岩,发育正粒序层理	23.30m
37.紫红色中粒砂岩	12.32m
36.灰紫色含砾粗砂岩	15.29m
35.灰紫色砾质粗砂岩	21.80m
34.灰紫色砾岩夹砂岩透镜体	26.84m
33.暗紫色粉砂质细砂岩,发育平行层理	19.63m
32.紫色中粒砂岩,发育平行层理	14.34m
31.灰紫色含砾粗砂岩	8.09m
30.灰紫色砾质砂岩,正粒序层理	12.62m
29.灰紫色砾岩,发育正粒序层理	25.54m
28.暗灰色泥岩	13.19m
27.灰紫色粉砂质细砂岩	6.15m
26.暗红色中粒砂岩	26.82m

25. 灰紫色砾质砂岩	25.34m
24. 灰紫色砾岩,底部发育冲刷面	35.94m
23. 砖红色泥质粉砂岩,发育水平层理	13.22m
22. 紫红色中粒砂岩,底部偶见砾石	30.72m
21. 灰紫色砾质砂岩,发育正粒序层理	20.33m
20. 灰紫色砾岩,底部发育冲刷面	24.40m
19. 暗紫色细砂岩	10.59m
18. 紫红色中粒砂岩,底部偶见砾石	14.82m
17. 灰紫色砾质粗砂岩	14.40m
16. 灰紫色砾岩,砾石具有定向排列	32.07m
15. 暗灰色泥质粉砂岩,发育水平层理	6.37m
14. 暗紫色细砂岩,发育平行层理	17.15m
13. 灰紫色砾质砂岩	17.72m
12. 灰紫色砾岩,发育正粒序层理	44.41m
11. 暗紫色粉砂质细砂岩	23.97m
10. 紫红色砾质中粒砂岩,发育正粒序层理	31.68m
9. 灰紫色砾岩,砾石具有定向排列,见砾石群构造,底部发育冲刷面	43.79m
8. 砖红色砂质粉砂岩,发育水平层理	15.72m
7. 灰紫色砾质砂岩,发育正粒序层理	25.08m
6. 灰紫色复成分砾岩,发育正粒序层理,底部发育冲刷面	25.91m
5. 暗紫色粉砂质细砂岩,发育平行层理	18.78m
4. 灰紫色中粒砂岩,发育平行层理	24.24m
3. 灰紫色含砾砂岩	14.04m
2. 紫红色砾质粗砂岩,发育正粒序层理	7.53m
1. 灰紫色复成分砾岩,发育正粒序层理,底部发育冲刷面	5.95m

~~~~~~~~~~~~~~ 角度不整合 ~~~~~~~~~~~~~~

下伏地层:诺日巴尕日保组深灰色中厚层状中粒砂岩

3. 岩相、相序与层序地层划分

沱沱河组地层序列表现为多个沉积韵律构成的旋回式沉积,可识别的岩相单元如下。

1)紫红色复成分砾岩

砾石成分为灰色砂岩、泥质粉沙岩、灰岩、含生物碎屑灰岩、硅质岩,棱角-次棱角状,局部底部可见冲刷面,发育叠瓦状构造(图2-43)和砾石群构造(图2-44),岩石呈颗粒支撑,分选性较差。

2)紫红色砾质粗砂岩

发育正粒序层理,局部见平行层理。

3)紫红色平行层理中粒岩屑砂岩

4)紫红色平行层理细砂岩

5)砖红色水平层理粉砂质细砂岩

6)紫红色水平层理泥质粉砂岩

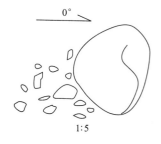

图2-43 沱沱河组砾石叠瓦状构造　　图2-44 砾石群构造

7)暗紫红色块状泥岩

由上述岩相单元组成不同种类的米级旋回,其中包括:①砾、砂、泥型:大部分由 5 个单元构成。底部为正粒序层理砾岩,向上渐变为砾质砂岩、含砾砂岩,上部为正粒序层理含砾中粒砂岩,顶部为砂质粉砂岩或泥质粉砂岩。各单元之间为渐变关系。②砾、砂型:下部为正粒序层理砾岩,上部为中粒砂岩,两者之间为渐变关系。

在剖面上,岩石的颗粒粒度总体表现为下粗上细的正粒序特征。

沱沱河组基本层序类型表明其为河流沉积,可以进一步分为几个亚相。

(1)河床亚相:由正粒序层理砾岩、砾质粗砂岩、含砾砂岩和中细粒砂岩组成,底部冲刷面清晰。根据砾石的定向统计分析,物源区来自唐古拉山一带。

(2)河漫滩亚相:位于每个基本层序的上部,由泥质粉砂岩和泥岩组成,属弱水动力条件下的河漫滩相沉积。

4. 时代讨论

测区沱沱河组角度不整合于中侏罗统及其下伏地层之上。宰日埃巴玛剖面上采集的孢粉样品分析结果表明(表 2-6),该孢粉组合以温爽及温湿环境的木本和草本植物为主,蕨类孢子含量极少。木本和草本植物中 *Pinuspollenites*(松粉属)占到孢粉总数的一半,并出现了较多数量(20%)的 *Betulapollenites*(桦粉属)和一定数量的 *Quercoidites*(栎粉)、*Ulmipollenites*(榆粉属),以及喜湿阴耐寒的 *Abiespollenites*(冷杉粉),孢粉组合为 *Pinuspollenites - Betulapollenites*。孢粉的这种组合面貌最早出现在古近系中期,反映了当时以山地乔木植被为主的针叶林型森林,温和与湿润-半干旱气候条件。

表 2-6 沱沱河组孢粉分析结果表

粒数及百分含量 样品编号 孢粉名称	P33BF1		P33BF2		P33BF3		P33BF4	
	粒	%	粒	%	粒	%	粒	%
孢子花粉总数	5	100	24	100	36	100	11	100
木本及草本植物花粉总数	4	80	23	95.8	33	91.7	10	90.9
蕨类植物孢子总数	1	20	1	4.2	3	8.3	1	9.1
木本及草本植物花粉								
杉科粉(*Taxodiaceaepollenites*)					2	5.6	1	9.1
冷杉粉属(*Abiespollenites*)			2	8.3	18	50	1	9.1
松粉属(*Pinuspolleniites*)	2	40	14	58.3			4	36.4
栎粉属(*Quercoidites*)			2	8.3				
椴粉属(*Tiliapolleniites*)			1	4.2				
栋粉属(*Meliaceoidites*)			1	4.2			1	9.1
麻黄粉属(*Ephedipitesa*)					2	5.6		
桦粉属(*Betulapolleniites*)	1	20	1	4.2	7	19.4	1	9.1
榆粉属(*Ulmipolleniites*)					2	5.6		
藜粉属(*Chenopodiepollis*)	1	20	1	4.2	1	2.8		
蓼粉属(*Polygonumipollenites*)							1	9.1
三孔沟粉属(*Tricolporopollis*)			1	4.2			1	9.1
三沟粉属(*Tricolporites*)							1	9.1
蕨类植物孢子总数								
三角孢属(*Deltoidaspora*)	1	20			1	2.8		
水龙骨科孢(*Polypodiaceoisporites*)					1	2.8	1	9.1
卷柏属(*Selaginellasporites*)					1	2.8		
凤尾蕨属(*Pterisisporites*)								

注:中国地震局地质研究所孢粉实验室分析鉴定。

该组孢粉组合面貌与西藏伦坡拉盆地牛堡组上段相似,时代确定为古-始新世;区域上在沱沱河组层型剖面上还采集到介形虫 Cypris decaryi、Candoniella albicans、Darwinula sp.;轮藻 Peckichara serialis,时代为古-始新世。因此,沱沱河组的形成时代为古-始新世。

(二)唐古拉山南侧沉积区——牛堡组($E_{1-2}n$)

李璞(1955)将班戈湖、伦坡拉地区的古近系红层统称古近系。王文彬等(1957)将其称为牛堡组,原意为一套紫红色粉砂岩、泥页岩为主夹砂砾岩、凝灰岩地层体,时代属古近纪。青海石油队(1957)将古近系划分为下部宗曲口层和的欧层,上部牛堡层和丁青层。西藏自治区第四地质队(1979)将的欧层和宗曲口层改称为牛堡组,上部的牛堡层和丁青层统称为丁青组,并于1981年将丁青组改称丁青湖组。西藏自治区地质矿产局(1993,1997)引用牛堡组。本报告采用西藏自治区地质矿产局(1993,1997)的划分意见。区内缺失丁青湖组。

1. 基本特征

该组出露于唐古拉山以南查吾拉区、宰莫卡、百乃贡等地,呈近东西向展布。岩性为灰紫红色粗砾岩、粗粒岩屑长石砂岩、粗砂岩、中细砾岩夹紫红色细粒杂砂岩夹石膏层,与下伏雀莫错组呈角度不整合接触,被全新统松散沉积物覆盖,厚度大于727.3m。

2. 剖面描述

以西藏聂荣县查吾拉区西侧实测剖面为例(图2-45),将其层序描述如下。

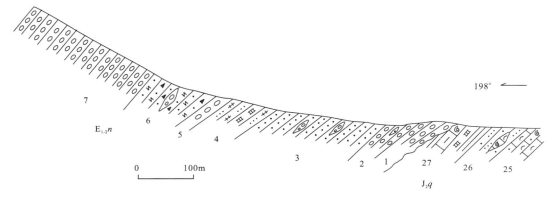

图2-45 西藏聂荣县查吾拉区西侧古-始新统牛堡组实测剖面图

牛堡组($E_{1-2}n$)   >727.3m

未见顶

7. 灰紫红色粗砾岩   >259.5m
6. 紫红色粗粒岩屑长石砂岩夹粗砾岩透镜体   105.0m
5. 灰紫红色卵石粗砾岩,岩石具杂基支撑结构,块状构造   21.0m
4. 紫红色细粒杂砂岩夹石膏层,局部夹3~5cm厚细砾岩透镜体   83.2m
3. 紫红色粗砂岩夹细砾岩透镜体,岩石较为疏松   163.8m
2. 紫红色中细砾岩夹中细粒长石岩屑砂岩透镜体   65.6m
1. 紫红色粗砾岩,具有底冲刷面构造   45.6m

~~~~~~~~~~~ 角度不整合 ~~~~~~~~~~~

下伏地层:中侏罗统雀莫错组紫红色页岩、粉细砂岩夹暗灰色泥晶岩

3. 岩相、相序与沉积环境

牛堡组为以砾岩为主的粗碎屑岩沉积,砾石成分主要为灰岩、石英岩、火山岩、砂岩以及少量花岗岩。

牛堡组底部为紫红色粗砾岩夹中粒砂岩,局部夹中细粒砾岩,底部发育冲刷面,为冲积扇相沉积夹分流水道沉积;中部为紫红色粉细砂岩夹石膏层,为干旱气候条件下的盐湖沉积;上部为紫红色粗砾岩夹粗粒岩屑长石砂岩,颗粒支撑,为冲积扇相泥石流沉积。总体上表现为一个进积型序列(图2-46)。

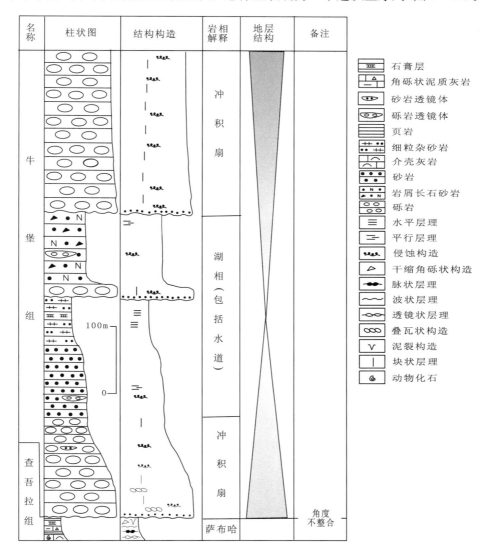

图2-46 西藏聂荣县查吾拉乡牛堡组沉积序列图

4.时代讨论

牛堡组的形成时代有争议。本次工作未发现有化石。根据上、下地层间接触关系、岩性组合、相序、物源分析等研究并与区域地层对比,暂时将该套地层厘定为古-始新世。理由主要基于:

(1)牛堡组角度不整合于晚三叠世巴贡组、甲丕拉组、中侏罗世雀莫错组之上。
(2)岩石较疏松,固结程度较差。地层产状近水平,受后期构造作用较小。
(3)砾岩之砾石成分主要来自于下伏地层和北侧的晚三叠世岩体。

二、新近系

新近系在唐古拉山北侧沉积区表现为查保马组(N_1c)火山岩,同时在测区的东北角发育曲果组(N_2q)陆源碎屑岩沉积;在多玛地层区中则沉积了一套河湖相的碎屑岩。

唐古拉山以北,新近纪早期经历了强烈的隆升,表现为查保马组火山活动,晚期进入了以曲果组细粒湖相碎屑沉积为代表的稳定阶段。

(一)唐古拉山北侧沉积区

1. 查保马组(N_1c)

该组名称源于朱夏(1957)在唐古拉山、可可西里查磅马逊创建的"查磅马逊岩系",即"上新世陆相喷出的中-中基性火山岩和碎屑岩沉积"。青海省地质矿产局(1980)将其改称查保马群;青海省地质矿产局(1997)又降群为组,称为查保马组,指分别不整合于沱沱河组或巴颜喀拉山群、结扎群、风火山群之上,曲果组或羌塘组之下的一套陆相中-中基性火山岩地层,时代为渐新世-中新世。

1)基本特征

区内查保马组主要出露于阿日阿尕木、康果一带,岩性为灰色、灰绿色气孔状辉石粗面岩、石英粗安岩,未见顶。查保马组呈熔岩被产出,产状近水平,厚度大于302m。

2)剖面描述

区内查保马组以杂多县旦荣乡东部阿涌一带发育较为齐全,露头较好。现以阿涌西3km处实测剖面为例叙述如下(图2-47)。

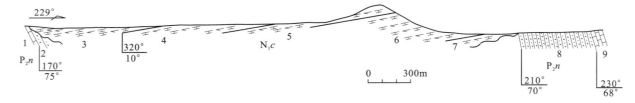

图2-47 青海杂多县旦荣乡阿涌西查保马组实测剖面图

查保马组(N_1c)	>302.09m
未见顶	
3. 灰绿色辉石粗面岩,斑状结构,气孔、杏仁状构造	>60.47m
4. 灰绿色气孔-杏仁辉石粗面岩,斑晶为黑云母及斜长石,发育原生面状构造	37.59m
5. 灰绿色辉石粗面岩,斑晶为黑云母、斜长石,见辉长岩和橄榄岩包体	93.49m
6. 灰绿色气孔-杏仁状辉石粗面岩	104.70m
7. 灰绿色致密块状辉石粗面岩	5.84m

～～～～～～～～角度不整合～～～～～～～～

下伏地层:中二叠统诺日巴尕日保组灰色厚层状细晶灰岩

3)时代讨论

区内查保马组中获得的两个黑云母 K-Ar 同位素年龄值分别为 $8.19±0.22Ma$、$10.70±0.31Ma$,说明查保马组是青藏高原北部中新世火山喷发作用的产物。

2. 曲果组(N_2q)

曲果组为苟金(1992年)命名,青海省地质矿产局(1997)沿用此名,将其含义限定为分布于唐古拉山地区的一套由紫红、灰紫、灰-灰白色砾岩、含砾砂岩、砂岩夹粉砂岩、泥岩,局部夹菱铁矿,产介形类、轮藻、腹足类及孢粉化石。本报告从之。

1)基本特征

分布于测区东北角腊爱、达尔敌赛一带,为一套陆相碎屑岩和石膏层沉积组合,出露面积约73km²。根据岩石组合将曲果组分成两段。下段岩性为红色、紫红色厚层至块状中粗砾岩、紫红色厚层状粗-细粒岩屑砂岩夹细砾岩。上段下部岩性为浅灰黄色、灰黄色厚层状细砾岩;中下部为灰色薄层状泥晶灰岩;中上部为灰白色块状硬石膏-石膏岩夹紫红色薄层状泥岩、粉砂岩。曲果组与下伏沱沱河组角度不整合接触,厚度大于1 902.56m。

2)剖面描述

区内曲果组岩石露头甚差且极不连续,所测制的剖面难以全面展示该组岩石组合面貌。本报告结合区内已有的调查成果,借鉴北邻直根尕卡幅的地质剖面将其层序描述如下(图2-48)。

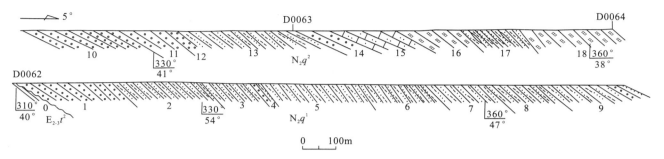

图2-48 青海省杂多县加果通新近纪曲果组地层实测剖面图

(引自1∶25万直根尕卡幅)

曲果组（N_2q）	**＞1 902.56m**
曲果组上段（N_2q^2）	**＞538.31m**
未见顶	
18. 白色厚层状硬石膏-石膏岩,层间夹泥质条带,发育水平层理	＞175.87m
17. 紫红色薄层状粉砂质泥岩夹灰绿色泥质条带,偶见沙纹层理及水平层理	137.24m
16. 白色块状硬石膏-石膏岩	88.65m
15. 灰白色薄-中层状粉细砂质泥晶灰岩	75.69m
14. 浅灰黄色厚层状细砾岩,与下伏第13层接触界面不平整	60.86m
曲果组下段（N_2q^1）	**1 364.25m**
13. 紫红色厚层状含砾不等粒岩屑砂岩,夹细砾岩,发育正粒序层理、平行层理、板状交错层理	170.57m
12. 红色厚层状中粗砾岩,偶见有花岗岩砾石	32.80m
11. 红色厚层-块状中砾岩,砾石呈叠瓦状排列	88.72m
10. 紫红色厚层状钙质中砾岩与紫红色厚层状中粗粒岩屑砂岩互层,发育板状交错层理	191.21m
9. 紫红色厚层状粗-中粒岩屑砂岩夹细砾岩,细砂岩中发育大型板状、平行层理	75.79m
8. 紫红色中层状含钙质粗粒岩屑砂岩,底部见同生泥砾,发育正粒序层理、平行层理	102.24m
7. 由紫红色透镜状细砾岩、厚层含钙质粗粒岩屑砂岩与细粒岩屑砂岩构成旋回式沉积,发育正粒序层理、板状交错层理、平行层理	107.68m
6. 紫红色中厚层状含钙质粗中粒岩屑砂岩,局部夹紫红色细砾岩透镜体	120.88m
5. 紫红色厚层状含钙质中粗粒岩屑砂岩,发育板状交错层理、平行层理、正粒序层理	180.03m
4. 紫红色厚层状含砾不等粒岩屑砂岩,发育平行层理,底部见2.2m厚细砾岩	20.45m
3. 紫红色中厚层状中粗粒岩屑砂岩夹厚层状含砾不等粒岩屑砂岩,发育板状交错层理	80.24m
2. 紫红色中层状中粗粒岩屑砂岩,发育大型板状交错层理、平行层理、底冲刷构造	131.97m
1. 红色厚层-块状钙质中粗砾岩夹粗粒岩屑砂岩透镜体,砾石下粗上细,局部叠瓦状排列	61.67m

～～～～～～～～角度不整合～～～～～～～～

下伏地层:沱沱河组暗红色中厚层状粉砂质泥岩夹中层状粉砂岩

3)岩相、相序与层序地层划分

曲果组下段底部为紫红色厚层状中粗砾岩和岩屑砂岩互层,向上砂岩增多,砾岩减少;砾石主要以石灰岩为主并含有硅质岩,具定向排列,磨圆度和分选性较差,发育板状交错层理、平行层理,为洪积扇相沉积;下段中部为紫红色厚层状粗粒-中粒-细粒岩屑砂岩所组成的正粒序层理,发育具有辫状河相板状层理和交错层理,局部夹砂岩透镜体。下段总体为洪冲积扇沉积体系。上段下部为厚层细砾岩,砾石磨圆度较差,呈棱角到次棱角状,属滨浅湖沉积;上段中部为灰岩、泥岩、粉砂岩,发育水平层理与沙纹层理,属干旱浅湖-盐湖沉积。

4)时代讨论

区内曲果组岩石组合特征与区域上具有可比性。1∶25万直根尕卡幅在曲果组砂岩中采集了大量孢粉样品。分析结果显示,该组裸子植物花粉有 Inaperturopollenites,Pinuspollenites,Laricoidites 及 Abietineaepollenites,Cedripites,Podocarpidites 等;木本植物花粉有 Quercoidites,Moraceoipollenites 及 Aceripollenites,Fraxinoipollenites,Populus 等;草本植物花粉有 Cyperaceaepollis,Graminidites,Potamogetonacidites,Chenopodipollis,Crucif eraeipites,Persicarioipollis,Sparganiaceaepollenites,Ranunculacidites 等。结合岩石组合及其固结程度,本报告将曲果组时代置于上新世。

(二)唐古拉山南侧沉积区——康托组(Nk)

康托组由西藏自治区区域地质调查队(1986)创建于改则县康托,原义为中酸性火山岩夹紫红色砂砾岩。《西藏自治区区域地质志》(1993)沿用其名。《西藏自治区岩石地层》(1997)将其范围扩大。《西藏高原地层》(2001)和青藏高原1∶150万地质图及说明书(2004)则沿用了扩大含义的康托组。本次工作沿用康托组。

1. 基本特征

康托组出露于测区的扎青、尕日依等地,岩性为砖红色厚层块状、中厚层砾岩夹中粗粒砂岩透镜体,砾石成分主要为灰岩、生物碎屑灰岩、泥晶灰岩等,分选、磨圆较差,砂质充填,角度不整合于捷布曲组之上。

2. 岩相和相序特征

康托组下部以紫红色粉砂质泥岩、泥质粉砂岩为主,夹薄层泥晶灰岩和红色的岩屑石英砂岩,上部为紫红色砾岩、含砾粗砂岩,总体表现为一个进积型层序特征。

3. 形成时代讨论

区域上康托组含孢粉 Quercus sp., Juglans sp., Gramineae sp., Polygonum sp.,局部夹基性火山岩,不整合于日贡拉组之上,时代为中新世至早上新世。

三、第四系

测区第四系分布较为广泛,岩性复杂,成因类型多样(表2-7)。以较大河谷两侧的全新统冲积物为主,冰川堆积、沼泽堆积和化学堆积次之。

表 2-7 测区第四系填图单位划分表

地质时代		代号	成因类型	地貌特征	岩性组合特征
第四系	全新统	Qh^{al}	冲积物	现代河流阶地	冲积砾石层、粘土
		Qh^{pl}	洪积物	洪积扇体	洪积砾石、粘土
		Qh^{cas}	泉华堆积	微型山脊	钙华
		Qh^{pl+l}	洪积物+湖积物	湖积台地	洪积砾石砂土和湖积砂土、淤泥
		Qh^{eol}	风积物	风成沙丘	风积砂土、含砾亚砂土
		Qh^{gl}	冰碛物	冰碛堤	冰碛砾石、漂砾、砂土
		Qh^{f}	湖积物	洼地	沼积粉砂质亚砂土、淤泥
		Qh^{l}	沼积物	湿地	湖积砂土、粉砂质亚砂土
	更新统	Qp^{cas}	泉华堆积	微型山脊	钙华
		Qp^{al}	冲积物	Ⅳ级河流阶地	砾岩夹砂岩透镜体,半固结状
		Qp^{gl}	冰碛物	终碛堤	冰川堆积的漂砾、砾石和砂土,呈半固结状

(一)更新统

1. 冰碛物(Qp^{gl})

主要分布在查吾曲源头、重琼陇巴-岗陇日一带,集中在海拔相对较高的大型冰蚀谷地和较为宽阔的基岩残丘上。砾石的分选、磨圆较差,以冰川漂砾为特征(图版Ⅷ-7);砾石上发育凹坑、擦痕;砾石成分复杂,主要为花岗岩。多形成冰碛堤(图版Ⅷ-8)、堰塞湖、冰水扇、冰水平原、冰水高平台地及冰水河等地貌。

2. 冲积物(Qp^{al})

分布于测区加勒吉东南当涌地区,出露面积较小,主要为砾石层,底部夹有砂岩透镜体。砾石成分较为复杂,主要有灰岩、石英粗安岩等,磨圆度中等。堆积物呈半固结状,分选性较差,往往被后期河流侵蚀切割而在地貌上形成Ⅱ-Ⅲ级河流阶地。

更新统冲积物以杂多县旦荣乡阿涌西剖面为代表(图2-49),其堆积层序如下。

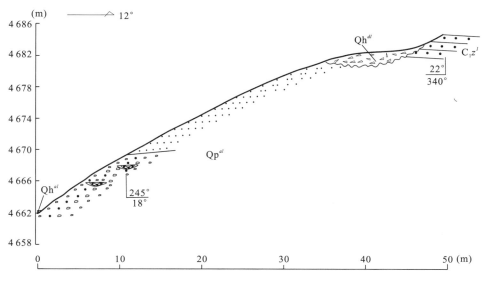

图2-49 旦荣乡阿涌西更新世冲积物剖面图

2.灰绿色、蓝灰色砂土,发育平行层理和小型交错层理,层系厚度15～35cm   10m
1.黄褐色砾石层,发育正粒序层理、槽状交错层理和平行层理,局部有叠瓦状和砾石群构造   11m

3. 泉华堆积物(Qp^{cas})

泉华沉积集中在永曲乡一带,沉积厚度较大,沿断层分布,与热泉伴生。一般形成钙华锥或钙华平台,成层性好。钙华较松散,重结晶较弱,一般厚1～1.5m。全新世钙华堆积往往覆盖于现代河床或河漫滩砾石层之上(图版Ⅸ-1、2、3)。

(二)全新统(Qh)

测区全新统沉积分布较为广泛,主要集中于测区北部的河流两岸以及山间等地,发育有沼泽湿地、砾石层、冲洪积扇等,土壤层较厚,植被相对茂盛。按成因主要有以下类型。

1. 冲积物(Qh^{al})

分布于河流的两岸、河漫滩及河流阶地上。主体为河流相沉积的松散砾石层。砾石分选度一般,磨圆度较差,呈棱角-次棱角状。沉积物岩性复杂,厚度变化较大,一般在1～3m。

1)现代河床相及河漫滩相堆积

河床相堆积较河漫滩相堆积发育,河床相主要为含砂砾石层。砾石成分复杂,磨圆一般较好,但粒度分选中等。河漫滩相主要是含砾砂层,局部夹有较薄的淤泥层。其厚度一般为4～10m。

2)阶地堆积

多数为Ⅰ、Ⅱ级阶地，Ⅲ级阶地只残留极小范围。Ⅰ、Ⅱ级阶地主要由河床相砾石层与河漫滩相砂层组成。但多数阶地由冲积层与洪积层混杂堆积而成。阶地高度一般为一米至十余米。阶面倾角一般为3°～5°（图2-50、图2-51、图2-52、图2-53）。

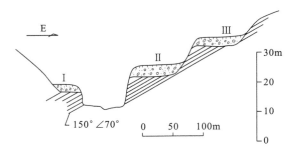

图2-50 D3165点本曲河流阶地素描图

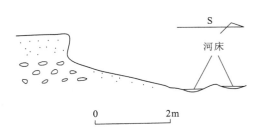

图2-51 D5068点当曲河岸剖面素描图

青海省杂多县阿曲东第四系实测剖面（图2-53）：

3. Ⅲ级阶地主要由砾石层组成。砾石主要以暗紫色砂岩为主，砂屑灰岩次之，少量硅质岩以及火山岩，砾径18～3mm。次圆状-棱角状，形状不规则，砾石的长轴倾向230°～310°，含量为75%，砾石无固结

2. Ⅱ级阶地由砾石层组成。砾石成分为灰岩及少量硅质岩、火山岩。颗粒大小3mm～12cm，分选性和磨圆性较差，局部砾石定向排列。砾石含量70%左右，胶结较差

1. Ⅰ级阶地为现代河流河漫滩相粉沙，表面为厚约10～15cm的砾石层，砾石分散近于水平。1～9.5m处为Ⅰ级阶地面，砾石为紫红色岩屑长石石英砂岩，硅质团块砂岩；砾石以次圆状为主，部分为次棱角状，砾径为24cm，主要为1～6cm。对砾石定向进行统计，水流方向为北东-南西向

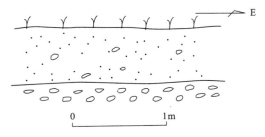

图2-52 D5068点河流阶地二元结构图

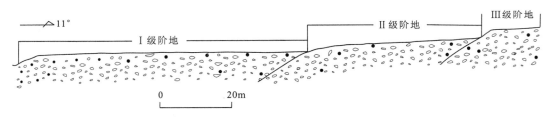

图2-53 青海省杂多县阿曲东现代河流阶地冲积物剖面图

2. 洪积物（Qh^{pl}）

分布于河流入湖口或河流进入宽阔谷地处，形成较大规模的洪、冲积扇体。岩性从砾石、砂、粘土均有发育，个别地点具有泥石流堆积的特点。全新世洪、冲积扇体在卫片上极易辨别。宽谷河流谷底内干支流交错，水流缓慢，心滩、边滩与河漫滩、支流洪、冲积扇发育，阶地不发育。窄谷河流河道单一，水流湍急，心滩、边滩与河漫滩、支流冲洪积扇不发育，阶地发育，具不对称性。

3. 泉华堆积物（Qh^{cas}）

测区内温泉、热泉发育，并伴有泉华堆积。泉华主要分布于巴庆盆地的东部和中部，沿北北东向断裂分布，一般形成钙华锥、钙华平台或沿断裂形成微型山脉。泉华堆积成层性较好，固结程度较差，厚度不一，往往形成于新生代活动断裂附近和现代河床与河滩砾石层上（图版Ⅸ-4）。

4. 湖积物＋洪积物（Qh^{pl+l}）

在测区内湖积物＋洪积物大面积出露，主要分布于当曲、查吾曲、查曲两岸的湖积台地上，主体岩性为洪积砂土、砾石和湖积砂土、淤泥。粒径变化明显，从砾石、砂、粘土、淤泥均有发育。

5. 风沙堆积（Qh^{eol}）

测区内风积物主要分布于杂多县涌曲乡东侧，为现代风沙作用形成，覆盖于全新世冲积物之上，以细沙至中粗沙为主。地貌上呈现新月形沙丘、点沙丘状以及大面积的现代风沙堆积。

6. 冰碛物（Qh^{gl}）

主要分布于现代海拔超过 5 000m（查布吉日等）的冰蚀谷地。由冰川漂砾、砾石等组成，部分砾石较大，砾径可达 1~1.5m。砾石的分选度、磨圆度均较差。漂砾上凹坑和擦痕发育。

7. 湖积物（Qh^{l}）

分布在测区北部的洼地中，由细砾、粉砂、亚粘土等组成。从测区湖积分布与现在湖泊分布的关系上明显可以观察到湖泊面积缩小，湖积面积增大的现象。

8. 沼积物（Qh^{f}）

主要发育在现代湖泊的周缘（如尕鄂恩错纳玛）、冲积扇前缘大面积积水洼地（杜日周缘），地表生长大量的草甸，沉积物主要为泥炭、泥质粉砂层堆积。

第三章 岩浆岩

测区岩浆活动较为强烈,从晚古生代一直延续到新生代。岩浆活动方式既有深成侵入作用,又有火山喷发活动。

区内岩浆岩分布表现出一定的分带性。侵入岩沿唐古拉山主脊分布,构成了测区内南、北羌塘的分界。火山活动主要发生在北羌塘地区。岩浆活动及其岩浆岩总体呈北西西向展布。

第一节 侵入岩

测区侵入岩统称为唐古拉山岩体,是区域上东西向唐古拉岩浆岩带的重要组成部分,构成了羌北-昌都地层区与索县-左贡地层区的界限。

唐古拉山岩体是由几种不同成分和结构的侵入体组成的复式深成岩体,测区包括了中粗粒二长花岗岩、粗粒黑云母二长花岗岩、中粒似斑状黑云母二长花岗岩、中细粒黑云母二长花岗岩等几个侵入体。

一、地质特征

(一)中粗粒二长花岗岩($Tzc\eta\gamma$)

中粗粒二长花岗岩分布于测区东侧中部的珠劳拉山口以南—查育玛—纳角拉—查曲吉日—查曲拉—莫卜切长一带,沿唐古拉山分布。总体呈近东西向长条状分布,侵入恩达岩组及早石炭世、中二叠世地层,被中侏罗世雀莫错组不整合覆盖。

岩石为浅灰-灰色,因轻度绿泥石化而出现浅灰绿色,中粒花岗结构,粒径为2~5mm,块状构造。矿物组成及其特点是:石英他形粒状,含量30%;斜长石半自形板状,含量30%~35%;钾长石半自形状,含量25%;黑云母片状,含量为10%,部分黑云母变为黄色,局部相对聚集,部分片径可达5~7mm。副矿物为锆石、磷灰石、钛铁矿、电气石。锆石褐粉色,半自形-自形柱状,晶体表面光洁平整,晶棱与晶面平直完整;少数晶体出现裂纹,晶棱、晶面上出现凹坑(图3-1)。

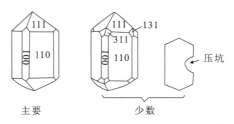

图3-1 中粗粒二长花岗岩中的锆石晶体

(二)粗粒黑云母二长花岗岩($Tcbi\eta\gamma$)

粗粒黑云母二长花岗岩沿唐古拉山主脊分布,主体由拉迪日旧和索拉贡玛两个侵入体组成,前者向西延出图外。测区西侧的纽涌以南尚分布有两个小岩体。索拉贡玛岩体侵入中二叠世地层,被早、中侏罗世那底岗日组和雀莫错组、古-始新世沱沱河组不整合覆盖。

岩石为灰白-浅肉红色,粗粒结构,块状构造。主要由斜长石、钾长石、石英、黑云母组成,粒径6~8mm。其中,钾长石半自形板状,部分为条纹长石,内部包裹有斜长石,表面粘土化,含量40%~45%;斜长石为自形—半自形板状,含量25%~35%,部分晶体包裹有黑云母;石英他形粒状,成填隙状分布于长石颗粒之间,见有轻度的波状消光,含量为20%~25%;黑云母含量约为3%,呈黄褐色的叶片状,均匀分布在岩石中,并见有轻度的绿泥石化。岩石局部含斑晶,斑晶成分为自形-半自形钾长石,大小1~4cm,含量为5%。

副矿物为锆石、磷灰石。锆石为黄色、半透明的自形-半自形柱状，(110)、(100)、(111)晶面发育（图3-2）。晶体表面具凹凸不平的溶蚀外形，断口有溶蚀。晶体裂隙发育，表面有铁染。但晶体总体颜色单一，晶群集中，为同源岩浆活动的产物，受到后期溶蚀。

由于受构造活动影响，部分岩石成初糜棱岩，石英出现波状和带状消光。部分钾长石、斜长石斑晶呈残斑形式出现，基质为长英质糜棱物、新生绢云母、绿泥石等组成条痕状集合体，围绕残斑分布。

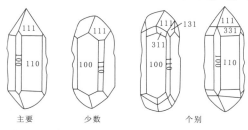

图3-2　粗粒黑云母二长花岗岩中的锆石晶体

（三）中粒似斑状黑云母二长花岗岩（T$z\pi bi\eta\gamma$）

中粒似斑状黑云母二长花岗岩沿唐古拉山主脊分布于测区西部的撒赛坡—陇琼达一带，呈北西西向展布。其北侧为粗粒黑云母二长花岗岩，南侧与中细粒黑云母二长花岗岩相接触。岩体侵入下石炭统，并被下侏罗统雀莫错组和古近纪沱沱河组不整合覆盖。

岩石为灰白色，似斑状结构，块状构造。斑晶为自形斜长石，大小为1～1.5cm，最大可达2.5～4cm；斑晶含量小于5%。基质为中粒花岗结构，粒度一般为2～3mm，由斜长石、钾长石、石英、黑云母组成。斜长石含量45%，自形-半自形板状，具净边结构。钾长石含量25%，半自形板状，矿物颗粒内见有斜长石包裹体。石英含量20%～25%，他形粒状，波状消光明显，边界缝合线状。黑云母含量5%～10%，黄褐色叶片状，一般小于2mm，绿泥石化。副矿物为磷灰石、锆石。部分岩石的重矿物中含有石榴石。锆石为粉色，多数为透明-半透明，金刚-弱金刚光泽；自形-半自形长柱状，多为锥面或锥柱不对称的歪晶。晶体表面凹凸不平，常出现凹坑、沟槽等溶蚀现象；少数晶体表面较光滑，晶棱、晶面完整，有(100)、(110)、(311)、(131)及(111)组成聚型（图3-3）。

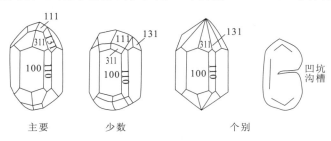

图3-3　中粒似斑状黑云母二长花岗岩中的锆石晶体

（四）中细粒黑云母二长花岗岩（T$zxbi\eta\gamma$）

中细粒黑云母二长花岗岩分布于测区西部德雀拉-查吾拉区以北唐古拉主脊南坡，呈北西西向延伸，被北东向断层左行错动。向南、向东侵入前石炭系恩达岩组，并被中侏罗世雀莫错组不整合覆盖。

岩石呈灰白色，中细粒结构，块状构造。主要矿物为斜长石、钾长石、石英、黑云母。斜长石含量45%，自形-半自形板状，粒度一般0.3～2mm，具净边结构。钾长石含量25%，为半自形宽板状，粒度一般小于2mm，部分2～5mm，少数5～8mm，粒内见斜长石包裹体。石英含量20%～25%，他形粒状，边界缝合线状，波状消光明显，集合体呈团状分布。黑云母含量5%～10%，为黄褐色，叶片状，一般小于2mm，绿泥石化，均匀分布。副矿物为磷灰石、锆石。锆石为黄粉色，透明为主，金刚-弱金刚光泽，自形-半自形柱状，为(100)、(110)、(311)、(131)及(111)组成的聚型，且多为柱面不对称或锥柱均不对称的歪晶。晶体表面多略呈凹凸不平，可见凹坑及凹槽。晶体内外裂隙、固相及液相包裹体发育。

二、岩石化学及地球化学特征

（一）岩石化学特征

唐古拉山侵入岩岩石化学成分及主要参数（表3-1）中，中粗粒二长花岗岩的K_2O/Na_2O大于1，A/CNK为1.26，属强过铝质花岗岩。里特曼指数σ为1.87，属钙碱性岩系。碱度率AR为1.85，在AR-SiO_2图解上，落在钙碱性区（图3-4）。岩石CIPW标准矿物组合为q、or、ab、an、c、hy，属SiO_2过饱和型。

表 3-1 唐古拉山岩体岩石化学成分（w_B%）、标准矿物及其参数表

样品编号	岩性	SiO_2	Al_2O_3	TiO_2	Fe_2O_3	FeO	CaO	MgO	K_2O	Na_2O	MnO	P_2O_5	H_2O_p	CO_2	H_2O_m	LOI	Total
D2019GS	中粗粒二长花岗岩	66.9	14.19	0.61	0.93	3.62	1.51	2.68	4.35	2.34	0.09	0.13	2.06	0.34	0.19	2.06	99.4
GS1072	中粒似斑状黑云母二长花岗岩	71.22	13.96	0.54	0.67	2.25	0.98	1.49	3.25	3.35	0.08	0.1	1.48	0.91	0.32	100.6	100.6
B3091-2		57.64	14.14	1.03	1.72	5.13	5.11	6.81	2.1	2.55	0.17	0.37	2.25	0.53	0.28	2.08	98.9
B2408	二长花岗岩	72.5	13.86	0.37	0.76	1.51	1.6	0.95	3.42	3.28	0.04	0.08	0.98	0.36	0.76	1.2	99.6
B3083	中细粒黑云母二长花岗岩	69.8	13.65	0.54	0.79	2.71	2.03	1.65	4.32	2.42	0.07	0.16	1.25	0.14	0.25	1.24	99.4
B2421-1	二长花岗岩	61.06	15.72	0.77	1.89	4.55	3.55	3.73	2.34	2.74	0.15	0.17	2.39	0.69	0.14	2.77	99.4
B3092-2		64.4	16.04	0.85	1.26	3.64	1.95	0.98	4.45	4.7	0.11	0.25	0.56	0.43	0.18	0.72	99.4
B3094	粗粒黑云母二长花岗岩	74.18	13.01	0.17	0.53	0.81	0.66	0.22	5.08	3.72	0.03	0.08	0.48	0.67	0.14	0.8	99.3
B3095		74.24	13.24	0.28	0.85	0.96	0.78	0.28	4.65	3.46	0.02	0.07	0.85	0.2	0.29	0.9	99.7
GS-RE5040-1		74.94	13.14	0.21	0.44	0.69	0.62	0.31	5.42	3.38	0.02	0.06	0.36	0.27	0.15	0.52	99.8

样品编号	岩性	q	or	ab	an	c	di	hy	mt	il	ap	AR	σ	SI	A/CNK	ANK
D2019GS	中粗粒二长花岗岩	28.19	26.43	20.31	6.92	3.24	0	12.1	1.39	1.19	0.29	2.49	1.87	19.25	1.26	1.66
GS1072	中粒似斑状黑云母二长花岗岩	34.69	19.64	28.92	4.37	3.42	0	6.7	0.99	1.05	0.22	2.58	1.54	13.53	1.29	1.55
B3091-2		12.47	12.84	22.27	21.6	0	1.91	23.5	2.58	2.02	0.83	1.64	1.48	37.19	0.9	2.19
B2408	二长花岗岩	35.56	20.56	28.18	7.6	2.04	0	4.04	1.12	0.71	0.18	2.53	1.52	9.58	1.15	1.52
B3083	中细粒黑云母二长花岗岩	31.76	26.04	20.84	9.31	1.66	0	7.82	1.17	1.05	0.36	2.51	1.7	13.88	1.11	1.58
B2421-1	二长花岗岩	21.51	14.32	23.96	17.2	2.66	0	15.6	2.84	1.51	0.38	1.72	1.43	24.46	1.16	2.23
B3092-2		13.21	26.69	40.27	8.33	0.47	0	6.98	1.85	1.64	0.55	3.07	3.91	6.52	1	1.28
B3094	粗粒黑云母二长花岗岩	31.69	30.51	31.92	2.85	0.35	0	1.39	0.78	0.33	0.18	4.61	2.48	2.12	1.01	1.12
B3095		34.52	27.83	29.59	3.5	1.25	0	1.4	1.22	0.54	0.15	3.74	2.11	2.75	1.09	1.23
GS-RE5040-1		32.9	32.31	28.79	2.75	0.7	0	1.37	0.64	0.4	0.13	4.55	2.42	3.03	1.05	1.15

粗粒黑云母二长花岗岩 K_2O/Na_2O 大于1,只有一个值小于1;A/CNK 为 1~1.09,属弱过铝质花岗岩。里特曼指数 σ 为 2.11~3.91,属钙碱性岩系。碱度率 AR 为 2.93~3.39,在 AR-SiO_2 图解上,落在了碱性区(图 3-4)。岩石的 CIPW 标准矿物组合为 q、or、ab、an、c、hy,属 SiO_2 过饱和型。

中粒似斑状黑云母二长花岗岩的 K_2O/Na_2O 多数小于1,A/CNK 0.9~1.29,既有准铝质,也有强过铝质花岗岩。里特曼指数 σ 为 1.48~1.54,属钙性岩系;碱度率 AR 为 1.64~2.58,在 AR-SiO_2 图解上落在了碱性与钙碱性区分界处(图 3-4)。岩石 CIPW 标准矿物组合为 q、or、ab、an、c、hy,均为 SiO_2 过饱和。

中细粒黑云母二长花岗岩 K_2O/Na_2O 在1附近;A/CNK 为 1.11~1.16,属过铝质花岗岩。里特曼指数 σ 为 1.43~1.7,属钙性岩系,碱度率 AR 为 1.72~1.89,在 AR-SiO_2 图解上,落在了钙碱性区(图 3-4)。岩石的 CIPW 标准矿物组合为 q、or、ab、an、c、hy 的 SiO_2 过饱和型。

在硅碱图上,唐古拉山岩体的岩石成分点投入亚碱性区(图 3-5);在 AFM 图解中,样品均落在钙碱性系列区(图 3-6)。在 An-Ab-Or 图解上(图 3-7),大部分样品落在花岗岩区,少数投在花岗闪长岩区,总体与野外定名一致。

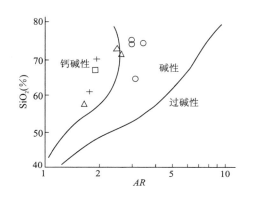

图 3-4 唐古拉山岩体 AR-SiO_2 与碱度关系图
(据 Wright J B,1969)
□.中粗粒二长花岗岩;△.中粒似斑状黑云母二长花岗岩;+.中细粒黑云母二长花岗岩;○.粗粒黑云母二长花岗岩

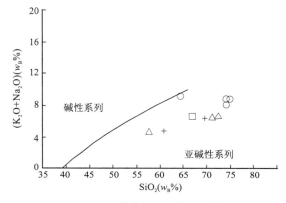

图 3-5 唐古拉山岩体硅碱图
(据 Irvine I N 等,1971)
□.中粗粒二长花岗岩;△.中粒似斑状黑云母二长花岗岩;+.中细粒黑云母二长花岗岩;○.粗粒黑云母二长花岗岩

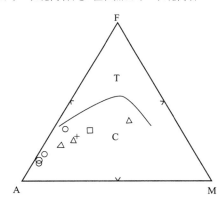

图 3-6 唐古拉山岩体 AFM 图解
(据 Irvine I N 等,1971)
□.中粗粒二长花岗岩;△.中粒似斑状黑云母二长花岗岩;+.中细粒黑云母二长花岗岩;○.粗粒黑云母二长花岗岩

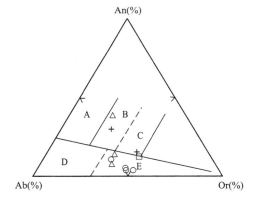

图 3-7 唐古拉山岩体 An-Ab-Or 图解
□.中粗粒二长花岗岩;△.中粒似斑状黑云母二长花岗岩;+.中细粒黑云母二长花岗岩;○.粗粒黑云母二长花岗岩;A.英云闪长岩;B.花岗闪长岩;C.石英二长岩;D.奥长花岗岩;E.花岗岩

(二)稀土元素特征

唐古拉山岩体的稀土元素含量及相关特征值见表 3-2。

表 3-2 唐古拉山岩体稀土元素含量($\times 10^{-6}$)及特征值

样品编号	岩性	La	Ce	Pr	Nd	Sm	Eu	Gd	Tb	Dy	Ho	Er	Tm
D2019GS	中粗粒二长花岗岩	40	88	9.9	39	7.5	1.15	6.64	1.09	5.95	1.12	3.36	0.52
GS1072	中粒似斑状黑云母二长花岗岩	42	91	10.5	39.4	8.1	1.03	7.06	1.03	5.3	0.99	2.6	0.42
B3091-2		76	161	20.6	78.4	12.2	2.08	9	1.13	5.72	0.95	2.64	0.39
B2408		40	77	9.5	34.1	7	0.93	6.5	1.06	6.39	1.24	3.44	0.54
B3083	中细粒黑云母二长花岗岩	69	130	15.5	53.5	9	1.28	7.6	1.1	6.37	1.18	3.32	0.52
B2421-1		36	69	8.8	32.8	6.4	1.33	5.9	0.91	5.73	1.11	3.11	0.49
B3092-2	粗粒黑云母二长花岗岩	61	110	14.3	50.5	10.3	0.58	9.6	1.65	10.2	1.98	5.61	0.88
B3094		12	22	2.9	11.5	3.4	0.35	3.4	0.67	4.59	0.96	2.81	0.49
B3095		68	124	13.8	44.3	7.3	0.48	6.4	0.96	5.7	1.09	3.19	0.54
GS-RE5040-1		53	104	11.3	38.2	7.5	0.43	6.5	1.13	7.25	1.47	4.48	0.83

样品编号	岩性	Yb	Lu	Y	REE	LREE	HREE	L/HREE	δEu	$(Ce/Yb)_N$	$(La/Sm)_N$	$(Gd/Yb)_N$	$(La/Yb)_N$
D2019GS	中粗粒二长花岗岩	3.31	0.44	34	207.98	185.55	22.43	8.27	0.52	6.43	3.14	1.70	7.82
GS1072	中粒似斑状黑云母二长花岗岩	2.3	0.33	25.6	212.06	192.03	20.03	9.59	0.44	9.57	3.05	2.60	11.82
B3091-2		2.3	0.34	27.5	372.75	350.28	22.47	15.59	0.62	16.92	3.66	3.31	21.38
B2408		3.4	0.46	36.3	191.56	168.53	23.03	7.32	0.44	5.48	3.36	1.62	7.61
B3083	中细粒黑云母二长花岗岩	3.3	0.47	34.7	302.14	278.28	23.86	11.66	0.49	9.52	4.51	1.95	13.53
B2421-1		3.1	0.46	31.4	175.14	154.33	20.81	7.42	0.70	5.38	3.31	1.61	7.51
B3092-2	粗粒黑云母二长花岗岩	5.7	0.81	59.9	283.11	246.68	36.43	6.77	0.19	4.67	3.48	1.43	6.92
B3094		3.3	0.49	29.2	68.86	52.15	16.71	3.12	0.33	1.61	2.08	0.87	2.35
B3095		3.6	0.54	32.1	279.9	257.88	22.02	11.71	0.22	8.33	5.48	1.50	12.22
GS-RE5040-1		5.8	0.87	47.5	242.76	214.43	28.33	7.57	0.20	4.33	4.16	0.95	5.91

中粗粒二长花岗岩稀土元素总量 ΣREE 为 207.98×10^{-6}，LREE/HREE=8.27，$(La/Yb)_N$=7.82，反映轻重稀土分馏程度较高；$(La/Sm)_N$、$(Gd/Yb)_N$ 分别为 3.14、1.70，反映轻、重稀土各自的分馏程度中等，但轻稀土分馏相对明显。δEu 为 0.51，负铕异常较明显。$(Ce/Yb)_N$ 为 6.43，稀土配分曲线为右倾(图 3-8)，属轻稀土富集型。

粗粒黑云母二长花岗岩的稀土元素总量 ΣREE 为 $68.86\times10^{-6}\sim283.11\times10^{-6}$，LREE/HREE=3.12~11.77，$(La/Yb)_N$=2.35~12.22，反映轻重稀土分馏程度高。$(La/Sm)_N$ 为 2.08~5.48，$(Gd/Yb)_N$ 为 0.87~1.43，反映轻稀土分馏较好，但重稀土分馏差。δEu=0.20~0.33，负铕异常明显；$(Ce/Yb)_N$ 为 1.61~8.33，稀土配分曲线为右倾(图 3-9)，属轻稀土富集型。

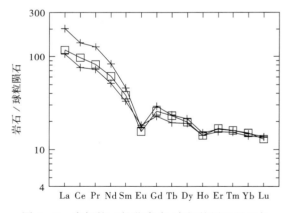

图 3-8 中粗粒二长花岗岩、中细粒黑云母二长花岗岩稀土元素配分曲线
□. 中粗粒二长花岗岩；+. 中细粒黑云母二长花岗岩

中粒似斑状黑云母二长花岗岩的稀土元素总量 ΣREE 为 $191.56\times10^{-6}\sim372.75\times10^{-6}$，LREE/HREE=7.32~15.59，$(La/Yb)_N$=7.61~21.38，反映轻重稀土分馏程度较高。$(La/Sm)_N$ 为 3.05~3.66，$(Gd/Yb)_N$ 为 1.62~3.31，反映轻、重稀土分馏程度中等。δEu=0.43~0.62，负铕异常明显；$(Ce/Yb)_N$ 为 5.48~16.92，稀土配分曲线为向右陡倾(图 3-10)，属轻稀土强烈富集型。

中细粒黑云母二长花岗岩的稀土元素总量 ΣREE 为 $175.14\times10^{-6}\sim302.14\times10^{-6}$，LREE/HREE=

7.42~11.66,(La/Yb)$_N$=7.51~13.53,反映轻重稀土分馏程度较高。(La/Sm)$_N$ 为 3.31~4.51,(Gd/Yb)$_N$ 为 1.61~1.95,反映轻稀土分馏程度中等,重稀土分馏较差。δEu=0.49~0.70,负铕异常明显;(Ce/Yb)$_N$ 为 5.38~9.52,稀土配分曲线为右陡倾(图 3-8),属轻稀土富集型。

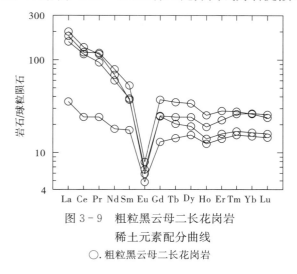

图 3-9 粗粒黑云母二长花岗岩稀土元素配分曲线

○.粗粒黑云母二长花岗岩

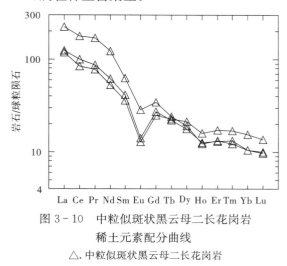

图 3-10 中粒似斑状黑云母二长花岗岩稀土元素配分曲线

△.中粒似斑状黑云母二长花岗岩

总体上看,唐古拉山岩体稀土元素的特征基本一致,其稀土元素总量中等,稀土的总体分馏程度较高,且轻稀土分馏相对较强,并显示出较为明显的负铕异常,稀土配分曲线具有轻稀土部分斜率大,重稀土部分相对平缓的特点。稀土元素的特征总体表现出地壳重熔型花岗岩的特点。

(三)微量元素特征

唐古拉山岩体的微量元素含量及相关特征值见表 3-3。

表 3-3 唐古拉山岩体微量元素含量($\times 10^{-6}$)及特征值

样品编号	岩性	Cu	Zn	Rb	Sr	Zr	Nb	Ba	Hf	Ta	Pb	Th
D2019GS	中粗粒二长花岗岩	16.6		200	157	201	12.7	874	6.6	1.18		23
GS1072	中粒似斑状黑云母二长花岗岩			163	144	157	21	413	4.8	1.63		23.7
B3091-2		18	79	159	379	365	22	997	11.3	1.61	15.7	37.1
B2408		5.1	48	151	123	159	14.6	467	5.9	1.62	34.7	13.7
B3083	中细粒黑云母二长花岗岩	14.1	58	213	217	228	19.3	759	10.7	1.77	43.9	32.6
B2421-1		25.6	130	131	174	203	14	593	12.8	0.98	42.3	9.2
B3092-2	粗粒黑云母二长花岗岩	8.9	88	563	120	432	66.7	357	13.8	4.33	40.2	23.8
B3094		4.9	24	470	55	105	22.3	195	3.5	2.52	43.5	33.1
B3095		2.2	27	304	75	234	25.9	197	10.5	3.56	29.6	49.9
GS-RE5040-1		1.7	18	533	65	138	29	248	5.5	5.04	45.1	46.3

样品编号	岩性	U	P	K	K/Rb	Rb/Sr	Sr/Ba	Zr/Hf	Nb/Ta	Sm/Nd	U/Th	Rb/Yb
D2019GS	中粗粒二长花岗岩	4.4	283.6	18 056	90.28	1.27	0.18	30.45	10.76	0.19	0.19	15.46
GS1072	中粒似斑状黑云母二长花岗岩	2.1	218.2	13 490	82.76	1.13	0.35	32.71	12.88	0.21	0.09	18.13
B3091-2		5.9	807.3	8 717	54.82	0.42	0.38	32.3	13.66	0.16	0.16	17.68
B2408		3.5	174.6	14 196	94.01	1.23	0.26	26.95	9.01	0.21	0.26	11.36
B3083	中细粒黑云母二长花岗岩	8.8	349.1	17 931	84.18	0.98	0.29	21.31	10.9	0.17	0.27	16.51
B2421-1		3	370.9	9 713	74.14	0.75	0.29	15.86	14.29	0.2	0.33	10.81
B3092-2	粗粒黑云母二长花岗岩	3.8	545.5	18 471	32.81	4.69	0.34	31.3	15.4	0.2	0.16	25.27
B3094		9.6	174.6	21 086	44.86	8.55	0.28	30	8.85	0.3	0.29	36.43
B3095		26	152.7	19 301	63.49	4.05	0.38	22.29	7.28	0.16	0.52	21.6
GS-RE5040-1		24.2	130.9	22 497	42.21	8.2	0.26	25.09	5.75	0.2	0.52	23.51

中粗粒二长花岗岩中的 K/Rb 为 90.28，Rb/Sr 为 1.27，Sr/Ba 为 0.18，Zr/Hf 为 30.45，Nb/Ta 为 10.76，Sm/Nd 为 0.19，U/Th 为 0.19，Rb/Yb 为 15.46。微量元素比值蛛网图为右倾（图 3-11），表现出强、中不相容元素 Rb、Th、La、Hf 富集，而 Nb、Sr、P、Ti 亏损。

粗粒黑云母二长花岗岩中的 K/Rb 为 32.81～63.49，Rb/Sr 为 4.05～8.55，Sr/Ba 为 0.26～0.38，Zr/Hf 为 22.29～31.3，Nb/Ta 为 5.75～15.4，Sm/Nd 为 0.16～0.2，U/Th 为 0.16～0.52，Rb/Yb 为 21.6～36.43。微量元素比值蛛网图为右倾（图 3-12），表现出强、中不相容元素 Rb、Th、La、Hf 富集，而 Nb、Sr、P、Ti 亏损。

中粒似斑状黑云母二长花岗岩中的 K/Rb 为 54.82～94.01，Rb/Sr 为 0.42～1.23，Sr/Ba 为 26～0.38，Zr/Hf 为 26.95～32.71，Nb/Ta 为 9.01～13.66，Sm/Nd 为 0.16～0.21，U/Th 为 0.09～0.26，Rb/Yb 为 11.36～18.13。微量元素比值蛛网图为右倾（图 3-13），表现出强、中不相容元素 Rb、Th、La、Hf 富集，而 Nb、Sr、P、Ti 亏损。

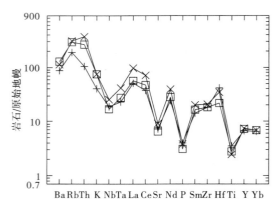

图 3-11　中粗粒二长花岗岩、中细粒黑云母
二长花岗岩微量元素比值蛛网图
□.中粗粒二长花岗岩；+、×.中细粒黑云母二长花岗岩

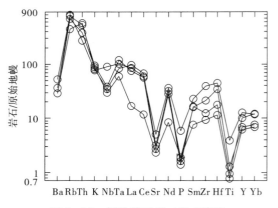

图 3-12　粗粒黑云母二长花岗岩
微量元素比值蛛网图
○.粗粒黑云母二长花岗岩

中细粒黑云母二长花岗岩中的 K/Rb 为 84.08，74.14，Rb/Sr 为 0.98，0.75，Sr/Ba 为 0.29，Zr/Hf 为 21.31，15.86，Nb/Ta 为 10.9，14.29，Sm/Nd 为 0.17，0.2，U/Th 为 0.27，0.33，Rb/Yb 为 16.51，10.81。微量元素比值蛛网图为右倾（图 3-11），表现出强，中不相容元素 Rb、Th、La、Hf 富集，而 Nb、Sr、P、Ti 亏损。

（四）形成环境及时代探讨

测区侵入岩均属于亚碱性中的钙碱性系列岩石。SiO_2 多大于 65%；A/CNK 除一个外，均大于 1；在 CIPW 标准矿物计算中，绝大部分样品中不出现 Di，而出现 C，反映其应属于主要由沉积岩熔融而成

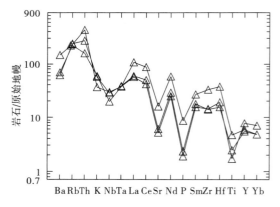

图 3-13　中粒似斑状黑云母二长花岗岩
微量元素比值蛛网图
△.中粒似斑状黑云母二长花岗岩

的 S 型花岗岩，但在熔融过程中可能存在一定的混染。在 Q-Ab-Or 图解上（图 3-14），投点区相对比较集中，反映了岩浆花岗岩特征。在 $AR-SiO_2$ 图解上看，投点的分布趋势与碱性分界线的趋势一致，反映唐古拉山岩体具有同源演化的特点。

从稀土元素特征上看，轻、重稀土分馏程度不很高，但都表现出一定的负铕异常，显示出地壳重熔型花岗岩特点（图 3-8，图 3-9，图 3-10）。

综上所述，测区内的侵入岩应是由先成地壳经重熔后形成岩浆，又经运移侵位后形成的。

从微量元素的特征上看，微量元素表现出 Rb、Th、La、Hf 富集，而 Nb、Sr、P、Ti 亏损，反映其具有造山带花岗岩特点。特别是 Nb 亏损应代表一种更具有大陆壳特征，增生在大陆边缘的花岗岩。

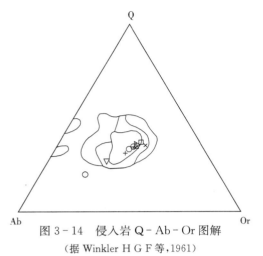

图 3-14 侵入岩 Q-Ab-Or 图解
（据 Winkler H G F 等，1961）

□.中粗粒二长花岗岩；△.中粒似斑状黑云母二长花岗岩；+.中细粒黑云母二长花岗岩；○.粗粒黑云母二长花岗岩

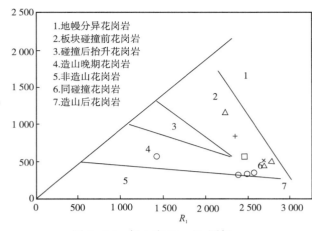

图 3-15 侵入岩 R_1-R_2 图解

□.中粗粒二长花岗岩；△.中粒似斑状黑云母二长花岗岩；+.中细粒黑云母二长花岗岩；○.粗粒黑云母二长花岗岩

从相关花岗岩构造判别图解上看，在 R_1-R_2 图解上（图 3-15），大部分样品集中在同碰撞花岗岩区；在 Rb-（Yb+Ta）图解上（图 3-16），样品落在了火山弧花岗岩-板内花岗岩-同碰撞花岗岩分界处。反映唐古拉山岩体应属于同碰撞造山花岗岩，靠近大陆边缘的产物。

唐古拉山岩体形成年龄一直存在争议。从野外观察的情况看，与岩体相接触部位的那底岗日组、雀莫错组岩石中均未见到接触变质，表明岩体侵位于早侏罗世之前。前人曾获得了 240±41Ma 的全岩 Rb-Sr 等时年龄。本项目工作中在唐古拉山岩体中的中粒似斑状黑云母二长花岗岩和中细粒黑云母二长花岗岩中，分别获得了 219±21Ma、210±37Ma 的锆石 U-Pb 等时年龄（图 3-17、图 3-18）。在测区东部的珠劳拉山口一带的中粗粒二长花岗岩中也获得了 196.3±1.89Ma 黑云母 K-Ar 年龄。考虑到一般情况下，黑云母 K-Ar 年龄通常偏新，从区域构造背景上看，唐古拉山岩体呈北西西-南东东向延伸，在测区西侧的同

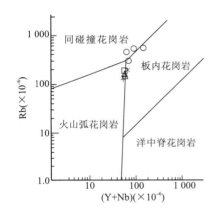

图 3-16 侵入岩 Rb-（Yb+Ta）图解
（据 Pearce 等，1984）

□.中粗粒二长花岗岩；△.中粒似斑状黑云母二长花岗岩；+.中细粒黑云母二长花岗岩；○.粗粒黑云母二长花岗岩

一构造带上分布有大量的近东西-北西向分布的晚三叠世侵入岩，因此认为唐古拉山岩体的侵位时代应为三叠纪的中晚期，岩浆侵位鼎盛期是三叠纪晚期。

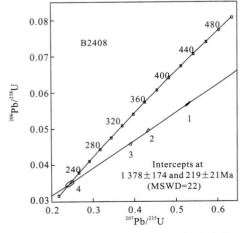

图 3-17 中粒似斑状黑云母二长花岗岩锆石测年谐和图

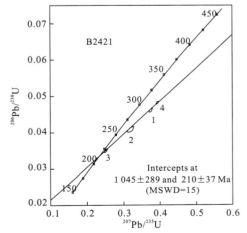

图 3-18 中细粒黑云母二长花岗岩锆石测年谐和图

综上所述，测区内侵入岩是在昌宁-孟连-查吾拉-双湖带闭合碰撞活动的中晚期，在靠近大陆边缘一侧形成的花岗岩。

第二节　火山岩

区内火山活动比较强烈，集中分布于唐古拉山主脊北侧的羌北分区羌北-昌都分区中。火山活动的时代从中二叠世一直延续到新生代。按火山岩赋存的地层层位及岩石特征分为4套不同的火山岩，分别是中二叠世诺日巴尕日保组火山岩、早侏罗世那底岗日组火山岩、晚侏罗-早白垩世旦荣组火山岩和中新世查保马组火山岩。诺日巴尕日保组火山岩为沉积岩中的夹层；旦荣组和那底岗日组以火山岩为主体，查保马组则完全由火山岩组成。

一、诺日巴尕日保组火山岩

(一)地质特征

诺日巴尕日保组火山岩分布在当曲以北，呈透镜状出现在诺日巴尕日保组碎屑岩中(图2-12)。岩石类型有安山岩、安山玄武岩，部分可能为玄武岩。灰绿—暗灰绿色，斑状(少斑)结构，气孔-杏仁构造。岩石由斑晶和基质两部分组成。斑晶为斜长石和暗色矿物，以暗色矿物为主。斑晶斜长石粒径为0.5～1.8mm，呈自形-半自形的长板状，亦见有宽板状，可见有不清晰的聚片双晶，推测斜长石应属中长石。斑晶斜长石表面可见较强的粘土化、绢云母化和黝帘石化。斑晶暗色矿物均已被绿泥石交代呈假象，粒径为0.3～1.2mm，根据假象推测原暗色矿物应为辉石或橄榄石，也可能二者都存在。基质同样由斜长石和暗色矿物组成。基质中的斜长石呈0.1～0.5mm的自形-半自形的细小长板条状，均匀不规则分布，局部形成架状，在近三角形的孔隙中充填蚀变暗色矿物假象。基质中的暗色矿物均已被绿泥石取代，其假象为小于0.3mm的粒状，分布在斜长石的孔隙中，根据假象推测蚀变前为辉石。岩石中斑晶的含量约为5%～10%。岩石的矿物组成中斜长石含量约75%，暗色矿物约25%。

(二)岩石化学特征

诺日巴尕日保组火山岩的岩石化学成分及相关参数见表3-4。

表3-4　中二叠世诺日巴尕日保组火山岩岩石化学成分(w_B%)、标准矿物及其参数表

样品编号	岩性	SiO_2	Al_2O_3	TiO_2	Fe_2O_3	FeO	CaO	MgO	K_2O	Na_2O	MnO	P_2O_5	H_2O_p	CO_2	H_2O_m	Total
GS1096	安山岩	59.78	15.24	1.13	4.78	2.13	2.00	3.66	1.12	4.2	0.085	0.52	3.87	1.53	1.36	100.04
GS1096-1	安山岩	60.56	13.31	1.44	5.22	1.68	3.72	2.51	0.7	5.18	0.086	0.71	2.57	2.59	0.95	100.28
P32-1XT1	安山玄武岩	45.9	17.85	1.67	4.1	5.27	7.21	7.43	0.91	2.9	0.112	0.24	4.43		0.56	99.60

样品编号	岩性	q	or	ab	an	c	di	hy	ol	mt	il	ap	AR	σ	SI	DI
GS1096	安山岩	22.64	7.01	37.58	7.28	4.86	0	12.6	0	4.54	2.27	1.2	1.89	1.69	23.03	67.23
GS1096-1	安山岩	18.61	4.36	46.13	11.6	0	2.8	7.41	0	4.6	2.88	1.63	2.05	1.97	16.42	69.10
P32-1XT1	安山玄武岩	0	5.76	26.21	35.3	0	1.22	15.1	7.47	5.04	3.39	0.56	1.36	5.01	36.05	31.97

安山岩的SiO_2略高，为59.78%～60.56%；K_2O+Na_2O为5.32%～5.88%，且K_2O/Na_2O为0.14～0.27。里特曼指数σ为1.69～1.97，介于钙性与钙碱性之间；碱度率AR为1.89～2.05；固结指数SI为16.42～23.03，与日本玄武安山岩相当；分异指数DI为67.23～69.10，介于安山岩与石英粗安岩之间。两个样品的CIPW标准矿物组合分别为q、or、ab、an、c、hy，属SiO_2过饱和、过铝质和q、or、ab、an、di、hy的SiO_2饱和型、偏铝质。

安山玄武岩的SiO_2值略低于中国玄武岩的平均值，为45.9%。K_2O+Na_2O为3.81%，且$K_2O/$

Na_2O 为 0.31。里特曼指数 σ 为 5.01,属碱钙性岩系;碱度率 AR 为 1.36;固结指数 SI 为 36.05,与日本玄武岩相当;分异指数 DI 为 31.97,介于橄榄辉绿岩与玄武岩之间。CIPW 标准矿物组合为 or、ab、an、di、hy、ol,属 SiO_2 不饱和型、偏铝质。

根据岩石化学成分,利用 TAS 图进行化学分类(图 3-19),两个安山岩样品落在了安山岩区,而安山玄武岩样品落在了玄武岩区,岩石化学的分类命名与岩矿鉴定的结果一致。在硅碱图上(图 3-20),安山岩样品落在了亚碱性区,安山玄武岩样品投在了碱性系列区,但非常靠近二者的分界。结合标准矿物结果,所有的样品中的 hy 为 7.41～12.6,均大于 3%,玄武安山岩和安山玄武岩归为亚碱性系列较为妥当。在 AFM 图解中(图 3-21),所有的样品均落在钙碱性系列区,同时又不显示出富铁的趋势,故而诺日巴尕日保组中的安山岩和安山玄武岩应属于钙碱性系列。结合安山玄武岩的 Al_2O_3 含量为 17.58%,玄武安山岩的 Al_2O_3 含量为 13.31%～15.24%,均比较高,大致认为应为钙碱性(高铝)玄武岩系列。

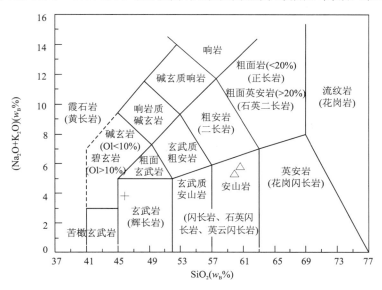

图 3-19 诺日巴尕日保组夹层火山岩 TAS 图

(据 Le Bas M J 等,1986)

+.安山玄武岩;△.安山岩

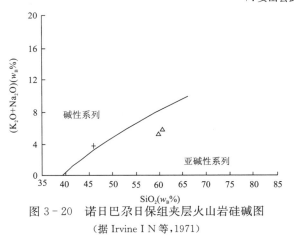

图 3-20 诺日巴尕日保组夹层火山岩硅碱图

(据 Irvine I N 等,1971)

+.安山玄武岩;△.安山岩

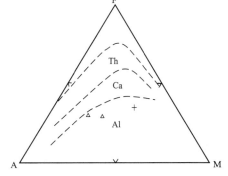

图 3-21 诺日巴尕日保组夹层火山岩 AFM 图解

+.安山玄武岩;△.安山岩

(三)稀土元素特征

诺日巴尕日保组火山岩的稀土元素含量及特征值见表 3-5。

安山岩稀土元素总量 ΣREE 为 195.93×10^{-6}～218.76×10^{-6},L/HREE 为 9.81～12.51,$(La/Yb)_N$ 为 12.62～16.18,轻、重稀土分馏程度较高;$(La/Sm)_N$、$(Gd/Yb)_N$ 分别为 3.23～4.60、2.45～2.85,反映轻、重稀土各自的分馏程度中等。δEu 为 0.89～1.02,铕异常不明显。稀土配分曲线为右倾(图 3-22),

属轻稀土富集型,但在 Ho-Lu 段趋于平缓,稀土配分型式类似于高钾安山岩。

表3-5 中二叠世诺日巴尕日保组火山岩稀土元素($\times 10^{-6}$)及相关参数表

样品编号	岩性	La	Ce	Pr	Nd	Sm	Eu	Gd	Tb	Dy	Ho	Er	Tm
GS1096	安山岩	50	96	10.5	37.9	6.4	1.69	5.8	0.84	4.2	0.77	2	0.36
GS1096-1		39	81	10	38.5	7.1	2.2	6.74	0.98	4.7	0.85	2.2	0.36
P32-1XT1	安山玄武岩	8	20	3.2	15	3.69	1.24	4.03	0.65	4	0.81	2.33	2.33

样品编号	岩性	Yb	Lu	Y	ΣREE	LREE	HREE	L/HREE	δEu	$(Ce/Yb)_N$	$(La/Sm)_N$	$(Gd/Yb)_N$	$(La/Yb)_N$
GS1096	安山岩	2	0.3	17.2	218.76	202.49	16.27	12.45	0.89	11.60	4.60	2.45	16.18
GS1096-1		2	0.3	20.7	195.93	177.8	18.13	9.81	1.02	9.79	3.23	2.85	12.62
P32-1XT1	安山玄武岩	2.14	0.34	12.2	67.76	51.13	16.63	3.07	1.04	2.26	1.28	1.59	2.42

安山玄武岩的ΣREE 明显较低,为 67.76×10^{-6},L/HREE 为 3.07,$(La/Yb)_N$ 为 2.42,反映轻重稀土分馏程度低;$(La/Sm)_N$、$(Gd/Yb)_N$ 分别为 1.28、1.59,反映轻、重稀土各自的分馏程度低。δEu 为 1.04,铕异常不明显。稀土配分曲线为右倾(图 3-22),反映稀土元素分馏程度低,但轻稀土相对富集,稀土配分型式类似于洋岛(夏威夷)碱性玄武岩。

(四)微量元素特征

诺日巴尕日保组火山岩的微量元素含量及特征值见表 3-6。

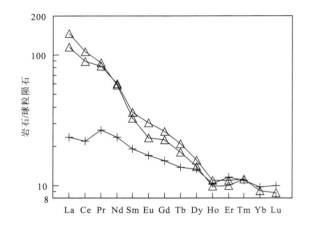

图3-22 诺日巴尕日保组夹层火山岩稀土元素配分曲线
+.安山玄武岩;△.安山岩

表3-6 中二叠世诺日巴尕日保组火山岩的微量元素($\times 10^{-6}$)及相关参数表

样品编号	Be	Sc	V	Cr	Co	Ni	Ga	Rb	Sr	Zr	Nb	Ba	Hf
GS1096	2.2	15.19	115	63.3	18.3	38.6	20.8	36	127	331	39	136	7.2
GS1096-1	1.6	15.18	134	86.7	17.6	25.7	13.9	26	227	297	32	116	6
P32-1XT1	1.41		171	153	37.8	101	17.9		437	144	9.4	591	4.1

样品编号	Ta	Th	U	K/Rb	Rb/Sr	Sr/Ba	Zr/Hf	Nb/Ta	U/Th	Zr/Y	Nb*	Sr*	K*
GS1096	2.28	6.6	1.3	129.13	0.28	0.93	45.97	17.11	0.20	19.24	1.42	0.14	0.29
GS1096-1	1.62	4.4	1	111.75	0.11	1.96	49.50	19.75	0.23	14.35	1.55	0.27	0.24
P32-1XT1	0.65	1.41				0.74	35.12	14.46		11.80	1.15	1.72	1.09

注:岩性同表 3-5。

安山岩 K/Rb 为 111.75~129.13,Rb/Sr 为 0.11~0.28,Sr/Ba 为 0.93~1.96,Zr/Hf 为 45.97~49.50,Nb/Ta 为 17.11~19.75,U/Th 为 0.20~0.23,Zr/Y 为 14.35~19.24,Nb* 为 1.42~1.55,Sr* 为 0.14~0.27,K* 为 0.24~0.29。表现出岩石蚀变较强,且与消减作用无关。

安山玄武岩 Sr/Ba 为 0.74,Zr/Hf 为 35.120,Nb/Ta 为 14.46,Zr/Y 为 11.80,Nb* 为 1.15,Sr* 为 1.72,K* 为 1.09。从微量元素的特征值上看,安山玄武岩应为与消减作用有关的碱性玄武岩,且不具同化混染。

从微量元素比值蛛网图上看(图3-23),安山岩的配分曲线为右倾,表现出 Rb、Th、Zr 明显富集,而 Ba、P、Y 亏损。显示为来自亏损型地幔,不具同化混染的玄武质岩石,与消减作用无关。

玄武安山岩表现出 Ba、Zr、Hf 富集，K、P、Y 亏损的特点，显示为来自亏损地幔的与消减作用弱有关的玄武岩。

（五）形成环境分析

诺日巴尕日保组夹层火山岩属于钙碱性系列，从其稀土及微量元素特征上看应形成于亏损地幔的环境，且其形成应与消减作用关系不大。

根据岩石化学成分判断，在 $MgO-Al_2O_3-FeO$ 图解上（图3-24），诺日巴尕日保组火山岩落在了岛弧及活动大陆边缘区；在常量元素的 $TiO_2-MnO-P_2O_5$ 图解上（图3-25），显示出洋岛碱性玄武岩的特点。

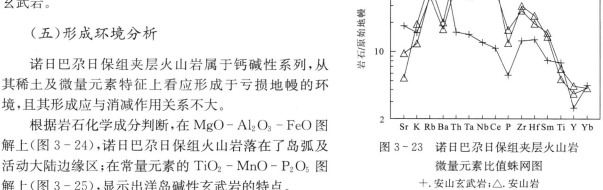

图 3-23 诺日巴尕日保组夹层火山岩微量元素比值蛛网图

+. 安山玄武岩；△. 安山岩

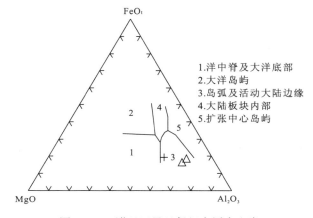

图 3-24 诺日巴尕日保组夹层火山岩 $FeO_t-MgO-Al_2O_3$ 图

（据 Pearce T H,1977）

+. 安山玄武岩；△. 安山岩

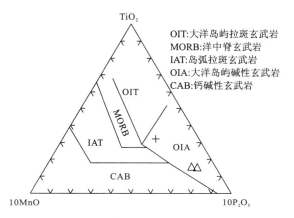

图 3-25 诺日巴尕日保组夹层火山岩 $TiO_2-MnO-P_2O_5$ 判别图

（据 Mullen,1983）

+. 安山玄武岩；△. 安山岩

从微量元素的成分上看，在 Zr-Nb-Y 图解上，诺日巴尕日保组火山岩大致落在了板内碱性玄武岩区（图3-26）；在 Th-Hf-Ta 图解上，投点落在了板内拉斑玄武岩与板内碱性玄武岩分界附近（图3-27）。

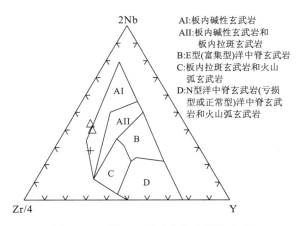

图 3-26 诺日巴尕日保组夹层火山岩 Nb-Zr-Y 判别图

（据 Meschede,1986）

+. 安山玄武岩；△. 安山岩

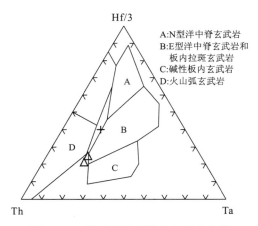

图 3-27 诺日巴尕日保组夹层火山岩 Th-Hf-Ta 判别图

（据 Wood,1980）

+. 安山玄武岩；△. 安山岩

根据以上情况判断,诺日巴尕日保组火山岩应形成于活动大陆边缘靠近大陆一侧,类似于碰撞后期局部拉张环境,其岩浆源于亏损的地幔。

二、那底岗日组火山岩

(一)地质及岩石特征

那底岗日组主要由安山质火山岩和流纹质火山碎屑岩组成(图2-28),下部以一套安山质火山熔岩为主。从下部夹有多层凝灰岩的情况看,熔岩经历了多次的喷发。那底岗日组的上部为一套流纹质的火山碎屑岩,并显示出不同的韵律。由此可见,那底岗日组火山岩的喷发过程,经历了由早期以偏基性的火山溢流相熔岩活动,向晚期以偏酸性火山碎屑岩(角砾凝灰岩、凝灰岩)为代表的爆发相转化的过程,反映火山活动由早期偏基性向晚期偏酸性的演化过程。

火山碎屑岩主要为一套流纹质凝灰岩、流纹质熔结角砾凝灰岩和少量粗安质晶屑玻屑凝灰岩,分布在剖面的上部,各火山碎屑岩的特征如下。

流纹质熔结角砾凝灰岩:为紫红色或灰绿色,熔结角砾凝灰结构,块状、假流纹构造。岩石由火山角砾和凝灰质两部分组成。火山角砾主要为2~20mm的岩屑、晶屑。岩屑可分为刚性岩屑和塑性岩屑两种,成分主要为流纹岩及部分粗安岩,出现少量的绢云母板岩。刚性岩屑由于重结晶等影响多呈次棱角状,有的边界不清晰。塑性、半塑性岩屑边界不规则,主要为火焰状、毛发状。岩屑多发生碳酸盐化、绢云母化、粘土化。晶屑成分主要为斜长石、钾长石、石英碎屑,次棱角状。长石均已被粘土、绢云母、硅质等交代而呈假象,局部见有少量钾长石残留。石英多已被熔蚀呈港湾状。凝灰物为粒径2mm以下的晶屑、岩屑、塑性玻屑。其中晶屑、岩屑的特征与角砾相同,少量石英晶屑呈棱角状、次棱角状;塑性玻屑均已脱玻化,重结晶成霏细状-微粒状的长石、石英,并具有土化、铁化等,局部蚯蚓状、细纹状假象清晰,并围绕刚性碎屑呈似流纹状分布。岩石中火山角砾占岩石的35%~40%,凝灰物占60%~65%,副矿物为锆石、磷灰石;次生矿物为粘土、绢云母、硅质、铁质。

粗安质晶屑玻屑凝灰岩:产在流纹质火山碎屑岩与安山岩的转换部位。岩石为紫红色凝灰结构,块状构造。岩石由火山角砾和凝灰物两部分组成。火山角砾的粒径为2~5mm,为斜长石晶屑,呈棱角-次棱角状,含量约5%。凝灰物含量约95%,为粒度2mm以下的晶屑、岩屑、玻屑及火山岩组成。凝灰物中晶屑粒度0.1~2mm,棱角-次棱角状,含量45%,以斜长石碎屑为主,另有少量石英及暗色矿物;其中石英多已被熔蚀,暗色矿物被白云母交代(推测暗色矿物为黑云母)。岩屑为刚性的、粒径0.3~2mm、棱角-次棱角状的粗安岩碎屑。玻屑已脱玻化变为霏细状、纤维状的长石、石英,但其鸡骨状、弧面棱角状假象清晰,对称梳状构造发育。火山岩强脱玻重结晶,均已变为微粒状长石、石英,沿玻屑空隙之间分布。岩石中的副矿物为锆石、磷灰石,次生矿物为粘土、绢云母、硅质。

那底岗日组中熔岩类岩石为安山岩、玄武岩,以安山岩为主,其岩石特征如下。

安山岩:为紫红-灰绿色,少斑结构,基质为交织结构,杏仁状构造。斑晶含量少,为粒径约0.1~0.6mm的斜长石(中长石),呈自形-半自形的板条状,其长轴定向排列,表面粘土化、绢云母化明显。基质由微晶斜长石、石英、暗色矿物和铁质等组成。基质中的斜长石仍为中长石,自形-半自形细小长条状,粒径一般小于0.1mm,平行-半平行状排列。石英为他形。暗色矿物均已被绢云母、滑石、铁质等交代呈假象,粒径一般小于0.03mm,依假象推测为辉石,分布在斜长石空隙中。岩石中含有较多的杏仁体,大小为0.2~3mm;杏仁体一般为次圆-圆状,部分呈不规则云朵状;杏仁体中的充填物为硅质、碳酸盐、绿泥石等。

(二)岩石化学特征

那底岗日组火山岩的岩石化学成分及相关参数见表3-7。

从岩石的化学成分看,岩矿鉴定为安山岩的3个样品中,样品GS5120-4的SiO_2含量仅为49.14%,应归为玄武岩,而GS5120-2、GS5120-3属于安山岩。

表 3-7 那底岗日组火山岩岩石化学成分(w_B%)、标准矿物及其参数表

样品编号	岩性	SiO_2	Al_2O_3	TiO_2	Fe_2O_3	FeO	CaO	MgO	K_2O	Na_2O	MnO	P_2O_5	H_2O_p	H_2O_m	LOI	Total
GS5120-1	流纹质晶屑凝灰岩	75.58	12.37	0.19	2.36	0.03	0.47	0.45	4.45	1.8	0.028	0.03	0.75	0.59	2.18	99.94
GS5120-2	安山岩	55.66	12.25	0.72	6.12	0.36	8.66	0.51	2.8	3.9	0.256	0.25	1.23	0.49	8.39	99.88
GS5120-3	安山岩	65.15	14.01	1.06	9.3	0.31	0.37	0.42	2.28	5.48	0.02	0.31	1.15	0.54	1.48	100.19
GS5120-4	玄武岩	49.14	17.12	1.65	6.27	4.6	3.95	6.28	1.09	4.38	0.203	0.35	4.25	0.77	4.89	99.92

样品编号	岩性	q	or	ab	an	c	di	hy	ol	mt	il	ap	AR	σ	SI	DI
GS5120-1	流纹质晶屑凝灰岩	46.95	26.96	15.58	2.21	3.88	0	2.6	0	1.37	0.37	0.07	2.9	1.2	4.95	89.49
GS5120-2	安山岩	15.02	18.18	36.18	8.36	0	11.61	0	0	3.79	1.5	0.6	1.94	3.55	3.73	69.38
GS5120-3	安山岩	22.3	13.74	47.18	0.02	2.56	0	5.7	0	5.76	2.05	0.69	3.34	2.72	2.36	83.22
GS5120-4	玄武岩	0	6.8	39.06	18.52	2.42	0	21.32	2.08	5.68	3.31	0.81	1.7	4.87	27.76	45.86

安山岩的 SiO_2 略高,为 55.66%、65.15%;K_2O+Na_2O 为 6.7%、7.76%。SiO_2 和 K_2O+Na_2O 的量,总体大于中国安山岩的平均含量,且 Na_2O 大于 K_2O。里特曼指数 σ 为 3.55、2.72,属钙性;碱度率 AR 为 1.94、3.44;固结指数 SI 为 3.73、2.36;分异指数 DI 为 69.38、83.32,介于安山岩与石英粗安岩之间。两个样品的 CIPW 标准矿物组合分别为 q、or、ab、an、c、hy,属 SiO_2 过饱和型、过铝质型和 q、or、ab、an、di、c 的 SiO_2 过饱和型、过铝质型。在 AR-SiO_2 与碱度关系图上(图 3-28),安山岩和玄武岩落在了碱性区。考虑到岩石中 Na_2O、K_2O 高的缘故,那底岗日组中的安山岩和玄武岩应属于偏碱性的安山岩和玄武岩,而这一特点在 TAS 分类图上也有反映,代表安山岩、玄武岩的样品分别落在了粗面英安岩、玄武质粗安岩、粗面玄武岩区。岩石化学成分表现出,由那底岗日组由下向上岩石中 SiO_2 和 K_2O 总体上呈升高的趋势,反映其岩浆活动由早期的偏基性向偏酸性、偏碱性的方向演化。在硅碱图上(图 3-29),安山岩和玄武岩样品落在了碱性与亚碱性系列区分界处,并偏向碱性系列。

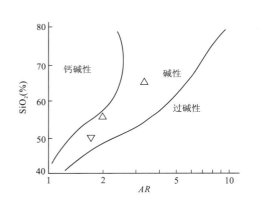

图 3-28 那底岗日组火山岩 AR-SiO_2 与碱度关系图
(据 Wright J B,1969)
▽. 玄武岩;△. 安山岩

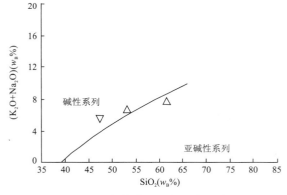

图 3-29 那底岗日组火山岩硅碱图
▽. 玄武岩;△. 安山岩

(三)稀土元素特征

稀土元素含量和相关特征值见表 3-8。

由表中可以看出,安山岩的稀土元素总量 ΣREE 分别为为 $463.11×10^{-6}$、$371.23×10^{-6}$,稀土元素总量相对较高。LREE/HREE 为 13.82、12.62,$(La/Yb)_N$ 为 16.28、15.23,反映轻重稀土分馏程度高;$(La/Sm)_N$ 为 2.91、6.79,$(Gd/Yb)_N$ 分别为 3.66、1.57,反映轻、重稀土各自的分馏程度中等。δEu 为 0.749、0.628,铕异常不明显。稀土配分曲线为向右陡倾(图 3-30),但重稀土部分缓倾,属轻稀土富集型,重稀土分馏不明显。稀土元素配分曲线类似于大陆边缘安山岩。

表 3-8 那底岗日组火山岩的稀土元素($\times 10^{-6}$)及相关参数表

样品编号	岩性	La	Ce	Pr	Nd	Sm	Eu	Gd	Tb	Dy	Ho	Er	Tm
GS5120-1	流纹质晶屑凝灰岩	38	79	9.6	33	7.01	0.28	6.81	1.16	7.33	1.54	4.69	0.75
GS5120-2	安山岩	79	188	31.7	114	15.95	3.46	13.59	1.53	7.2	1.2	3.62	0.5
GS5120-3	安山岩	97	167	16	54	8.4	1.57	7.64	1.19	7.09	1.44	4.43	0.69
GS5120-4	玄武岩	14	36	5.3	22	4.56	1.32	4.52	0.69	3.95	0.78	2.14	0.32
样品编号	岩性	Yb	Lu	Y	ΣREE	LREE	HREE	L/HREE	δEu	(Ce/Yb)$_N$	(La/Sm)$_N$	(Gd/Yb)$_N$	(La/Yb)$_N$
GS5120-1	流纹质晶屑凝灰岩	4.48	0.74	32.3	194.39	166.89	27.5	6.07	0.131	4.26	3.19	1.29	5.49
GS5120-2	安山岩	3.14	0.48	31.6	463.37	432.11	31.26	13.82	0.749	14.47	2.91	3.66	16.28
GS5120-3	安山岩	4.12	0.66	30.4	371.23	343.97	27.26	12.62	0.628	9.8	6.79	1.57	15.23
GS5120-4	玄武岩	1.99	0.31	21.6	97.88	83.18	14.7	5.66	0.939	4.37	1.81	1.92	4.55

玄武岩稀土元素总量 $\Sigma REE = 97.88 \times 10^{-6}$；L/HREE=5.66，$(La/Yb)_N = 4.55$，反映轻重稀土分馏程度低；$(La/Sm)_N$、$(Gd/Yb)_N$ 分别为 1.81、1.92，反映轻、重稀土各自的分馏程度低。δEu=0.933，铕异常不明显。稀土配分曲线为向右缓倾(图 3-30)，反映稀土元素分馏程度低，稀土配分曲线形态与裂谷拉斑玄武岩相近。

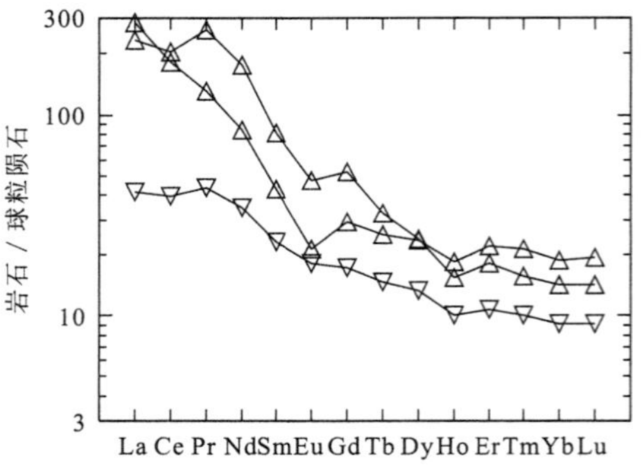

(四)微量元素特征

那底岗日组火山岩的微量元素含量及相关特征值见表 3-9。

安山岩的 Sr/Ba 为 0.76、1.19，Zr/Hf 为 41.99、45.61，Nb/Ta 为 14.51、14.44，Sm/Nb 为 0.14、0.16。Nb* 为 0.91、0.99，Sr* 为 0.11、0.26，K* 为 0.49、0.43。

玄武岩的 Sr/Ba 为 3，Zr/Hf 为 36.84，Nb/Ta 为 14.96，Sm/Nb 为 0.21。Nb* 为 1.55，Sr* 为 2.19，K* 为 0.72。

从微量元素的特征值上看，安山岩和玄武岩显示出与消减作用无关、来自亏损地幔的、略有同化混染的非岛弧火山岩的特点。

图 3-30 那底岗日组火山岩稀土元素配分曲线
▽. 玄武岩；△. 安山岩

表 3-9 那底岗日组火山岩的微量元素($\times 10^{-6}$)及相关参数表

样品编号	岩性	Be	V	Mn	Co	Ni	Cu	Zn	Ga	Sr	Zr	Nb	Cd	Sn
GS5120-1	流纹质晶屑凝灰岩	3.65	12	279	2.9	6	5.9	79	23.3	90	215	44.7	58	4.98
GS5120-2	安山岩	2.01	35	1 891	4.7	2	5.9	67	16.8	229	760	44.4	159	3.72
GS5120-3	安山岩	2.44	45	207	3.5	2	8.2	64	23	391	903	53.7	86	3.99
GS5120-4	玄武岩	1.04	230	1 493	28.3	11	69.3	91	19.1	908	140	18.1	34	0.81
样品编号	岩性	Ba	Hf	Ta	Ba	Hf	Ta	Sr/Ba	Zr/Hf	Nb/Ta	Sm/Nd	Nb*	Sr*	K*
GS5120-1	流纹质晶屑凝灰岩	197	8.9	3.58	197	8.9	3.58	0.46	24.16	12.49	0.21	1.14	0.12	1.02
GS5120-2	安山岩	300	18.1	3.06	300	18.1	3.06	0.76	41.99	14.51	0.14	0.91	0.11	0.49
GS5120-3	安山岩	328	19.8	3.72	328	19.8	3.72	1.19	45.61	14.44	0.16	0.99	0.26	0.33
GS5120-4	玄武岩	303	3.8	1.21	303	3.8	1.21	3	36.84	14.96	0.21	1.55	2.19	0.72

从微量元素比值蛛网图上看(图 3-31),安山岩的配分曲线倾斜不明显,并表现出 P、Ti 的亏损和 Th、Ce、Zr 明显富集。玄武岩表现出 Ba 富集,K、P、Ti 亏损,显示出非造山岩浆的特点。

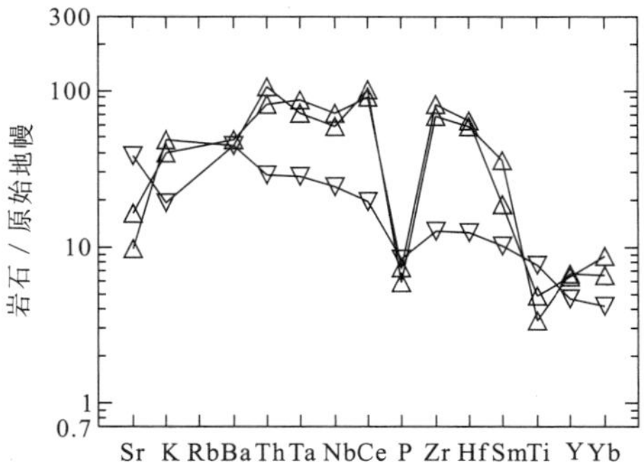

(五)形成环境分析

从岩石系列划分上看,那底岗日组火山岩属于偏碱性的火山岩,即碱性系列。大致形成于大陆环境,并可能位于活动大陆的边缘地带。

在 $MgO-Al_2O_3-FeO$ 图解上(图 3-32),那底岗日组火山岩落在了扩张中心岛屿区;在常量元素的 $TiO_2-MnO-P_2O_5$ 图解上,投点位于岛弧拉斑玄武岩、洋岛碱性玄武岩与岛弧钙碱性玄武岩交界处(图 3-33)。从微量元素的成分上看,在 Zr-Nb-Y 图解上,那底岗日组火山岩大致落在了板内钙碱性玄武岩区(图 3-34);在 Th-Hf-Ta 图解上,投点落在了板内拉斑玄武岩与岛弧拉斑玄武岩分界附近(图 3-35)。根据以上情况,并结合岩石的稀土微量元素特征,判断那底岗日组火山岩应是与板块消减作用无关的,类似于拉张环境的靠近大陆边缘的类似于裂谷的环境中。

图 3-31 那底岗日组火山岩微量元素比值蛛网图
▽.玄武岩;△.安山岩

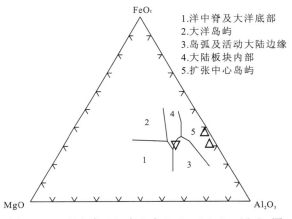

图 3-32 那底岗日组火山岩 $FeO_t-MgO-Al_2O_3$ 图
(据 Pearce T H,1977)
▽.玄武岩;△.安山岩

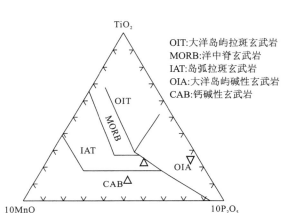

图 3-33 那底岗日组火山岩 $TiO_2-MnO-P_2O_5$ 判别图
(据 Mullen,1983)
▽.玄武岩;△.安山岩

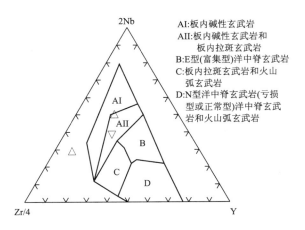

图 3-34 那底岗日组火山岩 Nb-Zr-Y 判别图
(据 Meschede,1986)
▽.玄武岩;△.安山岩

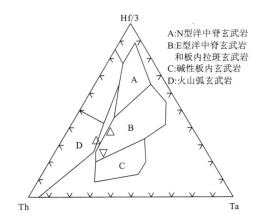

图 3-35 那底岗日组火山岩 Th-Hf-Ta 判别图
(据 Wood,1980)
▽.玄武岩;△.安山岩

三、旦荣组火山岩

(一)地质特征

旦荣组火山岩分布在杂多县旦荣乡一带，岩石类型有玄武岩、安山玄武岩、玄武安山岩和安山岩（见图2-38、图2-39），构成上侏罗-下白垩统建造的主体。旦荣组不整合于石炭纪杂多群之上，为多次火山喷发的产物。

旦荣组火山岩的主要岩石特征如下。

安山玄武岩、玄武岩：灰绿-暗灰色，斑状结构，气孔、杏仁和块状构造。气孔为次圆-圆形，大小为0.3~15mm，被碳酸盐、绿泥石、硅质等充填而呈杏仁构造。岩石由斑晶和基质两部分组成，其中斑晶含量约为5%~10%。斑晶由暗色矿物组成，均已被碳酸盐、绿泥石、伊丁石等交代成假象，并沿其边缘及裂隙析出铁质，粒径0.1~2mm，均匀分布，依据假象推断暗色矿物为辉石、橄榄石等。基质为似间粒、似交织结构，由微晶斜长石、暗色矿物及少量石英、铁质组成。微晶斜长石粒径一般为0.05~0.6mm，自形-半自形长板条状，呈平行、半平行状排列，部分为无规则状排列。微晶斜长石表面见有明显的粘土化、绢云母化、黝帘石化，镜下测得An=35~41，属于中长石。基质中的暗色矿物均已被碳酸盐、绿泥石、帘石、铁质等交代呈假象，局部仍有少量残留，判断暗色矿物为辉石；辉石的粒径一般小于0.1mm，均匀分布在斜长石空隙间。石英很少，粒径小于0.1mm，他形，填隙状分布。基质中的铁质主要呈粒状均匀分布在岩石内。整个基质矿物中，斜长石含量约为55%，辉石含量约30%~40%。副矿物为磷灰石，次生矿物为粘土、绢云母、绿泥石等。

安山岩、玄武安山岩：为灰-灰绿色，斑状结构，块状、气孔、杏仁状构造。岩石由斑晶和基质两部分组成。斑晶为粒径0.1~1.6mm的暗色矿物，并已被绿泥石、帘石、硅质等交代成假象，可见部分单斜辉石残留，并有部分假象与橄榄石相似。基质为似间粒、似交织结构，由微晶斜长石、暗色矿物和少量铁质组成。微晶斜长石为粒径0.1~0.35mm的长板条状，平行、半平行或架状分布，斜长石牌号约为40，属中长石。暗色矿物为单斜辉石，半自形柱粒状，粒度一般小于0.1mm，并为碳酸盐、帘石、绿泥石等交代，但有部分残留，沿斜长石空隙间均匀分布。铁质呈颗粒状，粒度小于0.1mm。岩石中斑晶含量10%；基质中斜长石含量50%，单斜辉石约40%，铁质少。

辉绿岩：为浅灰-灰褐色，辉绿结构，块状构造。岩石的矿物组成为：斜长石、辉石。斜长石为自形-半自形的长板条状，粒度一般为0.5~1mm，部分2mm，推测为中长石。斜长石表面脏，明显粘土化、绢云母化、黝帘石化及碳酸盐化等。斜长石呈无规则状分布，局部呈架状，在近三角形的空隙内充填辉石单晶。辉石为单斜辉石，自形-半自形柱状，粒度一般为0.5~1.6mm，部分小于0.5mm，均匀分布，并被绿泥石、碳酸盐等交代，部分已成假象。岩石中斜长石含量为60%，单斜辉石约40%。

石英辉长闪长玢岩：为灰色，斑状结构，块状构造。岩石中斑晶的含量为30%，斑晶成分为斜长石、辉石。斑晶斜长石粒径为0.2~3mm，自形-半自形长板状，为中-拉长石，表面粘土化、绢云母化、黝帘石化明显，颗粒内隐约可见聚片双晶。斑晶辉石为单斜辉石，呈粒径0.1~0.6mm的自形-半自形柱粒状，表面较干净，少数被滑石交代。基质为微细粒结构，由斜长石、辉石、角闪石和少量石英组成。基质中的斜长石为自形-半自形的长板状，粒径一般小于0.2mm，少数为0.2~0.4mm，推测为更-中长石，粘土化、绢云母化、碳酸盐化强。辉石为单斜辉石，呈小于0.1mm的自形-半自形柱粒状，多被绿泥石、碳酸盐交代，星散状分布；角闪石为褐色普通角闪石，半自形柱状，多色性明显，具绿泥石化、次闪石化，部分已成假象。石英含量少，呈边界不规则的他形粒状，填隙状分布。岩石中斑晶含量约为30%；基质斜长石40%~50%，基质辉石5%~15%，角闪石5%~10%，石英5%。岩石中的副矿物为磷灰石。

球粒流纹岩：在本套火山岩中出露较少，分布在火山岩的中段，以夹层的形式出现在玄武岩中。岩石为球粒结构，块状构造。岩石的矿物组成为长石、石英。长石、石英在岩石内呈微晶状，相对聚集成球粒。球粒不具放射状，无核心，而是围绕某一中心呈同心圆状排列。球粒的大小不等，一般为0.3~4mm，浑圆状，部分边界不清晰。球粒具有三层结构。内层为隐微晶质，团粒，不具同心圆和放射状构造，呈深褐色；中间层为浅褐色微晶状长石、石英，略具似纤状；外层为深褐色的似纤维层，由似纤状的长石、石英围绕里层垂直排列，构成似环状球粒。球粒发生强碳酸盐化和弱绿泥石化。在球粒的空隙间分布有霏细状的长石、石英，且已被绿泥石、碳酸盐交代。岩石中长石占80%，石英20%，副矿物为锆石、磁铁矿。

角砾熔岩：为角砾熔岩状结构、块状构造。岩石由火山碎屑(35%)和熔岩(65%)两部分组成。火山碎屑由不规则状刚性岩屑构成，以2～4mm的角砾为主，2～0.5mm的凝灰质少。岩屑成分为蚀变玄武岩、安山岩等，绿泥石化、碳酸岩化强，由于强蚀变岩屑边界模糊不清。熔岩物质与岩屑同成分，蚀变亦相同。见半自形板状斜长石，强碳酸岩化、帘石化等，似架状分布，绿泥石化辉石假象分布于格架间。基质由板条状钾长石(蚀变)构成，其间分布绿泥石、硅质及少量绿泥石化辉石假象。

（二）岩石化学特征

旦荣组火山岩的岩石化学成分及相关参数见表3-10。

表3-10 旦荣组火山岩岩石化学成分(w_B%)、标准矿物及其参数表

样品编号	岩性	SiO_2	Al_2O_3	TiO_2	Fe_2O_3	FeO	CaO	MgO	K_2O	Na_2O	MnO	P_2O_5	H_2O_p	CO_2	H_2O_m	LOI	Total
P34-2GS1		49.68	14.65	2.22	7.12	3.28	5.76	4.87	0.23	5.84	0.124	1.02	2.88		0.38	5.48	100.27
P34-3GS1		44.12	15.39	3.07	12.3	7.02	1.37	6.65	0.24	2.6	0.358	1.02	5.79		0.89	5.94	100.08
P34-7GS1		46.60	15.04	2.91	6.6	4.18	9.05	7.77	0.55	2.75	0.184	0.88	3.31		0.85	3.7	100.21
P34-8GS1	安山玄武岩	44.68	15.09	2.84	9.52	2.83	9.44	7.91	0.28	2.9	0.163	0.99	2.85		0.77	3.41	100.05
P35-4GS1		44.26	13.5	3.34	10.49	2.61	8.86	8.31	0.35	3.18	0.17	1.03	3.57		1.35	4.12	100.22
P35-5GS1		50.18	15.51	2.65	8.41	4.19	6.11	4.03	0.21	3.05	0.319	1.02	3.45		0.77	4.51	100.19
P35-17GS1		43.28	11.73	5.4	3.84	8.38	8.82	6.03	0.04	2.78	0.217	1.11	4.95		0.56	8.28	99.91
P35-20GS1		45.56	11.19	5.08	8.01	6.77	5.38	0.04	2.7	0.163	1.51	4.85		0.53	5.88	99.74	
XT3128		45.1	13.33	3.92	11.01	2.63	7.76	6.27	0.88	3.42	0.176	0.96	2.98	1.55	0.5	4.02	99.48
P35-13GS1		49.2	17.64	1.64	4.06	5.64	6.78	4.67	0.19	4.55	0.171	0.29	3.88		0.34	5.16	99.99
B3126	玄武岩	46.74	13.32	3.46	8.58	3.64	9.43	7.14	0.72	2.85	0.184	0.94	2.39	0.38	0.68	2.38	99.38
GS5078		44.64	13.58	2.69	4.61	7.78	5.42	9.19	0.65	2.12	0.196	0.68	6.02	2.1	1.11	7.15	98.71
P34-9GS1	玄武安山岩	50.68	14.41	2.38	8.99	1.89	6.47	6	1.54	4.22	0.131	0.96	2.22		0.56	2.65	100.32
P35-6GS1		53.7	15.48	1.87	5.31	4.1	3.8	6.39	0.14	3.95	0.478	0.59	4.02		0.68	4.43	100.24
P38GS1		51.94	17.02	1.33	4.61	4.65	4.82	5.41	1.38	4.25	0.256	0.37	2.63		0.83	4.21	100.25
P38GS3		53.58	16.64	0.87	5.32	3.52	6.58	4.7	1.32	2.75	0.203	0.18	4.02		0.65	4.45	100.11
P38XT2	安山岩	55.28	17.14	1.25	3.74	3.9	3.92	3.69	2.62	4.41	0.211	0.47	2.63		0.48	3.19	99.82
B3131		51.74	15.12	1.82	4.34	5.25	6.74	4.85	0.7	2.91	0.083	0.57	3.65	2.61	0.36	5.29	99.41
B3137		63.38	16.06	0.82	2.46	2.56	2.92	0.87	1.82	4.68	0.085	0.17	2.1	1.97	0.59	3.65	99.47
P35-9GS1	石英辉长闪长玢岩	53.84	17.38	1.12	1.92	5.77	5.68	4.22	1.81	3.92	0.154	0.25	2.84		0.39	4.07	100.13
P35-10GS1	辉绿岩	51.72	16.12	1.33	2.65	6.13	6.74	4.62	1.28	3.32	0.156	0.2	2.74		0.56	5.59	99.86
P35-10GS2		47.92	16.01	1.98	3.01	6.59	6.35	6.31	1.04	4.22	0.172	0.55	3.32		0.55	5.7	99.85
B3146	粗安质火山角砾岩	54.46	18.2	1	4.48	3.14	4.05	3.36	0.85	6.58	0.13	0.31	2.63	1.21	0.34	2.58	99.14

样品编号	岩性	q	or	ab	an	c	di	hy	ol	mt	il	ap	AR	σ	SI	DI	A/CNK
P34-2GS1		0	1.44	52.23	13.82	0	8.08	5.94	5.3	6.35	4.46	2.36	1.85	5.52	22.82	53.67	0.72
P34-3GS1		12.22	1.52	23.5	0.87	11.29	0	32.72	0	9.27	6.24	2.38	1.41	7.2	23.08	37.24	2.19
P34-7GS1		0.05	3.38	24.16	28.1	0	10.53	20.67	0	5.37	5.75	2	1.32	3.02	35.56	27.59	0.7
P34-8GS1	安山玄武岩	0	1.72	25.51	28.41	0	11.46	11.23	7.92	6.27	6.27	1.3	6.02	33.75	27.23	0.68	
P35-4GS1		9.47	0.25	24.4	19.54	0	8.53	16.8	0	7.16	10.32	3.52	0	9.89	34.12	34.12	0.62
P35-5GS1		0	2.17	28.15	22.52	0	13.76	7.77	10.37	6.24	6.65	2.36	1.36	1.48	20.26	30.32	0.95
P35-17GS1		0	1.19	40.57	28.6	0	4.12	15.31	0.64	5.61	3.29	0.67	1.32	28.4	28.62	41.76	0.57
P35-20GS1		4.35	0.26	25.65	21.16	0	15.52	13.22	0	6	11.2	2.64	1.34	2.93	23.49	30.26	0.62
XT3128		0	5.49	30.49	19.4	0	12.25	12.28	3.07	6.96	7.86	2.21	1.51	8.8	25.9	35.98	0.64
P35-13GS1		0	6.53	37.88	22.98	0	5.69	6.47	10.55	4.64	4	1.28	1.48	3.62	24.44	44.41	0.88
B3126	玄武岩	0.69	4.41	24.95	22.16	0	16.47	16.38	0	6.01	6.81	2.13	1.37	3.41	31.14	30.05	0.59
GS5078		2.75	4.2	19.58	25.04	1.07	0	33.9	0	6.24	5.59	1.62	1.34	4.68	37.74	26.53	0.97
P34-9GS1	玄武安山岩	0.32	9.37	36.69	16.25	0	8.76	15.43	0	6.37	4.65	2.16	1.76	4.32	26.5	46.38	0.71
P35-6GS1		12.42	1.3	27.06	25.55	1.4	0	18.17	0	6.48	5.29	2.34	1.54	1.56	32.13	40.78	1.14
P38GS1		2.25	8.51	37.44	22.67	0.57	0	19.41	0	5.68	2.63	0.84	1.69	3.55	26.65	48.2	0.99
P38GS3		10.1	8.18	24.35	30.5	0	2.11	17.63	0	4.98	1.73	0.41	1.43	1.57	26.65	42.63	0.93
P38XT2	安山岩	5.73	16.04	38.58	17.29	0.95	0	12.65	0	5.25	2.46	1.06	2	4.02	20.1	60.35	1
B3131		11.04	4.4	26.15	27.74	0	3.44	16.79	0	5.43	3.68	1.32	1.4	1.49	26.87	41.59	0.85
B3137		22.32	11.24	41.28	14.09	1.5	0	3.92	0	3.65	1.63	0.4	2.04	2.07	7.02	74.84	1.07
P35-9GS1	石英辉长闪长玢岩	12.18	0.87	34.91	16.1	3.32	0	22.11	0	5.46	3.72	1.35	1.66	3.03	23.92	47.96	0.93
P35-10GS1	辉绿岩	3.53	11.14	34.49	25.44	0	1.94	17.76	0	2.9	2.22	0.57	1.5	2.43	25.67	49.16	0.84
P35-10GS2		6.2	8.02	29.74	26.78	0	6	14.8	0	5.32	2.68	0.46	1.62	5.62	29.81	43.96	0.82
B3146	粗安质火山角砾岩	0	5.21	57.65	18.23	0	0.58	7.17	3.28	5.2	1.97	0.7	2	4.82	18.25	62.86	0.95

玄武岩、安山玄武岩 SiO_2 为 43.25%～50.18%,总体低于中国玄武岩的平均值;K_2O 为 0.04%～0.88%,远低于中国玄武岩的平均值;Na_2O 与中国玄武岩平均含量相当,为 2.12%～5.84%;Na_2O 大于 K_2O。里特曼指数 σ 为 1.48～28.62,多数在 9～3.3 之间,属碱钙性岩系;碱度率 AR 为 1.30～1.85,在 $AR-SiO_2$ 与碱度关系图上(图 3-36),玄武岩、安山玄武岩均落在了碱性区;固结指数 SI 为 20.26～37.74,大致与日本玄武岩相近,反映玄武岩由幔源原生岩浆经分异或同化后冷凝而成;分异指数 DI 为 26.53～53.67,大部分在 27～34 之间,略低于玄武岩的平均值,反映岩浆分异相对较弱;A/CNK 除一个数据外,为 0.57～0.97,为偏铝质。岩石的 CIPW 标准矿物组合为 q、or、ab、an、di、hy 的 SiO_2 过饱和型和 or、ab、an、di、hy、ol 的 SiO_2 不饱和型。

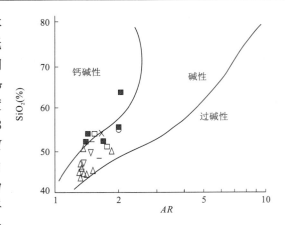

图 3-36 旦荣组火山岩 $AR-SiO_2$ 与碱度关系图
(据 Wright J B,1969)

▽. 玄武岩;△. 安山玄武岩;■. 安山岩;□. 玄武安山岩;
×. 石英辉长闪长玢岩;+. 辉长玢岩;○. 粗安质角砾熔岩

玄武安山岩、安山岩的 SiO_2 为 50.68%～63.38%,略低于中国安山岩的平均值;K_2O 为 0.14%～2.62%,多数低于平均值;Na_2O 为 2.75%～4.68%,与中国玄武岩平均含量相当;Na_2O 大于 K_2O。里特曼指数 σ 为 1.49～4.32,属钙碱性岩系;碱度率 AR 为 1.40～2.04,在 $AR-SiO_2$ 与碱度关系图上(图 3-36),落在钙碱性与碱性分界处靠近碱性一侧;固结指数 SI 为 7.02～32.13,绝大多数在 26 左右,总体与日本安山玄武岩一致;分异指数 DI 为 40.78～74.84,大部分在 40～48 之间,低于安山岩的平均值,反映岩浆分异相对较强;A/CNK 为 0.85～1.14,以偏铝质为主。CIPW 标准矿物组合为 q、or、ab、an、di、hy 和 q、or、ab、an、c、hy,属 SiO_2 过饱和型。

粗安质角砾熔岩中 SiO_2 为 54.56%,K_2O 为 0.85%,Na_2O 为 6.58%,Na_2O 大于 K_2O。里特曼指数 σ 为 4.82,属碱钙性岩系;碱度率 AR 为 2.0,在 $AR-SiO_2$ 与碱度关系图上(图 3-36),落在碱性区;固结指数 SI 为 18.25;分异指数 DI 为 62.86;A/CNK 为 0.95,为偏铝质。CIPW 标准矿物组合 or、ab、an、di、hy、ol 的 SiO_2 不饱和型。

石英辉长闪长玢岩、辉绿岩的 SiO_2 为 47.92%～53.84%,K_2O 为 1.04%～1.81%,Na_2O 为 3.32%～4.22%,Na_2O 大于 K_2O。里特曼指数 σ 为 2.43～3.03;碱度率 AR 为 1.5～1.66,在 $AR-SiO_2$ 与碱度关系图上(图 3-36),落在碱性区;固结指数 SI 为 23.92～29.71;分异指数 DI 为 43.96～47.96;A/CNK 为 0.82～0.93,为偏铝质。石英辉长闪长玢岩的 CIPW 标准矿物组合为 q、or、ab、an、c、hy,属 SiO_2 过饱和型。辉绿岩的 CIPW 标准矿物组合为 q、or、ab、an、di、hy 的 SiO_2 过饱和型。

从 $AR-SiO_2$ 与碱度关系图上(图 3-36)可以看出,岩石成分投点分布与碱度区间的分界线大致平行,显示岩浆具有同源演化的特点。

利用岩石化学成分进行岩石分类命名,在岩石分类图解上,主要位于安山岩-碱性玄武岩区(图 3-37)。岩矿鉴定定名的玄武安山岩、玄武岩,分布在玄武岩、碱玄岩区;安山岩、玄武安山岩分布在玄武质粗安岩、玄武安山岩区。在 SiO_2-Zr/TiO_2 图解上,主要落在了亚碱性玄武岩区,部分落在碱性玄武岩区(图 3-38)。在硅碱图上,样品落在碱性与亚碱性的分界附近,并与分界线近平行(图 3-39);考虑到岩石中 CIPW 标准矿物 hy 均大于 3%,因此判断旦荣组火山岩属于亚碱性系列。在 AFM 图解上,样品分布表现出具有富铁的趋势(图 3-40),判断旦荣组火山岩属于拉斑玄武岩系列。

(三)稀土元素特征

旦荣组火山岩稀土元素含量及相关参数见表 3-11。

由表 3-11 中可以看出,玄武岩、安山玄武岩的稀土元素总量 ΣREE 为 90.00×10^{-6}～419.73×10^{-6},多数样品大于 250×10^{-6},稀土元素总量相对较高。LREE/HREE 为 6.98～11.74,$(La/Yb)_N$ 为 7.61～19.41,反映轻重稀土分馏程度高;$(La/Sm)_N$ 为 2.12～3.92,$(Gd/Yb)_N$ 为 2.14～4.66,反映轻、重稀土各自的分馏程度中等。δEu 为 0.872～1.066,铕异常不明显。稀土配分曲线为向右陡倾(图 3-41),属轻稀土富集型。

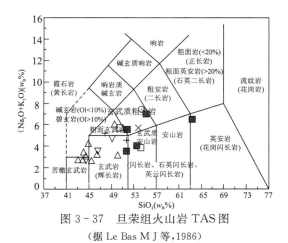

图 3-37 旦荣组火山岩 TAS 图
(据 Le Bas M J 等,1986)
▽.玄武岩;△.安山玄武岩;■.安山岩;□.玄武安山岩;
×.石英辉长闪长玢岩;+.辉长玢岩;○.粗安质角砾熔岩

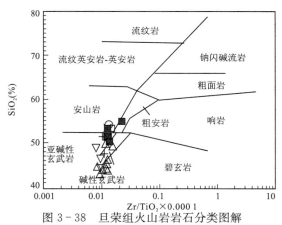

图 3-38 旦荣组火山岩岩石分类图解
▽.玄武岩;△.安山玄武岩;■.安山岩;□.玄武安山岩;
×.石英辉长闪长玢岩;+.辉长玢岩;○.粗安质角砾熔岩

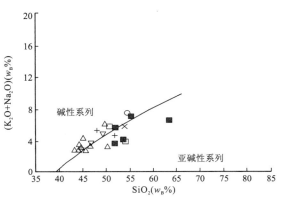

图 3-39 旦荣组火山岩硅碱图
(据 Irvine I N 等,1971)
▽.玄武岩;△.安山玄武岩;■.安山岩;□.玄武安山岩;
×.石英辉长闪长玢岩;+.辉长玢岩;○.粗安质角砾熔岩

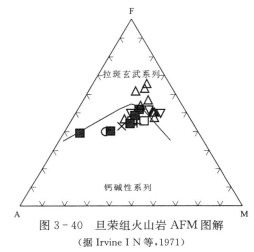

图 3-40 旦荣组火山岩 AFM 图解
(据 Irvine I N 等,1971)
▽.玄武岩;△.安山玄武岩;■.安山岩;□.玄武安山岩;
×.石英辉长闪长玢岩;+.辉长玢岩;○.粗安质角砾熔岩

安山岩、玄武安山岩的稀土元素总量 ΣREE 为 $69.42 \times 10^{-6} \sim 267.63 \times 10^{-6}$。LREE/HREE 为 $4.66 \sim 13.9$,$(La/Yb)_N$ 除一个为 3.04 外,其余为 $6.05 \sim 22.08$,反映轻重稀土分馏程度高;$(La/Sm)_N$ 为 $1.35 \sim 4.55$,$(Gd/Yb)_N$ 为 $1.45 \sim 3.66$,反映轻、重稀土各自的分馏程度中等。δEu 为 $0.654 \sim 0.991$,铕异常不明显。稀土配分曲线为向右陡倾(图3-42),属轻稀土富集型;其中在 La-Ho 段斜率较大,在 Ho-Lu 间变平缓。

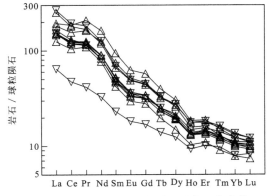

图 3-41 旦荣组火山岩稀土元素配分曲线
▽.玄武岩;△.安山玄武岩

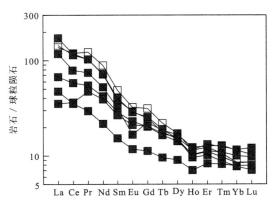

图 3-42 旦荣组火山岩稀土元素配分曲线
■.安山岩;□.玄武安山岩

表 3-11 旦荣组火山岩稀土元素($\times 10^{-6}$)及相关参数表

样品编号	岩性	La	Ce	Pr	Nd	Sm	Eu	Gd	Tb	Dy	Ho	Er	Tm
P34-2GS1	安山玄武岩	42	95	13.2	49	8.25	2.17	7.24	0.92	4.46	0.8	2.17	0.29
P34-3GS1		52	111	14.8	58	10.14	2.67	8.89	1.15	5.86	1.01	2.69	0.37
P34-7GS1		51	109	13.9	53	9.32	2.45	8.29	1.09	5.71	1.01	2.76	0.39
P34-8GS1		56	118	14.3	53	9.11	2.4	8.27	1.09	5.83	1.05	2.89	0.4
P35-4GS1		52	113	15	58	10.1	2.69	8.96	1.18	6.23	1.07	2.93	0.41
P35-5GS1		50	111	14.3	57	9.98	2.61	8.78	1.15	5.94	1.03	2.81	0.38
P35-17GS1		62	141	19.7	79	14.46	3.77	12	1.57	7.81	1.23	3.22	0.41
P35-20GS1		66	167	25.2	104	18.31	4.54	14.88	1.86	9.19	1.44	3.75	0.48
XT3128		85	164	20.1	76.6	12.9	3.57	11.4	1.5	8.07	1.38	3.52	0.5
P35-13GS1	玄武岩	22	43	5	21	4.52	1.33	4.38	0.66	3.73	0.72	2.04	0.31
B3126		90	175	22	81.1	13.5	3.63	11.6	1.54	8.25	1.38	3.66	0.52
GS5078		51	106	13.8	52.7	9.4	2.62	8.3	1.18	6.51	1.16	3.08	0.45
P34-9GS1	玄武安山岩	47	109	14.9	57	9.47	2.35	8.13	1.03	.19	0.89	2.44	0.34
P35-6GS1		49	104	12.4	46	7.79	2.1	6.65	0.89	4.55	0.79	2.22	0.31
P38GS1	安山岩	23	53	6.6	27	5.59	1.67	5.25	0.77	4.25	0.8	2.26	0.35
P38GS3		16	32	3.6	14	2.96	0.86	2.93	0.45	2.71	0.55	1.64	0.26
P38XT2		12	33	5.7	25	5.21	1.54	5.36	0.81	4.65	0.9	2.63	0.4
B3131		58	107	12.4	45.7	7.5	2.14	6.4	0.83	4.52	0.75	2.02	0.28
B3137		40	72	9	33.6	6.2	1.22	5.8	0.77	5.03	0.95	2.54	0.41
P35-9GS1	石英辉长闪长玢岩	19	41	5.1	20	3.92	1.17	3.63	0.53	2.93	0.54	1.51	0.22
P35-10GS1	辉绿岩	16	36	4.5	18	3.68	1.18	3.44	0.52	2.82	0.54	1.52	0.23
P35-10GS2		27	66	9.4	37	6.94	1.97	6.27	0.87	4.71	0.84	2.34	0.33
B3146	粗安质火山角砾岩	24	46	5.8	22.9	4.5	1.34	4.1	0.6	3.36	0.61	1.61	0.24

样品编号	岩性	Yb	Lu	Y	ΣREE	LREE	HREE	L/HREE	δEu	$(Ce/Yb)_N$	$(La/Sm)_N$	$(Gd/Yb)_N$	$(La/Yb)_N$
P34-2GS1	安山玄武岩	1.72	0.25	16.9	227.47	209.62	17.85	11.74	0.897	13.35	2.99	3.56	15.8
P34-3GS1		2.18	0.31	18.1	271.07	248.61	22.46	11.07	0.899	12.31	3.02	3.45	15.43
P34-7GS1		2.24	0.34	20.7	260.5	238.67	21.83	10.93	0.892	11.76	3.22	3.13	14.73
P34-8GS1		2.44	0.37	22.8	275.15	252.81	22.34	11.32	0.886	11.69	3.62	2.87	14.85
P35-4GS1		1.36	0.21	12.8	90	79.36	10.64	7.46	1.066	6.4	2.56	2.14	7.61
P35-5GS1		2.38	0.35	21.8	274.3	250.79	23.51	10.67	0.905	11.48	3.03	3.19	14.14
P35-17GS1		2.28	0.32	27.1	348.77	319.93	28.84	11.09	0.909	14.95	2.52	4.45	17.6
P35-20GS1		2.7	0.38	26.1	419.73	385.05	34.68	11.1	0.872	14.95	2.12	4.66	15.82
XT3128		2.9	0.41	36.1	391.85	362.17	29.68	12.2	0.941	13.67	3.88	3.33	18.97
P35-13GS1	玄武岩	1.75	0.28	17.4	110.72	96.85	13.87	6.98	0.963	5.94	2.86	2.12	8.13
B3126		3	0.41	36.9	415.59	385.23	30.36	12.69	0.925	14.1	3.92	3.27	19.41
GS5078		2.7	0.37	30.4	259.27	235.52	23.75	9.92	0.948	9.49	3.19	2.6	12.22
P34-9GS1	玄武安山岩	1.88	0.29	16.1	259.91	239.72	20.19	11.87	0.854	14.02	2.92	3.66	16.18
P35-6GS1		2.3	0.35	23	267.63	244.89	22.74	10.77	0.891	11.67	2.95	3.23	14.07
P38GS1	安山岩	2.21	0.33	23.9	133.08	116.86	16.22	7.2	0.991	5.8	2.42	2.01	6.73
P38GS3		1.71	0.27	16.3	79.94	69.42	10.52	6.6	0.943	4.52	3.18	1.45	6.05
P38XT2		2.55	0.41	13.7	100.16	82.45	17.71	4.66	0.943	3.13	1.35	1.78	3.04
B3131		1.7	0.24	20.3	249.48	232.74	16.74	13.9	0.984	15.22	4.55	3.19	22.08
B3137		2.5	0.35	26.9	180.47	162.02	18.45	8.78	0.654	6.96	3.8	1.96	10.35
P35-9GS1	石英辉长闪长玢岩	1.85	0.29	19.3	238.84	221.29	17.55	12.61	0.93	13.59	3.7	3.04	17.14
P35-10GS1	辉绿岩	1.29	0.2	13.1	101.04	90.19	10.85	8.31	0.996	7.68	2.85	2.38	9.53
P35-10GS2		1.98	0.3	15.7	165.95	148.31	17.64	8.41	0.957	8.06	2.29	2.68	8.82
B3146	粗安质火山角砾岩	1.5	0.23	16.7	116.79	104.54	12.25	8.53	1	7.41	3.14	2.31	10.35

石英辉长闪长玢岩、辉绿岩的稀土元素总量 ΣREE 为 $101.95\times 10^{-6} \sim 238.84\times 10^{-6}$，并以石英辉长闪长玢岩的稀土元素总量较高。LREE/HREE 为 $8.31\sim 12.61$，$(La/Yb)_N$ 为 $8.82\sim 17.14$，反映轻重稀土分馏程度高；$(La/Sm)_N$ 为 $2.29\sim 3.7$，$(Gd/Yb)_N$ 为 $2.38\sim 3.04$，反映轻、重稀土各自的分馏程度中等。δEu 为 $0.93\sim 0.996$，无铕异常。稀土配分曲线为向右陡倾（图 3-43），属轻稀土富集型；其中在 La-Ho 段斜率较大，在 Ho-Lu 间变平缓。

粗安质火山角砾岩的稀土元素总量 ΣREE 为 116.79×10^{-6}。LREE/HREE 为 8.53，$(La/Yb)_N$ 为 10.35，反映轻重稀土分馏程度高；$(La/Sm)_N$ 为 3.14，$(Gd/Yb)_N$ 为 2.31，反映轻、重稀土各自的分馏程度中等。δEu 为 1，无铕异常。稀土配分曲线为向右陡倾（图 3-43），属轻稀土富集型；其中在 La-Ho 段斜率较大，在 Ho-Lu 间变平缓。

（四）微量元素特征

旦荣组火山岩的微量元素含量及相关特征值见表 3-12。

玄武岩、安山玄武岩的 Sr/Ba 为 1.22~12.27，Zr/Hf 为 12.65~19.80，Nb/Ta 为 12.65~19.80，U/Th 为 0.19~0.26，Zr/Y 为 21.88，Sm/Nb 为 0.17~0.22，Zr/Nb 为 3.71~10。各相关特征值中，Nb^* 为 0.98~3.42，除一个样品外，均大于 1；Sr^* 为 0.2~1.37，大部分小于 1；K^* 为 0.01~0.086，大部分小于 0.15，显示强烈的亏损；Zr^* 为 1.08~1.81；Ti^* 除一个样品大于 1 外，其余为 0.69~0.91；P^* 均小于 1，为 0.36~0.71；Th^* 为 1.41~4.14。微量元素比值蛛网图的斜率较小（图 3-44），显示出 K、P、Y 的亏损和 Ta、Zr 的相对富集。

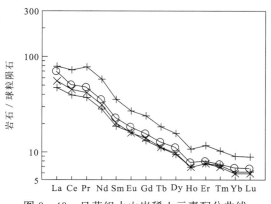

图 3-43　旦荣组火山岩稀土元素配分曲线
×．石英辉长闪长玢岩；＋．辉长玢岩；○．粗安质角砾熔岩

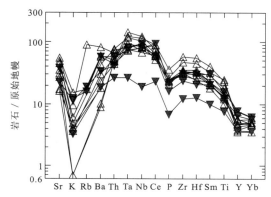

图 3-44　旦荣组火山岩微量元素比值蛛网图
▼．玄武岩；△．安山玄武岩

安山岩、玄武安山岩的 Sr/Ba 为 0.74~4.07，大部分大于 1；Zr/Hf 为 32.86~43.5，Nb/Ta 为 13.4~17.43，U/Th 为 0.2~0.27，Zr/Y 为 32.86~43.5，Sm/Nb 为 0.16~0.21，Zr/Nb 为 4.86~17.39。特征值中，Nb^* 为 1.24~3.4，均大于 1；Sr^* 为 0.31~1.66；K^* 除一个样品为 1.2 外，其余为 0.05~0.78，大部分小于 1，显示强烈的亏损；Zr^* 为 1.17~2.25；Ti^* 为 0.33~0.72；P^* 为 0.18~0.75。微量元素比值蛛网图（图 3-45）特征基本与玄武岩、安山玄武岩一致。

石英辉长闪长玢岩、辉绿岩的 Sr/Ba 为 1.22~4.23；Zr/Hf 为 36.88~39.19，Nb/Ta 为 14.02~16.14，U/Th 为 0.2~0.27，Zr/Y 为 8.14~11.82，Sm/Nb 为 0.17~0.2，Zr/Nb 为 7.06~8.48。特征值中，Nb^* 为 0.53~1.24；Sr^* 为 0.78~1.59；K^* 除一个样品外其他为 0.03~1.04；Zr^* 为 1.35~1.64；Ti^* 为 0.65~0.75；P^* 为 0.46~0.58。微量元素比值蛛网图（图 3-46）上，显示了 K、P、Y 的亏损。

粗安质火山角砾岩的 Sr/Ba 为 4.86；Zr/Hf 为 29.57，Nb/Ta 为 15.57，U/Th 为 0.15，Zr/Y 为 6.46，Sm/Nb 为 0.2，Zr/Nb 为 8.24。特征值中，Nb^* 为 0.93；Sr^* 为 1.26~2.01；K^* 为 0.46；Zr^* 为 1.3；Ti^* 为 0.57；P^* 为 0.48。微量元素比值蛛网图（图 3-46）上，显示了 K、P、Ba、Y 亏损，Rb、Ce、Hf 富集。

从微量元素的特征上看，岩浆应来源于未亏损的地幔，在运移过程中发生了一定的同化混染，且产于与消减作用无关的板内环境。

（五）形成环境与时代探讨

旦荣组火山岩为一套钙碱性系列的岩石，其微量元素又显示出与消减作用无关的特点，由此可以大致判断，不应位于俯冲板块的边缘。

在 $MgO-Al_2O_3-FeO$ 图解上（图 3-47），玄武岩、安山玄武岩主要落在大洋岛区，玄武安山岩和安山岩落在岛弧及活动大陆边缘区；在常量元素的 $TiO_2-MnO-P_2O_5$ 图解上（图 3-48），投点大部分落在大

表 3-12 日荣组火山岩微量元素（$\times 10^{-6}$）及相关参数表

样品编号	岩性	Be	V	Cr	Mn	Co	Ni	Cu	Zn	Ga	Rb	Sr	Zr	Nb	Cd	Sn	Ba	Hf	Ta
P34-2GS1		2.03	227	167	886	34	108	55.9	98	18.2		645	352	66.8		1.41	124		
P34-3GS1		1.19	277		2925	90.5	176	106.4	190	21.9		413	396	63.5		1.88	157	10.8	3.96
P34-7GS1	安山玄武岩	1.73	232		1125	40.1	156	131	119	19.5	62.8	1318	377			1.46	557	9.8	3.93
P34-8GS1		1.83	231	271	1021	44.3	181	47.3	101	17.7		1170	354	77.5		1.48	296	9.1	5.11
P35-4GS1		0.81	257		1031	23	20	103.8	70	18.2		519	142	14.2	142	0.82	427	4.4	1.05
P35-5GS1		1.91	270		1078	47.7	179	52.6	112	19.2		1079	359	61.8		1.71	408	10.2	4.08
P35-17GS1		1.97	396		1400	44.9	161	299.4	150	20.6		736	519	92.8			60	13.7	6.2
P35-20GS1		1.43	298		1066	46	136	229	146	19.2		386	645	86.6			70	16.7	5.34
XT3128								220.5	150		12	1299	343	61			396	10.2	3.11
P35-13GS1	玄武岩	0.8	221		1257	26.1	18	106.6	78	18.4		542	136	14.3			127	3.9	1.13
B3126								143.2	138		11	887	341	60.5			393	9.2	3.14
GS5078		1.41	153	37.8	101	17.9		437	131		13	532	262	70.7	0.65	1.41	232	6.4	3.57
P34-9GS1	玄武安山岩	2.05	238	172	848	42.5	106	159.1	122	23.2		1354	335	68.9	108	0.78	990	9.1	4.31
P35-6GS1		0.94	261		2278	69.2	153	53.6	132	21.6		839	324	50.5	192	1.46	206	7.5	3.26
P38GS1	安山岩	1.16	189		1704	23.3	17	70.7	91	17.6		559	174	19.3			592	4	1.43
P38GS3		0.98	179		1438	26.6	12	67.7	99	20.4		450	115	17			288	3.5	1.34
P38XT2		1.38	127		1429	16.8	5	66	108	18.2		703	285	30.8			917	8.1	2.2
B3131								121.6	125		16	616	240	35.9			339	5.8	2.06
B3137								114.1	58		88	228	247	14.2			307	7.1	1.06
P35-9GS1	石英辉长闪长玢岩	1.92	188		3504	38.5	135	29.3	97	20.7	48.8	808	284		107	0.97	191	7.7	3.37
P35-10GS1	辉绿岩	0.9	182		1011	22.6	29	32.7	67	18.3		680	145	17.1	71	0.78	558	3.7	1.22
P35-10GS2		1.16	198		1017	30.4	61	119.3	80	17.5		919	230	32.6			466	6.1	2.02
B3146	粗安质火山角砾岩							95.5	77		30	968	136	16.5			199	4.6	1.06

续表 3-12

样品编号	岩性	Th	K/Rb	Rb/Sr	Sr/Ba	Zr/Hf	Nb/Ta	U/Th	Zr/Y	Sm/Nd	Zr/Nb	Nb*	Sr*	K*	Zr*	Ti*	P*	Th*
P34-2GS1		6.45			5.2				20.83	0.17	5.27	3.42	0.64		1.4	0.73		
P34-3GS1		3.92			2.63	36.67	16.04		21.88	0.17	6.24	2.65	0.35	0.05	1.42	0.82	0.65	
P34-7GS1		5.77	36.35	0.05	2.37	38.47			18.21	0.18			1.16	0.11	1.52	0.84	0.61	1.41
P34-8GS1	安山玄武岩	6.81			3.95	38.9	15.17		15.53	0.17	4.57	2.99	0.99	0.04	1.36	0.83	0.71	
P35-4GS1		2.96			1.22	32.27	13.52		20.81	0.2	10	2.43	1.37	0.86	1.81	0.91	0.36	
P35-5GS1		4.48			2.64	35.2	15.15		11.09	0.17	5.81	1.05	0.9	0.07	1.29	0.89	0.67	
P35-17GS1		4.35			12.27	37.88	14.97		16.47	0.18	5.59	2.52	0.47	0.01	1.48	1.02	0.53	
P35-20GS1		4.23			5.51	38.62	16.22		14.09	0.18	7.45	2.2	0.2	0.01	1.41	0.77	0.57	
XT3128		3.9	304.39		3.28	33.63	19.61	0.26	14.72	0.17	5.62	0.98	0.78	0.15	1.11	0.81	0.52	2.74
P35-13GS1		2.33			4.27	34.87	12.65		11.07	0.22	9.51		1.21	0.11	1.33	0.9	0.51	
B3126	玄武岩	5.1	271.69	0.01	2.26	37.07	19.27	0.2	14.65	0.17	5.64	1.91	0.5	0.12	1.08	0.69	0.51	4.14
GS5078		3.6	207.54	0.02	2.29	40.94	19.8	0.19	7.82	0.18	3.71	1.35	0.48	0.13	1.18	0.75	0.56	2.79
P34-9GS1	玄武安山岩	6.63			1.37	36.81	15.99		19.15	0.17	4.86	3.4	1.16	0.29	1.28	0.69	0.66	
P35-6GS1		4.83			4.07	43.2	15.49	0.2	24.71	0.18	6.42	2.98	0.71	0.05	1.17	0.71	0.75	
P38GS1	安山岩	3.8			0.94	43.5	13.5		7.28	0.21	9.02	1.13	1	0.67	1.36	0.6	0.55	
P38GS3		2.99			1.56	32.86	12.69	0.27	7.06	0.21	6.76	1.24	1.41	0.78	1.75	0.72	0.42	
P38XT2		3.68			0.77	35.19	14	0.2	20.8	0.21	9.25	1.65	1.66	1.2	2.1	0.58	0.53	
B3131		6.1	181.6	0.03	1.82	41.38	17.43	0.2	9.5	0.16	6.69	1.47	0.58	0.17	1.32	0.66	0.53	4.05
B3137		5.1	85.84	0.39	0.74	34.79	13.4	0.27	9.24	0.18	17.39	1.41	0.31	0.72	2.25	0.33	0.18	0.77
P35-9GS1	石英辉长闪长岩	8.61	11.91	0.06	4.23	36.88		0.2	11.82	0.17		1.24	0.78	0.03	1.51	0.65	0.49	2.92
P35-10GS1	辉绿岩	3.22			1.22	39.19	14.02	0.27	9.18	0.2	8.48	0.53	1.59	1.04	1.64	0.73	0.46	
P35-10GS2		3.13			1.97	37.7	16.14	0.2	8.14	0.19	7.06	1.11	1.26	0.39	1.35	0.75	0.58	
B3146	粗安质火山角砾岩	4.5	117.6	0.03	4.86	29.57	15.57	0.15	16.46	0.2	8.24	0.93	2.01	0.46	1.3	0.57	0.48	1.84

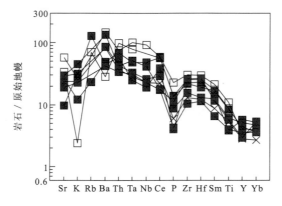

图 3-45 旦荣组火山岩微量元素比值蛛网图
■.安山岩；□.玄武安山岩

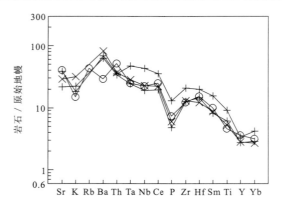

图 3-46 旦荣组火山岩微量元素比值蛛网图
×.石英辉长闪长玢岩；+.辉长玢岩；○.粗安质角砾熔岩

洋岛屿碱性玄武岩区，部分分布在钙碱性与岛弧拉斑玄武岩分界处。

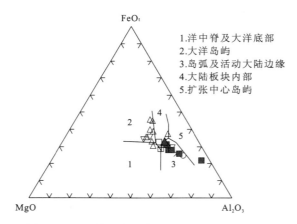

图 3-47 旦荣组火山岩 FeO$_t$-MgO-Al$_2$O$_3$ 图
（据 Pearce T H, 1977）
▽.玄武岩；△.安山玄武岩；■.安山岩；□.玄武安山岩；
×.石英辉长闪长玢岩；+.辉长玢岩；○.粗安质角砾熔岩

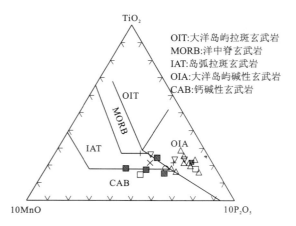

图 3-48 旦荣组火山岩 TiO$_2$-MnO-P$_2$O$_5$ 判别图
（据 Mullen, 1983）
▽.玄武岩；△.安山玄武岩；■.安山岩；□.玄武安山岩；
×.石英辉长闪长玢岩；+.辉长玢岩；○.粗安质角砾熔岩

从微量元素的成分上看，在 Zr-Ti-Y 判别图解上，投点落在了板内玄武岩的附近（图 3-49），进而在 Zr-Ti-Sr 判别图上，显示出钙碱性玄武岩的特点（图 3-50）。在 Zr-Nb-Y 和 Zr/Y-Zr 判别图上（图 3-51、图 3-52），样品大部分落在了板内玄武岩区。

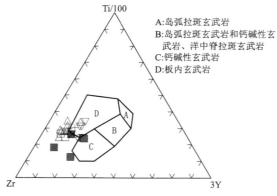

图 3-49 旦荣组火山岩 Zr-Ti-Y 判别图
（据 Pearce T H, 1973）
▽.玄武岩；△.安山玄武岩；■.安山岩；□.玄武安山岩；
×.石英辉长闪长玢岩；+.辉长玢岩；○.粗安质角砾熔岩

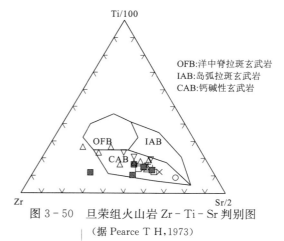

图 3-50 旦荣组火山岩 Zr-Ti-Sr 判别图
（据 Pearce T H, 1973）
▽.玄武岩；△.安山玄武岩；■.安山岩；□.玄武安山岩；
×.石英辉长闪长玢岩；+.辉长玢岩；○.粗安质角砾熔岩

从以上微量元素的情况看,旦荣组火山岩主要表现出板块内部活动带的特征,即处在一种靠近活动边缘的陆内的拉张环境。

前人在相邻地区,对本套火山岩曾有过少量工作,但对火山岩的时代有不同的认识。这主要是缘于对相关地质体的相互关系认识的不同。本次工作中,对本套火山岩的不同岩石组成的关系进行了研究,重新划分了原有的石灰岩与火山岩的关系。同时对本套火山岩进行了同位素测年。本次工作中在旦荣组中测得火山岩的 4 个全岩 K-Ar 年龄值分别为 129.77±2.21Ma、132.06±3.67Ma、136.98±2.70Ma、156.16±0.49Ma。根据野外观测到的地质体之间的关系,并结合同位素测年的结果,认为旦荣组的时代为晚侏罗-早白垩世。

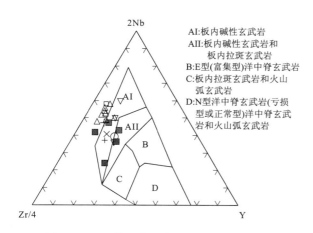

图 3-51 旦荣组火山岩 Nb-Zr-Y 判别图
(据 Meschede,1986)
▽.玄武岩;△.安山玄武岩;■.安山岩;□.玄武安山岩;
×.石英辉长闪长玢岩;+.辉长玢岩;○.粗安质角砾熔岩

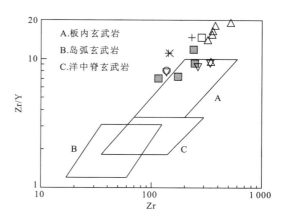

图 3-52 旦荣组火山岩 Zr/Y-Zr 判别图
(据 Pearce T H,1983)
▽.玄武岩;△.安山玄武岩;■.安山岩;□.玄武安山岩;
×.石英辉长闪长玢岩;+.辉长玢岩;○.粗安质角砾熔岩

四、查保马组火山岩

(一)地质特征

查保马组火山岩分布在图幅中部的康果以西和图幅东侧的阿采贡莫日一带。岩石呈似层状产出,产状平缓,有时在山顶形成平顶山,与下部的地层呈角度不整合接触。

从剖面(图 2-47)及野外路线调查的情况看,查保马组火山岩的岩石组成比较单一,主体为一套黑云母辉石粗面岩和石英粗安岩,两种岩石的界线不明显,多为过渡关系。岩石中局部可见辉长岩和橄榄岩包体。

黑云母辉石粗面岩:灰绿-浅灰绿色,斑状结构,块状、气孔构造。斑晶大小为 0.1~4mm,由透长石、石英、黑云母、角闪石组成。透长石为半自形状,表面干净,局部可见环带构造;石英为半自形柱粒状,被黑云母交代,有时具角闪石反应边。黑云母为红褐色叶片状,具暗化边;角闪石为绿色柱状,另有部分以辉石反应边的形式出现。岩石中斑晶约占 15%,其中以黑云母为主,辉石次之。基质为微晶结构,由 0.01~0.03mm 的微晶钾长石、辉石等组成,其中钾长石为自形-半自形状,有时出现磷灰石包裹体;辉石为半自形柱粒状,分布在长石空隙中。基质钾长石含量占岩石总体的 50%,辉石占 35%。副矿物为磷灰石。岩石中分布有云朵状的气孔。

石英粗安岩:浅灰绿色,斑状结构,基质为微晶结构,块状、气孔构造。岩石由斑晶、基质两部分组成。斑晶由斜长石、石英、黑云母、角闪石组成,自形程度好,粒径 0.15~8mm,均匀散布,其中斜长石局部可见环带构造。基质由微晶板条状斜长石、钾长石构成,杂乱分布,粒度为 0.6mm 左右,局部以他形粒状石英为基底。整个岩石中,作为斑晶出现的斜长石、石英、暗色矿物分别占岩石矿物总量的 15%、10%~15%、10%;作为基质出现的斜长石+钾长石为 56%,石英小于 5%。副矿物为锆石、磁铁矿。

(二)岩石化学特征

查保马组火山岩的岩石化学成分及主要参数见表3-13。

查保马组火山岩总体由一套偏碱性的岩石组成,其主要岩石类型为石英粗安岩和黑云辉石粗面岩。各岩石的化学特征如下。

表3-13 查保马组火山岩岩石化学成分(w_B%)、标准矿物及其参数表

样品编号	岩性	SiO_2	Al_2O_3	TiO_2	Fe_2O_3	FeO	CaO	MgO	K_2O	Na_2O	MnO	P_2O_5	H_2O_p	CO_2	H_2O_m	LOI	Total	q
B3158	石英粗安岩	54.54	11.61	1.06	3.3	1.99	7.83	6.33	7.75	1.32	0.086	0.98	1.54	0.26	0.9	1.95	98.75	0
GS1085-1	石英粗安岩	64.54	13.86	0.84	2.74	0.98	2.94	2.37	6.62	3.1	0.043	0.52	0.9	0.33	0.98		100.75	14.42
GS1122	石英粗安岩	52.24	11.13	0.85	4.38	1.51	8.78	7.35	5.08	2.58	0.088	1.46	3.09	0.98	1.5		99.52	0
GS5084-1	黑云辉石粗面岩	49.24	9.42	1.19	5.15	1.32	8.73	9.41	7.5	1.79	0.1	1.67	2.15	0.21	0.21	3.43	98.95	0
P25-3-B1	黑云辉石粗面岩	54.98	11.3	1.08	4.18	1.77	7.19	6.42	8.2	1.3	0.079	0.96	1.5		1.19	2.07	99.53	0
P25-3-B2	黑云辉石粗面岩	58.86	12.21	0.83	2.99	2.56	5.17	5.49	7.75	1.98	0.079	0.97	0.44		0.24	0.72	99.61	4.41
P25-4-B1	黑云辉石粗面岩	53.84	10.66	1.22	4.32	1.51	6.43	8.22	7.75	1.9	0.091	0.82	2.06		1.06	2.81	99.57	0
P25-5-B1	黑云辉石粗面岩	54.68	10.82	1.21	4.01	1.53	5.92	7.74	8.35	1.29	0.069	0.88	3.57		1.29	2.86	99.36	0.73

样品编号	岩性	or	ab	an	lc	ac	ns	di	hy	ol	mt	he	il	ap	AR	σ	SI	A/CNK
B3158	石英粗安岩	47.36	11.53	2.9	0	0	0	24.3	4.9	0.13	3.74	0.83	2.08	2.21	2.75	7.13	30.59	0.47
GS1085-1	石英粗安岩	39.73	26.58	4.36	0	0	0	5.71	3.37	0	0.87	2.18	1.62	1.15	3.75	4.39	14.99	0.79
GS1122	石英粗安岩	31.48	22.85	3.92	0	0	0	25.5	1.93	3.88	2.82	2.65	1.69	3.34	2.25	6.35	35.17	0.43
GS5084-1	黑云辉石粗面岩	25.24	0	0	16.63	13.96	0	27.3	0	8.54	0.81	0	2.37	3.82	3.1	13.83	37.39	0.35
P25-3-B1	黑云辉石粗面岩	49.77	11.27	0.74	0	0	0	23.4	4.81	0.58	2.9	2.29	2.11	2.15	3.11	7.53	29.36	0.47
P25-3-B2	黑云辉石粗面岩	46.36	16.92	1.5	0	0	0	14.6	8.06	0	4.38	0	1.59	2.14	3.54	5.97	26.43	0.58
P25-4-B1	黑云辉石粗面岩	47.37	0	0	0	12.89	0.46	21.9	8.05	2.79	0	0	2.4	1.85	3.59	8.59	34.68	0.46
P25-5-B1	黑云辉石粗面岩	51.18	0	0	0	9.96	0	19.5	11.4	0	1.02	0	2.38	1.99	3.72	7.96	33.77	0.49

石英粗安岩的SiO_2为52.24%~64.54%;K_2O为5.08%~7.75%;Na_2O为1.32%;K_2O大于Na_2O。里特曼指数σ为4.39~7.13,属碱钙性岩系;碱度率AR为2.25~3.75,在AR-SiO_2与碱度关系图上(图3-53),落在钙碱性与碱性分界处靠近碱性一侧;固结指数SI为14.99~35.17;A/CNK为0.43~0.79,为偏铝质。CIPW标准矿物组合为q、or、ab、an、di、hy的SiO_2过饱和型和or、ab、an、hy、ol的SiO_2低度过饱和型。

黑云辉石粗面岩的SiO_2为49.24%~58.86%,略低于中国安山岩的平均值;K_2O为7.5%~8.35%,多数低于平均值;Na_2O为1.29%~1.98%,与中国玄武岩平均含量相当;K_2O大于Na_2O。里特曼指数σ为5.97~13.83,属碱钙

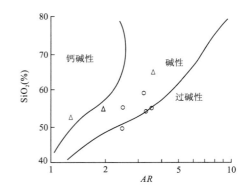

图3-53 查保马组火山岩AR-SiO_2与碱度关系图
△.石英粗安岩;○.黑云辉石粗面岩

性和碱性岩系;碱度率AR为3.1~3.72,在AR-SiO_2与碱度关系图上(图3-53),落在碱性与过碱性分界处靠近碱性一侧;固结指数SI为26.43~37.39;A/CNK为0.38~0.58,为偏铝质。

从AR-SiO_2与碱度关系图上看,石英粗安岩和黑云辉石粗面岩具有同源岩浆的特点。在TAS图上(图3-54),石英粗安岩显示出粗面英安岩、粗面岩、玄武质粗安岩的演化趋势,K_2O+Na_2O与SiO_2呈正相关;石英辉石粗面岩,基本上投在了粗安岩区,且K_2O+Na_2O不随SiO_2的变化而变化。

在硅碱图上（图3-55），查保马组火山岩落在碱性系列火山岩区，但在AFM图解上，并不具备明显富铁的趋势（图3-56）。同时在SiO_2-K_2O图上，样品投点大部分落在钾玄岩区，因此查保马组火山岩应属于钾玄系列（图3-57）。

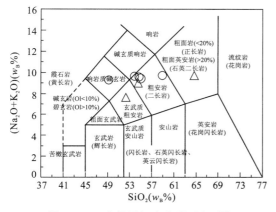

图3-54 查保马组火山岩TAS图
（据Le Bas M J等，1986）
△.石英粗安岩；○.黑云辉石粗面岩

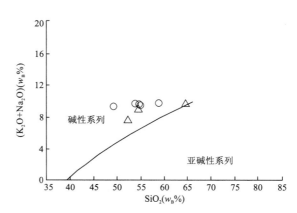

图3-55 查保马组火山岩硅碱图
（据Irvine I N等，1971）
△.石英粗安岩；○.黑云辉石粗面岩

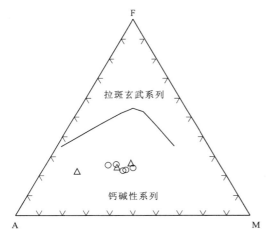

图3-56 查保马组火山岩AFM图解
（据Irvine I N等，1971）
△.石英粗安岩；○.黑云辉石粗面岩

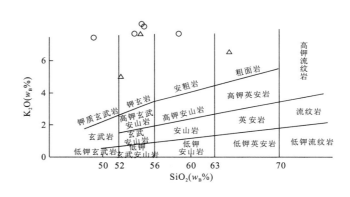

图3-57 查保马组火山岩SiO_2-K_2O图解
（据Pecerillo等，1976；EWART，1979）
△.石英粗安岩；○.黑云辉石粗面岩

（三）稀土元素特征

查保马组火山岩的稀土元素含量及主要参数见表3-14。

石英粗安岩的稀土元素总量ΣREE为$405.1×10^{-6}$～$674.44×10^{-6}$，稀土元素总量相对较高。LREE/HREE为13.57～19.44，$(La/Yb)_N$为24.8～33.97，反映轻重稀土强烈分馏；$(La/Sm)_N$为2.16～3.92，$(Gd/Yb)_N$为4.84～7.00，反映轻稀土分馏程度中等，重稀土分馏较强。δEu为0.78～0.99，铕异常不明显。稀土配分曲线为向右陡倾（图3-58），属轻稀土富集型。

黑云辉石粗面岩的稀土元素总量ΣREE为$325.37×10^{-6}$～$1113.6×10^{-6}$，稀土元素总量高。LREE/HREE为9.62～12.76，$(La/Yb)_N$为12.24～20.37，反映轻重稀土强烈分馏；$(La/Sm)_N$为1.15～2.36，$(Gd/Yb)_N$为4.06～9.14，反映轻稀土分馏程度中等，重稀土分馏较强。δEu为0.746～0.90，铕异常不明显。稀土配分曲线为向右陡倾（图3-59），属轻稀土富集型。

（四）微量元素特征

查保马组火山岩的微量元素含量及主要参数见表3-15。

表 3-14 查保马组火山岩稀土元素($\times 10^{-6}$)及相关参数表

样品编号	岩性	La	Ce	Pr	Nd	Sm	Eu	Gd	Tb	Dy	Ho	Er	Tm
B3158	石英粗安岩	115	273	34.8	136	25.1	5.55	20.4	2.42	11.11	1.63	3.94	0.51
GS1085-1		84	181	22.6	82.4	12.6	2.68	9.15	1.1	4.8	0.74	1.9	0.28
GS1122		110	285	37.9	158.1	30	8.3	23.16	2.63	10.5	1.54	3.6	0.51
GS5084-1	黑云辉石粗面岩	133	441	62	286	69.2	17.58	55.1	6.17	25.92	3.4	7.58	0.87
P25-3-B1		48	134	21.3	91	17.94	3.85	15.03	1.8	8.25	1.25	3.2	0.4
P25-3-B2		54	142	17.3	70	13.48	2.95	10.98	1.37	6.53	1.02	2.74	0.37
P25-4-B1		42	149	22.3	102	21.55	4.92	17.54	2.03	8.79	1.26	3.15	0.4
P25-5-B1		85	265	33	139	28.2	6.11	21.57	2.44	10.64	1.54	3.84	0.48

样品编号	岩性	Yb	Lu	Y	ΣREE	LREE	HREE	L/HREE	δEu	(Ce/Yb)$_N$	(La/Sm)$_N$	(Gd/Yb)$_N$	(La/Yb)$_N$
B3158	石英粗安岩	3	0.43	45.3	632.89	589.45	43.44	13.57	0.777	22	2.7	5.75	24.8
GS1085-1		1.6	0.25	17.7	405.1	385.28	19.82	19.44	0.78	27.35	3.92	4.84	33.97
GS1122		2.8	0.4	39	674.44	629.3	45.14	13.94	0.992	24.61	2.16	7	25.42
GS5084-1	黑云辉石粗面岩	5.1	0.68	97.3	1113.6	1008.78	104.82	9.62	0.9	20.9	1.13	9.14	16.87
P25-3-B1		2.37	0.35	34.3	348.74	316.09	32.65	9.68	0.746	13.67	1.57	5.37	13.1
P25-3-B2		2.29	0.34	25.8	325.37	299.73	25.64	11.69	0.769	14.99	2.36	4.06	15.26
P25-4-B1		2.22	0.33	24.9	377.49	341.77	35.72	9.57	0.802	16.23	1.15	6.69	12.24
P25-5-B1		2.7	0.39	45.4	599.91	556.31	43.6	12.76	0.779	23.73	1.77	6.76	20.37

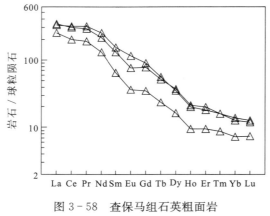

图 3-58 查保马组石英粗面岩稀土元素配分曲线　　图 3-59 查保马组黑云辉石粗面岩稀土元素配分曲线

石英粗安岩的 K/Rb 为 28.65~178.71, Rb/Sr 为 0.1~0.24, Sr/Ba 为 0.35~0.63, Zr/Hf 为 31.1~59.43, Nb/Ta 为 16.13~17.91, Sm/Nb 为 0.15~0.18, U/Th 为 0.11~0.14。特征值中, Nb* 为 0.26~0.35, Sr* 为 0.62~1.01, K* 为 0.89~1.39; Zr* 为 0.95~1.84; Ti* 为 0.06~0.15; P* 为 0.24~0.45, Th* 为 1.15~3.2。在微量元素比蛛网图上(图 3-60), 显示出 Ta、Nb、P、Ti 亏损, 而 Ba、Ce、Sm 富集的特点。

黑云辉石粗面岩数据不完整, K/Rb 为 45.92~100.7, Sr/Ba 为 0.11~0.39, Zr/Hf 为 35.79~68.81, Nb/Ta 为 12.67~18.32, Sm/Nb 为 0.18~0.24。特征值中, Nb* 为 0.25~0.42 和 19.05~19.15, Sr* 为 0.2~1.15, K* 为 1.12~2.45; Zr* 为 0.31~1.85; Ti* 为 0.04~0.62; P* 为 0.31~2.66, Th* 为 1.22~1.61。在微量元素比蜘蛛网图上(图 3-61), 同样显示出 Ta、Nb、P、Ti 亏损, 而 Ba、Ce、Sm 富集的特点。

总体上看, 查保马组为一套偏碱性的粗面岩、粗安岩组合, 属于钾玄岩系列。稀土元素特征显示出弱的负铕异常。结合岩石的微量元素特征, 可大致判断查保马组火山岩应属于在陆壳增厚的背景下, 加厚陆

表3-15 查保马组火山岩微量元素(×10⁻⁶)及相关参数表

样品编号	岩性	Be	Sc	V	Cr	Mn	Co	Ni	Cu	Zn	Ga	Rb	Sr	Zr	Nb	Cd	Sn	Ba	Hf
B3158	石英粗安岩								47.4	86		180	1 763	624	23			5 048	10.5
GS1085-1	石英粗安岩	6.4	8.11	66	65.3		10.2	43.4			21.3	370	1 524	454	25			2 435	14.6
GS1122	石英粗安岩	20.4	14.54	100	346.9		26.8	204			22.5	736	3 179	584	24			7 613	11.4
GS5084-1	石英粗安岩								84.6	125		678	1 550	929	24			14 086	13.5
P25-3-B1	黑云辉石粗面岩	9.52		88	231	351	24.4	177	54.6	95	19.4		1 686	702	26.5	182	3.84	4 306	19
P25-3-B2	黑云辉石粗面岩	7.73		73		394	24	151	65.1	82	20.1		1 711	501	23.7	133	4.02	4 659	14
P25-4-B1	黑云辉石粗面岩	10.96		102		333	32	366	70.7	89	18.8		1 114	665	28	197	6.06	6 338	19.3
P25-5-B1	黑云辉石粗面岩	10.4		81		221	27.8	328	70.4	87	17.6		1 186	629	24.9	179	9.51	5 200	

样品编号	岩性	Ta	Pb	Th	U	K/Rb	Rb/Sr	Sr/Ba	Zr/Hf	Nb/Ta	Sm/Nd	U/Th	Nb*	Sr*	K*	Zr*	Ti*	P*	Th*
B3158	石英粗安岩	1.36	82	53.9	6	178.71	0.1	0.35	59.43	16.91	0.18	0.11	0.26	0.62	1.3	1.29	0.09	0.35	3.2
GS1085-1	石英粗安岩	1.55	94.1	65.7	9.2	74.26	0.24	0.63	31.1	16.13	0.15	0.14	0.35	0.83	1.39	1.84	0.15	0.24	2.44
GS1122	石英粗安岩	1.34	53	54	5.7	28.65	0.23	0.42	51.23	17.91	0.19	0.11	0.32	1.01	0.89	0.95	0.06	0.45	1.15
GS5084-1	石英粗安岩	1.31	316.1	62.8	15.1	45.92	0.44	0.11	68.81	18.32	0.24	0.24	0.25	0.3	1.12	0.78	0.04	0.31	1.38
P25-3-B1	黑云辉石粗面岩	1.71		66.79				0.39	36.95	15.5	0.2		0.42	1.04	2.45	1.85	0.13	0.37	
P25-3-B2	黑云辉石粗面岩	1.87		59.95				0.37	35.79	12.67	0.19		0.38	1.15	2.08	1.57	0.14	0.5	
P25-4-B1	黑云辉石粗面岩				1.47	100.7	62.97				0.18	34.46	19.05	0.21		0.48	0.62	2.66	1.61
P25-5-B1	黑云辉石粗面岩				1.3						0.23		19.15	0.2		0.31	0.42	1.81	1.22

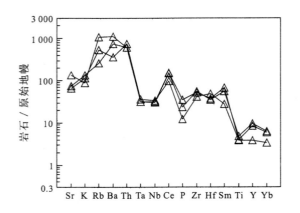 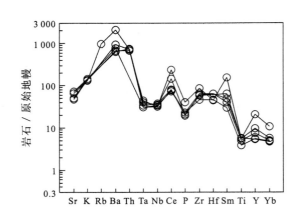

图 3-60 查保马组石英粗面岩微量元素比值蛛网图　　图 3-61 查保马组黑云辉石粗面岩微量元素比值蛛网图

壳底部熔融形成的岩浆与玄武质岩浆混合上涌形成的。

在前人资料中缺乏查保马组年龄值。本次工作中在查保马组中获得了两个黑云母 K-Ar 年龄,分别为 8.19±0.22Ma 和 10.70±0.31Ma,由此判断查保马组的时代为中新世。

第四章 变质岩及变质作用

作为造山带基本组成的变质岩类,在测区出露广泛,是不同成因、不同期次、不同变质程度的变质岩石的复合体。不同类型变质带的分布与测区大地构造单元基本相同,明显受区域构造控制。测区内由北至南依次划分为北羌塘-昌都变质地带、唐古拉变质地带、南羌塘唐古拉变质地带。

唐古拉山岩体南侧的恩达岩组普遍受到后期变质作用的改造;酉西岩组在区域变质作用基础上又受到动力变质作用改造;区域埋深变质作用形成浊沸石-葡萄石-绿纤石相变质岩系。

区内变质岩可分为区域变质岩、接触变质岩、气-液变质岩及动力变质岩四大类。区域变质又分为区域动力热流变质、区域低温动力变质、区域埋深变质三类。

测区内区域变质岩分为轻变质粒状岩类、板岩类、千枚岩类、片岩类、片麻岩类、角闪质岩类、长英质粒状岩、结晶灰岩及大理岩类八大类。其中以板岩、轻变质粒状岩类分布最广。本报告重点对测区恩达岩组和酉西岩组变质岩进行论述。

1. 恩达岩组

恩达岩组分布于唐古拉山岩体南侧,是区域动力热流变质作用下形成的一套变质岩系,变质程度相当于中低角闪岩相。

2. 酉西岩组变质岩

酉西岩组分布在查吾拉构造带以南,在区域变质作用基础上又经历了强烈的动力变质作用,形成一套白云母(多硅白云母)钠长石英构造片岩,为典型的印支期韧性滑脱构造,形成环境为低温高压变质作用环境。

3. 石炭-二叠系低级变质岩

测区北部古特提斯多岛洋在石炭纪离散扩张,至晚二叠世闭合。测区石炭纪、二叠纪地层经受较强应力和较低温压条件下的区域低温动力变质作用,形成低绿片岩相浅变质岩系。

4. 三叠-侏罗系极低级变质岩

侏罗纪时,随着班公湖-怒江洋盆扩张裂陷,测区南部发生凹陷,接受沉积,至白垩世洋盆闭合。侏罗纪地层发生区域埋深变质作用,形成浊沸石相、葡萄石-绿纤石相浅变质岩。随埋深的递减,变质作用程度也依次递减甚至不发生变质。

第一节 恩达岩组区域动力热流变质作用及变质岩

一、岩石组合

查吾拉一带,恩达岩组的主体岩石组合为灰色条带状混合岩(图版Ⅰ-1、2)、条带状黑云斜长片麻岩、黑云斜长片麻岩、斜长角闪岩、斜长角闪片麻岩、灰绿色黑云斜长片岩和浅灰色二云石英片岩夹灰白色石英岩等。岩石片内褶皱发育,塑性流变现象普遍(图版Ⅸ-5)。

二、岩石学特征

(一)片麻岩岩类

1. 黑云二长片麻岩

岩石呈灰-浅灰色,鳞片粒状变晶结构,片麻状构造,由斜长石(35%)、钾长石(20%～25%)、石英(30%)、黑云母(10%～15%)和少量白云母组成。矿物粒度0.2～2mm,具定向性。其中,斜长石多呈他形粒状,部分半自形板状,钾长石他形粒状,边界不规则,部分包裹了斜长石;石英呈他形粒状,边界为缝合线状;黑云母黄褐色、叶片状,长轴定向,集合体定向,并具绿泥石化;白云母少,分布特征同黑云母。

2. 黑云斜长片麻岩

岩石呈灰色、浅灰色,鳞片粒状变晶结构,片麻状构造,由斜长石(75%～80%)、钾长石(少量)、石英(10%)、黑云母(10%～15%)和少量白云母等组成。斜长石他形近等轴粒状,粒度0.5～3mm,具轻度高岭土化、绢云母化和碳酸盐化;钾长石他形粒状,粒度1mm左右,高岭土化;石英呈他形粒状,波状消光;黑云母及白云母呈叶片状。其中黑云母片径1mm左右,均被绿泥石交代呈假象,长轴定向,呈集合体、条带状聚集,均匀分布。

(二)斜长角闪岩

岩石呈深灰色、暗灰色、暗绿灰色,柱粒状变晶结构,弱片麻状构造、块状构造。岩石由斜长石(60%～65%)、角闪石(35%～40%)、石榴石(少量)和钾长石(少量)等组成。其中,斜长石他形粒状-近等轴粒状,镶嵌状分布,三接点交角在120°左右,粒度一般0.1～0.2mm,个别0.3～1mm,并不同程度绢云母化、帘石化,局部碳酸盐化。角闪石柱状,直径一般0.1～0.4mm,个别0.4～1mm,似条纹状分布,长轴定向排列;钾长石他形粒状,粒度约0.15mm,星散镶嵌状分布,少数在斜长石一边形成交代蠕英结构;石榴石近等轴粒状,星散分布,粒度0.3mm左右。

(三)长英质变质岩类(包括各种变粒岩类和浅粒岩类)

1. (含)石榴二云斜长变粒岩

岩石呈灰白色、浅灰色,鳞片粒状变晶结构,弱片麻状构造、块状构造,由斜长石(50%)、石英(30%)、黑云母+白云母(10%)、铁铝榴石(<5%)和钾长石(5%)等组成。其中钾长石呈他形粒状,镶嵌状分布,粒度0.15～0.4mm,个别0.5～0.8mm,略显拉长定向排列,集合体似条痕状分布,具不同程度绢云母化;石英他形粒状,明显拉长定向排列,集合体呈条纹状、豆荚状分布,粒内具波状消光;白云母、黑云母呈鳞片状,片径0.1～0.3mm,似线痕状或断续线痕状分布,长轴定向排列,少数具绿泥石化;铁铝榴石为等轴粒状,粒度0.1～0.4mm,裂纹发育,晶体内有时包嵌石英;钾长石他形粒状,星散镶嵌状分布,粒度0.2mm。

2. 二长浅粒岩

岩石呈灰色、浅灰色,鳞片粒状变晶结构,弱片麻状构造、块状构造。由斜长石(<37%)、钾长石(30%)、石英(30%)、黑云母(3%)等组成,粒度0.1～2mm。其中,斜长石多呈他形粒状,少数半自形板状,表面脏,具净边结构;钾长石他形粒状,高岭土化;石英他形粒状,波状消光;黑云母叶片状,强绿泥石化,无方向性分布。岩石中见少量次生裂纹,铁质沿裂纹分布。

3. 二云斜长变粒岩

灰色、暗灰色,鳞片粒状变晶结构,弱片麻状构造、块状构造,由石英(55%)、斜长石(35%)、黑云母+白云母(10%)和钾长石(少量)等组成。石英呈他形粒状,镶嵌状分布,粒度0.25～1mm,弱波状消光;斜长石他形粒状,星散镶嵌状分布,粒度0.1～0.5mm,强绢云母化,局部绿泥石化、高岭土化、白云母化;钾长石他形粒状,星散镶嵌状分布,粒度与斜长石相近,表面洁净,晶内有时包嵌少量斜长石;黑云母、白云母呈鳞片-叶片状,片直径0.1～0.5mm,星散或断续似条纹状分布,长轴多定向排列。

4. 黑云二长变粒岩

岩石呈暗灰色、暗绿色,鳞片粒状变晶结构,弱片麻状构造、块状构造,由斜长石(45%～50%)、石英(20%～25%)、钾长石(20%)、黑云母(10%)等组成。斜长石他形粒状,镶嵌状分布,略显定向,粒度0.15～0.4mm,少数0.4～1.2mm,局部绢云母化;钾长石他形粒状,星散镶嵌状分布,粒度0.15～0.3mm,略显定向排列;石英他形粒状,均匀镶嵌状分布,粒度0.1～0.62mm,略显定向排列,颗粒边缘不规则,轻波状消光;黑云母鳞片状,片径0.1～0.25mm,星散或断续纹状分布,长轴多定向排列,均被绿泥石交代,呈假象。

5. 黑云二长浅粒岩

岩石呈灰色、浅灰色、灰绿色,鳞片粒状变晶结构,弱片麻状构造、块状构造、似平行粒状构造,由斜长石(35%)、钾长石(35%)、石英(22%)及黑云母+白云母(8%)组成。其中斜长石呈他形粒状,镶嵌状分布,定向排列,粒度0.12～0.4mm,普遍具高岭土化和绢云母化;钾长石呈他形粒状,粒度与斜长石相近,均匀镶嵌状分布,定向排列;石英他形粒状,单晶或集合体有时呈豆荚状分布,均匀镶嵌状分布,粒度0.1～0.7mm,波状消光;黑云母鳞片—叶片状;白云母叶片状,片直径0.05～1.0mm,断续似线纹状分布,长轴定向排列,黑云母绿泥石化,呈假象,少残留。

6. 黑云斜长变粒岩

岩石呈灰色、浅灰色、暗深绿灰色,鳞片粒状变晶结构,弱片麻状构造、块状构造、似平行粒状构造,由斜长石(50%)、石英(35%)、钾长石(5%)、黑云母(>10%)组成。斜长石、钾长石他形粒状,均匀镶嵌状分布,略显定向排列,粒度0.15～0.5mm,斜长石具不同程度的绢云母化;石英他形粒状,均匀镶嵌状分布,略显拉长定向排列,粒度0.15～1.0mm,粒内波状消光;黑云母鳞片状,片径0.1～0.7mm,断续似条纹状分布,长轴多定向排列,少部分具绿泥石化。

7. 黑云斜长浅粒岩

岩石呈灰色、浅灰色、暗深绿灰色,鳞片粒状变晶结构,弱片麻状构造、块状构造、似平行粒状构造,由斜长石(65%)、石英(25%)、钾长石(5%)和黑云母(5%)组成。其中斜长石呈他形粒状,镶嵌状分布,颗粒边缘往往不规则,粒度0.15～1mm,部分1～1.8mm,局部具轻绢云母化,晶内多包嵌他形细粒状石英;石英他形粒状,均匀镶嵌状分布,粒度0.15～0.5mm,波状消光,颗粒边缘不规则;绿泥石鳞片状,片直径0.05～0.3mm,星散分布,长轴定向排列,呈黑云母假象,为交代黑云母的产物;钾长石他形粒状,星散镶嵌状分布,粒度0.15～0.32mm;绢云母,白色,微细鳞片状,片径细小,似条纹状分布,次生褐铁矿沿此分布。

8. 十字矽线黑云变粒岩

岩石呈灰色、浅灰色、暗深绿灰色,鳞片粒状变晶结构,弱片麻状构造、块状构造,由斜长石(30%～25%)、黑云母(25%～30%)、石英(30%)、矽线石(5%)、十字石(10%)和少量红柱石构成。斜长石他形粒状,镶嵌状分布,粒度0.2～0.8mm,局部具绢云母化;石英他形粒状,均匀镶嵌状分布,粒度0.15～0.8mm,波状消光;黑云母红棕色,叶片状,片径0.2～1mm,杂乱或似条纹状分布,定向排列,少数绿泥石化;矽线石呈毛发状集合体,与黑云母分布在一起,系黑云母变质形成,部分残留有黑云母;十字石为柱状,粒度0.1～1.2mm,星散分布。十字石、红柱石被绢云母交代。

9. 石榴二云斜长变粒岩

岩石呈灰色、浅灰色、暗深绿灰色,鳞片粒状变晶结构,弱片麻状构造、块状构造、似平行粒状构造,由斜长石(50%)、黑云母+白云母(40%)、石英(10%)和少量石榴石构成。斜长石他形粒状,似眼球状,镶嵌状分布,粒度1～2.5mm,部分0.15～0.4mm,轻微绢云母化;石英有时穿孔状交代斜长石,鳞片状黑白云母有时穿插其内;石英他形粒状,集合体似豆荚状,似透镜状分布,局部轻波状消光;黑云母和白云母呈鳞片-叶片状,片径0.15～1.5mm,集合体似条纹状分布,具定向性排列;铁铝榴石等轴粒状,粒度0.15mm左右,局部被包裹于斜长石晶体内。

10. 石榴黑云斜长变粒岩

岩石呈灰色、浅灰色、暗深绿灰色,鳞片粒状变晶结构,弱片麻状构造、块状构造、似平行粒状构造,由斜长石(50%)、石英(15%)、黑云母(25～30%)及石榴石(5%)组成。斜长石他形粒状,镶嵌状分布,略显定向排列,粒度0.15～0.7mm,局部绢云母化;石英他形粒状,集合体豆荚状,镶嵌状分布,粒度0.1～0.7mm,波状消光;黑云母棕红色,鳞片-叶片状,片径0.1～0.8mm,似条纹状分布,长轴多定向排列;石榴石他形-近等轴粒状,星散分布,粒度0.15～1mm,裂纹发育,晶内有时包嵌他形粒状石英。

11. 变质中细粒斜长花岗岩

岩石呈灰色、绿灰色,变余中细粒花岗结构,块状构造,由斜长石(60%)、石英(35%)、黑云母(<5%)等组成,矿物粒度一般0.5～2mm,少数2～3mm。斜长石部分半自形板状,部分他形粒状,边界不规则,表面脏,具高岭土化、绢云母化;石英他形粒状,边界缝合线状,波状消光明显;黑云母叶片状,强绿泥石化,均匀分布。

三、岩石化学特征及原岩恢复

恩达岩组变质岩类岩石化学成分见表4-1、表4-2。尼格里值alk+c>al>alk,为正常系列岩石,钙质数c为6.7,24,48.3,SiO_2含量40.12%～74.1%,Al_2O_3含量13.02%～13.97%。

表4-1 恩达岩组变质岩岩石化学分析结果表(w_B%)

序号	样品编号	层位	SiO_2	TiO_2	Al_2O_3	Fe_2O_3	FeO	MnO	MgO	CaO	Na_2O	K_2O	P_2O_5	Σ
1	P6⑪B1	AnCe	48.14	1.45	13.97	4.07	7.92	0.22	7.74	9.85	3.00	0.15	0.13	99.42
2	P6⑨B1	AnCe	40.12	0.72	13.87	2.62	5.17	0.23	6.16	20.52	1.75	1.23	0.23	92.62
3	B2410-2	AnCe	74.1	0.39	13.02	1.6	0.96	0.48	0.48	1.09	3.12	3.71	0.07	99.73

注:1.斜长角闪片岩;2.黑云斜长片岩;3.变质细粒斑状含黑云二长花岗岩。

表4-2 恩达岩组变质岩尼格里数值及ACF数值表

序号	样品编号	层位	al	fm	c	alk	si	ti	k	mg	al-alk	(al+fm)-(c+alk)	A	C	F
1	P6⑪B1	AnCe	19	50	24	7	112	2.6	0.04	0.54	12	38	18.8	29.4	52.8
2	P6⑨B1	AnCe	18.3	31.8	48.3	5.6	88	1.2	3.42	0.63	12.7	3.8	18.7	49.2	11.3
3	B2410-2	AnCe	44.2	18.0	6.7	31.1	427	1.69	0.44	0.23	13.14	24.44	47.99	19.44	25.82

注:1.斜长角闪片岩;2.黑云斜长片岩;3.变质细粒斑状含黑云二长花岗岩。

在(al+fm)-(c+alk)-Si图解(图4-1)上,岩石成分点一部分落在(钙)砂质沉积岩区,一个点位于火山岩区。在Si-mg图解上投入火山岩区(图4-2)。TiO_2-SiO_2图解上,一部分成分点位于火山岩区,另一部分位于沉积岩区(图4-3)。在(al-alk)-c图解上落在长石质粘土及杂砂岩区和铝质粘土区(图4-4)。岩石化学成分特征表明,恩达岩组变质岩原岩为一套钙质砂岩夹中基性火山岩(表4-3)。

(一)主要变质矿物特征

变质岩石组合中的特征变质矿物有矽线石、十字石、红柱石、堇青石、铁铝榴石、角闪石、单斜辉石、黑云母、斜长石、透辉石等。

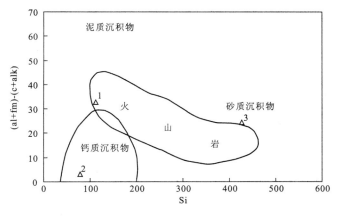

图 4-1 恩达岩组 (al+fm)-(c+alk)-Si 图解
（据西蒙南，1953 简化）

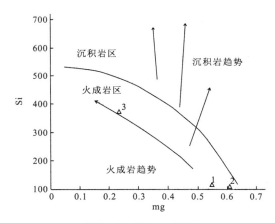

图 4-2 Si-mg 图解
（据范德坎普和比克豪斯，1979）

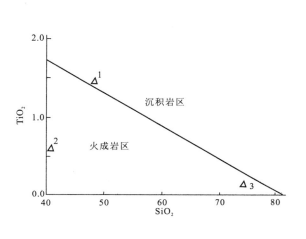

图 4-3 恩达岩组 TiO_2-SiO_2 图解
（据塔尼，1976）

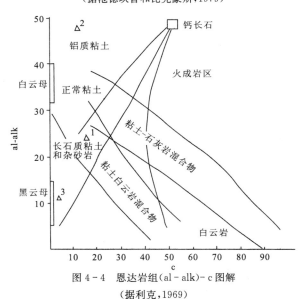

图 4-4 恩达岩组 (al-alk)-c 图解
（据利克，1969）

表 4-3 恩达岩组岩石化学图投影表

图解 岩石类型	(al+fm)-(c+alk)-Si	Si-mg	TiO_2-SiO_2	(al-alk)-c
斜长角闪片岩	火山岩区	火成岩区	沉积岩区	铝质粘土区
黑云斜长片岩	钙质沉积岩区	火成岩区	火成岩区	铝质粘土区
变质细粒斑状含黑云二长花岗岩	火山岩区	火成岩区	火成岩区	黑云母区

矽线石：主要分布在黑云变粒岩内。矽线石呈发状集合体与黑云母分布在一起，由黑云母变质形成，残留黑云母。

十字石：粒度 0.1～1.2mm，星散分布，被绢云母交代，含量较少。

铁铝榴石：出现在二云斜长变粒岩中，自形或半自形粒状变晶，分布极不均匀，粒度 0.15mm 左右，含量 <5%，局部可见被包裹于斜长石晶体内。

斜长石：广泛分布于各类变质岩石中，他形粒状、半自形短柱状变晶，似眼球状，镶嵌状分布，粒度 1～2.5mm，部分 0.15～0.4mm，轻绢云母化，部分斜长石常见石英、黑云母包裹体，肖钠双晶、聚片双晶发育，多被绢云母交代，在长英质岩石中斜长石为 An=28～36 的更中长石。

角闪石：分布在斜长角闪片岩中，呈柱状，柱直径一般 0.1～0.4mm，个别 0.4～1mm，似条纹状分布，长轴定向排列。

钾长石：为微斜长石，他形粒状变晶，可见格子双晶，星散镶嵌状分布，粒度 0.15～0.3mm，略显定向排列。

黑云母：广泛分布于各类变粒岩和浅粒岩中，黑云母呈鳞片状变晶，片径 0.1～0.7mm，断续似条纹状分布，长轴多定向排列，呈红褐色，多色性显著，Ng'＝红褐色，Np'＝淡黄色，边界平直，晶间多呈平直稳定的界面，定向排列，部分黑云母被绿泥石交代而仅保留假象。

（二）变质矿物共生组合及变质相

长英质变质岩的变质矿物共生组合：Pl+Bit+Qz+Di，Pl+Bit+Qz+Andr±Kf，Hb+Pl+Bit+Qz，Pl+Bit+Qz±Kf，Sil+And+Pl+Bit+Qz，Pl+Bit±Mu+Qz，Alm+Bit+Mu+Qz。

中基性变质岩的变质矿物共生组合：Hb+Pl±Bit+Qz，Hb+Pl±Kf+Q，Hb+Pl±Bit±Sp。

以上变质岩石中特征变质矿物及其共生组合表明其变质相为中低角闪岩相，属中低压相系，变质作用的温压条件为 T：575～640℃，P：0.3～0.8GPa。

第二节 酉西岩组动力变质作用和变质岩

一、岩石组合

酉西岩组主要为一套构造片岩。岩石类型有灰色石榴白云母（多硅白云母）钠长石英构造片岩、石榴二云构造片岩、白云母石英构造片岩、石墨白云母石英构造片岩等，代表了较深层次韧性剪切变形。岩石定向构造发育，面理上透入性矿物拉伸线理十分普遍。

二、岩石学特征

（一）白云母石英构造片岩

岩石呈灰色、浅灰色，鳞片粒状变晶结构（变余糜棱结构），片状构造，由白云母（30%～35%）、石英（60%～65%）和铁质（<5%）等组成。白云母呈鳞片状，片径<1mm，长轴定向，首尾相接，集合体纹层状聚集；石英他形近等轴粒状，粒度 0.1～0.5mm，边界较规则，局部见缝合线，粒间镶嵌状分布。岩石中铁质不均匀，呈似团状、透镜状聚集。

（二）长石白云母石英构造片岩

岩石呈褐灰色，鳞片粒状变晶结构，片状构造，由长石（25%～30%）、石英（45%～50%）和白云母（25%）等组成。其中长石呈他形粒状，粒度 0.2～1mm，具高岭土化及绢云母化等；石英他形粒状，粒度 0.1～0.5mm，边界不规则，具波状消光；白云母叶片状，片径 0.3～1mm，长轴定向，首尾相接，纹层状聚集，构成岩石的片状构造。局部见变余砂状结构。

（三）长石二云石英构造片岩

岩石呈灰色、浅灰色，鳞片粒状变晶结构，片状构造，由长石（20%）、石英（50%）、黑云母（20%～25%）、白云母（5%～10%）等组成。长石及石英为他形粒状，镶嵌状分布，边界不规则，粒度 0.1～1mm，长石表面脏，石英波状消光；黑云母叶片状，长轴定向，首尾相接，薄层状分布，强绿泥石化；白云母片状，分布特征同黑云母。

（四）黑云斜长片岩

岩石呈深灰色、暗灰色，鳞片粒状变晶结构，粒度一般 0.1～1mm，片状构造，由斜长石（30%～35%）、石英（45%）、黑云母（20%～25%）组成。斜长石具不均匀高岭土化，绢云母化；石英边界呈缝合线状，轻度波状消光；黑云母呈黄褐色，叶片状，长轴定向，似薄层状分布，绿泥石化。岩石有后期次生裂纹，铁质等沿其分布。

（五）钠长白云母石英构造片岩

岩石呈褐黄色，鳞片粒状变晶结构，片状构造，由白云母(30%)、石英(45%～50%)、钠长石(20%～25%)等组成。石英他形粒状，粒度0.1～0.5mm，边界规则，粒间镶嵌状，方向性不明显；白云母叶片状，长轴定向，首尾相接，片径0.1～0.5mm，部分似层纹状聚集，构成岩石的片状构造；钠长石他形粒状，聚片双晶，具高岭土化、绢云母化等。

（六）石榴斜长二云石英构造片岩

岩石呈绿灰色、暗绿色，鳞片粒状变晶结构，片状构造，由石英(45%)、斜长石(25%)、黑云母+白云母(30%)和石榴石(1%～2%)等组成。石英呈他形粒状，镶嵌状分布，颗粒边缘不规则状，粒度0.15～0.8mm，略显拉长定向排列，轻度波状消光；斜长石他形粒状，星散镶嵌状分布，粒度0.15～0.4mm，部分1～2mm，局部轻度绢云母化；粗粒斜长石晶体内包嵌石英、云母及石榴石；黑云母、白云母呈鳞片-叶片状，片径0.1～1.5mm，多聚集成条纹、线纹状分布，长轴定向排列；石榴石等轴粒状，星散分布，粒度0.05～0.1mm，多被包于斜长石晶体内。

（七）石墨白云母石英构造片岩

岩石呈深灰色、暗灰色，鳞片粒状变晶结构，片状构造，由石英(60%)、白云母(30%)和石墨(10%)等组成。石英他形粒状，边界缝合线状，波状消光，粒度0.1～1mm，多呈团状聚集，推测是粉砂变质重结晶的产物；白云母叶片状，长轴定向，片径<1mm，首尾相接，集合体条痕状；石墨呈叶片状，定向，片径<0.5mm，分布特征同白云母。

三、岩石化学特征及原岩恢复

酉西岩组的岩石化学成分及特征值见表（表4-4、表4-5）。由表可见，长英质、泥质变质含量60.05%～87.34%，Al_2O_3含量4.84%～16.51%，$K_2O>Na_2O$。在(al+fm)-(c+alk)-Si图解上（图4-5），

表4-4 酉西岩组变质岩岩石化学分析结果表(w_B%)

序号	样品编号	层位	SiO_2	TiO_2	Al_2O_3	Fe_2O_3	FeO	MnO	MgO	CaO	Na_2O	K_2O	P_2O_5	Σ
1	P2⑥-1	AnCy	77.2	0.62	8.83	0.67	2.51	1.45	1.45	1.27	0.59	2.3	0.07	99.35
2	P2⑥-2	AnCy	69.78	0.68	15.07	2.42	1.44	1.11	1.11	0.87	1.09	3.3	0.09	99.56
3	P2⑥-3	AnCy	78.26	0.66	9.95	1.96	1.2	0.88	0.88	0.83	0.64	2.35	0.12	99.62
4	P18GS8-1	AnCy	74.48	0.56	11.19	0.84	3.56	0.03	1.34	0.32	1.34	3.08	0.13	96.87
5	9-1	AnCy	72.44	0.57	11.58	0.77	4.25	0.06	1.62	1.00	0.77	2.90	0.11	96.07
6	12-3	AnCy	70.54	0.65	12.64	1.90	3.66	0.07	1.48	0.82	0.55	3.71	0.12	96.14
7	19-1	AnCy	87.34	0.28	4.84	0.56	1.84	0.08	0.57	0.84	0.03	1.59	0.07	98.04
8	28-1	AnCy	72.78	0.72	12.11	0.42	4.34	0.11	1.89	0.80	1.91	2.82	0.11	98.01
9	32-1	AnCy	71.29	0.91	16.00	1.30	0.78	0.05	0.56	0.61	0.29	4.50	0.05	96.34
10	37-1	AnCy	66.38	0.60	11.39	2.35	2.49	0.09	1.59	5.02	0.11	2.38	0.09	92.49
11	49-1	AnCy	60.05	0.79	13.10	3.91	2.52	0.13	3.75	6.24	0.15	2.56	0.13	93.33
12	D-GS5290-2	AnCy	66.90	0.83	13.80	3.05	5.48	0.10	2.75	0.23	1.45	2.60	0.15	99.99
13	3390-2	AnCy	64.34	0.75	16.51	3.40	2.92	0.05	2.59	0.46	0.75	4.15	0.20	99.93

注：1.白云母钠长石石英构造片岩；2.白云母钠长石石英构造片岩；3.矽线石白云母石英构造片岩；4.含矽线石白云母石英构造片岩；5.矽线石、堇青石白云母石英片岩；6.绿泥白云母石英片岩；7.矽线石白云母石英片岩；8.堇青石二云石英片岩；9.白云石英片岩；10.二云石英片岩；11.褐铁矿化绿泥二云母石英片岩；12.绿泥白云石英片岩；13.变斑状石榴白云钠长片岩。

成分点全部落在砂质沉积岩区;在 ACF 和 A′KF 图解(图 4-6)上,成分主要落在粘土岩和页岩、杂砂岩区;Si-mg 图解(图 4-7)主要落在火成岩区,TiO_2-SiO_2 图解(图 4-8)全部在沉积岩区,在(al-alk)-c 图解上则落在正常粘土岩和杂砂岩区(图 4-9),总趋势(表 4-6)为泥质岩区。

表 4-5　酉西岩组变质岩尼格里数值及 ACF 数值表

序号	样品编号	层位	al	fm	c	alk	si	ti	k	mg	al-alk	(al+fm)-(c+alk)	A	C	F
1	P2⑥-1	AnCy	35.6	41.1	9.3	13.9	529	3.19	0.72	0.36	21.68	53.42	56.86	22.65	71.69
2	P2⑥-2	AnCy	47.8	30.2	5.0	17.0	375	2.75	0.67	0.29	30.76	55.97	110.34	15.51	48.18
3	P2⑥-3	AnCy	43.7	33.8	6.6	15.8	584	3.70	0.71	0.29	27.92	55.12	74.59	14.80	39.41
4	P18GS8-1	AnCy	20	68.4	1.1	10.5	221.6	1.25	0.6	0.09	9.5	76.8	22.4	1.2	61.7
5	9-1	AnCy	40.8	36.3	6.3	16.5	425	4.46	0.74	0.39	24.3	54.3	48.9	7.5	26.5
6	12-3	AnCy	43.3	35.4	5.02	18.2	404	2.75	0.83	0.38	25.1	55.48	52.9	6.1	25.2
7	19-1	AnCy	38.1	34.6	11.9	15.4	1 156	3.60	0.97	0.33	22.7	45.4	45.7	14.3	27.0
8	28-1	AnCy	39.2	35.5	4.6	20.8	393	2.75	0.52	0.33	18.4	49.3	49.4	5.8	25.4
9	32-1	AnCy	61.5	6.6	4.2	22.4	457	4.2	0.92	0.45	39.1	41.5	79.21	5.4	8.5
10	37-1	AnCy	35.5	27.1	27.9	9.1	345	2.3	0.94	0.67	25.3	25.3	39.4	31.0	15.8
11	49-1	AnCy	31.6	33.7	26.9	7.9	242	2.4	0.93	0.67	23.7	31	34.5	29.3	11.5
12	5290-2	AnCy	36.5	49.5	0.5	13.5	299	2.1	0.54	0.37	23.0	86	41.5	0.8	57.7
13	3390-2	AnCy	43	39	2.3	15.7	286	2.6	0.78	0.44	27.3	64	56.4	3.6	44

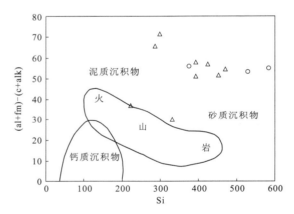

图 4-5　酉西岩组(al+fm)-(c+alk)-Si 图解
(据西蒙南,1953)简化

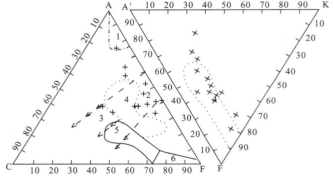

图 4-6　酉西岩组 ACF 和 A′KF 图解
(据温克勒,1976)

1.富铝粘土和页岩;2.粘土和页岩(含碳酸盐岩 0~35%)(断线之内);
3.泥灰岩(含碳酸盐岩 35%~65%)(箭头线之内);4.杂砂岩(点线之内);
5.玄武质岩和安山质岩(实线之内);6.超镁铁质岩

表 4-6　酉西岩组岩石化学图投影表

岩石类型	(al+fm)-(c+alk)-Si	Si-mg	TiO_2-SiO_2	(al-alk)-c	ACF 和 A′KF
石英构造片岩类	砂质沉积岩区(4、12、13)、砂质沉积岩区(1、2、3、5、6、7、8、9);火山岩区(10、11)	沉积岩区(1、3、4、5、6、7、8、9);火山岩区(2、10、11、12、13)	沉积岩区(1、2、3、4、5、6、7、8、9);火成岩区(10、11、12、13)	正常粘土区(1、2、3、10);铝质粘土区(9);长石质粘土区和杂砂岩区(5、6、7、8、9)	均在粘土和页岩以及杂砂岩区

注:1.白云母钠长石石英构造片岩;2.白云母钠长石石英构造片岩;3.矽线石白云母石英片岩;4.含矽线石白云母石英片岩;5.矽线石、堇青石白云母石英片岩;6.绿泥白云石英片岩;7.矽线石白云母石英片岩;8.堇青石二云母石英片岩;9.二云母石英片岩;10.二云母石英片岩;11.褐铁矿化绿泥二云母石英片岩;12.绿泥白云石英片岩;13.变斑状石榴白云钠长片岩。

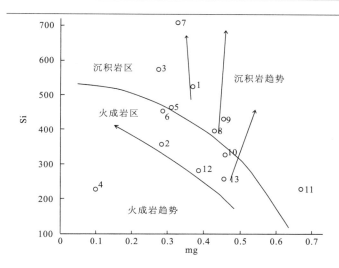

图 4-7 酉西岩组 Si-mg 图解
（据范德坎普和比克豪斯，1979）

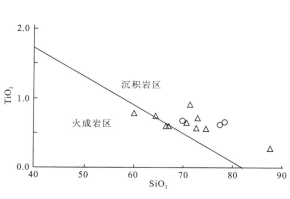

图 4-8 酉西岩组 TiO_2-SiO_2 图解
（据塔尼，1976）

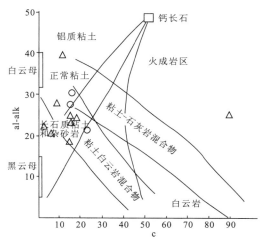

图 4-9 酉西岩组 (al-alk)-c 图解

四、地球化学特征

该类岩石的稀土、微量元素含量及特征值见表 4-7、表 4-8。

岩石的稀土总量较低（表 4-7），为 149.99×10^{-6} ~ 316.16×10^{-6} 之间。轻、重稀土比值 4.02~4.18，多在 4.1 左右，轻稀土富集而重稀土亏损。δEu 为 0.8 左右，显示较弱的负异常。Eu/Sm 值 0.2 左右，与沉积岩的该值接近或相当（赵振华，1974）。稀土整体分布型式右倾（图 4-10）。

五、变质作用特征

岩石的变质矿物有石英、多硅白云母、钠长石、石榴石、角闪石等。

表 4-7 吉塘岩群酉西岩组变质岩稀土元素成分表（$\times 10^{-6}$）

样品编号	La	Ce	Pr	Nd	Sm	Eu	Gd	Tb	Dy	Ho	Er	Tm	Yb	Lu	Y	总量
P2⑥-1	65	131	14.2	54	9.6	1.44	8.25	1.28	6.86	1.28	3.62	0.57	3.4	0.43	37	300.93
P2⑥-2	46	88	9.7	37	6.5	1.15	6.05	0.94	5.37	1.02	3.05	0.49	2.98	0.39	31.1	208.64
P2⑥-3	64	125	13.4	50	8.8	1.68	8.02	1.29	7.04	1.37	3.88	0.61	3.68	0.44	40	289.21
P18GS8-1	39.0	74.2	8.89	31.5	6.44	1.07	5.22	0.87	5.54	1.07	3.07	0.48	3.05	0.42	19.8	200.62
9-1	34.6	60.6	6.94	25.8	5.02	0.94	4.41	0.72	4.64	0.86	2.52	0.38	2.21	0.36	20.1	211.86
12-3	54.6	92.2	10.6	40.1	6.79	1.41	6.66	1.09	6.38	1.25	3.48	0.50	3.10	0.47	28.8	257.43
19-1	33.9	57.2	6.38	22.7	4.33	0.73	3.73	0.53	3.03	0.66	1.98	0.28	1.73	0.31	12.7	149.99
28-1	51.1	102	11.2	45.7	9.30	1.66	7.40	1.08	7.06	1.29	3.67	0.54	3.24	0.53	31.0	276.77
32-1	58.9	116	10.9	53.0	10.8	1.66	8.36	1.42	8.86	1.68	4.76	0.68	3.96	0.58	34.6	316.16
37-1	48.6	82.4	9.04	35.4	7.05	1.38	6.33	1.02	6.71	1.30	3.97	0.60	3.49	0.51	31.4	239.1
49-1	35.0	61.9	6.60	31.4	6.64	1.22	5.56	0.80	5.42	0.98	3.14	0.46	2.80	0.38	22.0	184.3
ⅧD-GS5290-2	34.84	25.77	9.02	31.58	6.65	1.26	6.01	1.0	6.16	1.22	3.54	0.58	3.49	0.51	31.07	212.71
3390-2	23.29	58.23	6.82	23.46	5.52	0.95	5.99	1.18	7.57	1.49	4.33	0.64	4.02	0.57	36.34	180.41
22个球粒陨石平均（赫尔曼，1971）	0.32	0.94	0.12	0.60	0.20	0.073	0.31	0.05	0.31	0.073	0.21	0.033	0.19	0.031	1.96	

表 4-8 酉西岩组变质岩微量元素定量全分析结果表($\times 10^{-6}$)

样品编号	Sc	Ti	V	Cr	Mn	Co	Ni	Rb
P2⑥-1	7.8	4 076.0	61		8 596.5	4.8	12.3	
P2⑥-2	11.8	3 956.1	86		6 815.3	13.4	24.1	
P2⑥-3	8.4	2 337.7	65		3 717.4	7.2	18.1	
P18GS8-1	3.40	2 690	59.6	35.8	1 230	8.50	23.2	0.30
9-1	4.00	3 320	73.3	42.0	502	8.90	29.4	129
12-3	4.40	3 580	60.1	40.1	368	11.2	30.0	134
19-1	2.30	1 840	23.0	28.7	716	5.05	18.7	132
28-1	1.50	6 440	137	111	1 140	16.5	47.9	58.8
32-1	2.10	4 400	98.0	52.8	960	8.70	32.8	230
37-1	2.70	4 670	98.0	58.7	653	10.0	43.8	50.8
49-1	2.20	5 060	106	79.9	990	20.6	67.4	168
ⅧD-GS5290-2	3.05	2810	74	143	862	10.2	10.5	111
3390-2	5.58	4 351	101	108	428	11.2	26.8	220
地壳元素丰度(泰勒,1964)	22.0	5 700	135	100	950	25.0	73	30
涂和费氏微量元素丰度(砂岩)	1	1 500	20	35		0.3	2.0	60

样品编号	Sr	Ba	Nb	Ta	Zr	Hf	U	Th
P2⑥-1	58	601	8.3	0.63	518	15.8	2.7	29.5
P2⑥-2	64	763	9.4	0.77	222	6.7	3.2	21.3
P2⑥-3	58	519	3.6	0.35	442	13.9	2.8	29
P18GS8-1	47.7	262	8.38	0.53	122	3.14	1.29	11.7
9-1	42.5	310	9.78	0.69	160	4.67	1.02	14.5
12-3	33.6	528	12.0	0.67	248	6.71	1.43	96.0
19-1	1.57	384	6.44	0.58	204	6.50	1.08	11.6
28-1	21.8	1 170	16.7	1.00	300	9.34	1.84	15.8
32-1	26.5	559	14.3	0.91	247	7.69	1.43	12.8
37-1	25.9	800	13.1	0.69	245	6.75	1.43	12.3
49-1	234	778	12.5	1.34	165	4.78	2.53	10.7
ⅧD-GS5290-2	108	794	11.4	0.95	181	5.7	2.18	11.2
3390-2	56	567	21.4	1.70	262	7.9	4.07	25.9
地壳元素丰度(泰勒,1964)	375	425	20	2.0	165	3.0	2.7	9.6
涂和费氏微量元素丰度(砂岩)	20				220	3.9	0.45	1.7

(一)石英

分布广泛,多呈矩形条带产出。在垂直面理、平行拉伸线理的定向切片上,每个条带都由多个单晶组成。单晶矿物呈矩形或近似矩形,颗粒边界平直,长边与面理平行或近平行,短边与面理垂直或高角度相交。矿物单晶长宽比15∶1~3∶1。垂直面理、拉伸线理的定向切片中(图4-11),石英呈近椭圆状、等轴状,云母呈不连续网状。

(二)白云母(多硅白云母)

鳞片状及细小板粒、叶片状,长短轴比4∶1~9∶1。在平行线理的切片上,白云母呈与石英条带平行的条纹状、条带状集合体,构成岩石的片理或微皱纹片理。

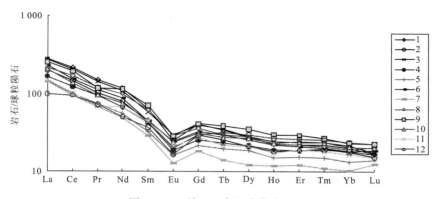

图 4-10 稀土元素配分模式图
(球粒陨石标准化数据 Sun and Mcdough,1989)

1.白云母钠长石英构造片岩;2.白云母钠长石英构造片岩;3.矽线白云母石英片岩;4.含矽线白云母石英片岩;5.矽线石、堇青石白云母石英片岩;6.绿泥白云母石英片岩;7.矽线白云母石英片岩;8.堇青二云石英片岩;9.白云母石英片岩;10.二云母石英片岩;11.褐铁矿化绿泥二云石英片岩;12.变斑状石榴白云钠长片岩

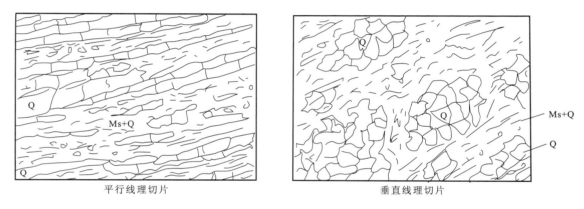

平行线理切片   垂直线理切片

图 4-11 P(6)DB2-1 显微构造素描图(+10×4)
Q.石英;Ms.白云母

  对云母钠长石英构造片岩 6 个样品 25 个点进行电子探针分析(图 4-12,表 4-9),分别以 8 个氧和 11 个氧为基础求出云母钠长石英构造片岩中钠长石和多硅白云母阳离子数(表 4-10、表 4-11)。多硅白云母 Si 平均值为 3.363,而普通白云母的化学式为:$K\{Al_2[AlSi_3O_{10}](OH)_2\}$,其中 K∶AL∶Si=1∶3∶3,化学分析结果得出的白云母化学式(表 4-12)表明,测区酉西岩组构造片岩的白云母 K∶AL∶Si 为 1∶3∶4.1,为多硅白云母。

表 4-9 区内变质岩电子探针成分分析表(w_B%)

样品编号	点	矿物	Na₂O	MgO	Al₂O₃	SiO₂	K₂O	CaO	TiO₂	MnO	FeO	总量
DB1002I	1	白云石	0.13	13.96	0.4	0.13	0.00	29.8	0.00	0.75	12.27	57.41
	2	多硅白云母	0.7	2.06	29.44	50.83	9.11	0.00	0.38	0.00	3.26	95.78
	3	钠长石	11.91	0.00	19.41	68.99	0.00	0.18	0.00	0.14	0.00	100.63
	4	钠长石	11.66	0.00	19.06	67.86	0.1	0.18	0.00	0.18	0.00	99.04
	5	多硅白云母	1.02	1.74	31.53	49.86	9.03	0.00	0.34	0.00	2.73	96.25
DB1002II	1	多硅白云母	0.45	2.84	26.48	52.05	10.23	0.00	0.35	0.00	3.23	95.63
	2	多硅白云母	0.93	1.56	31.48	49.68	9.47	0.00	0.42	0.00	1.9	95.44
	3	钠长石	11.2	0.00	19.38	69.14	0.00	0.31	0.00	0.00	0.00	100.03
	4	钠长石	11.44	0.00	19.19	68.58	0.05	0.13	0.00	0.09	0.00	99.48

续表 4-9

样品编号	点	矿物	Na₂O	MgO	Al₂O₃	SiO₂	K₂O	CaO	TiO₂	MnO	FeO	总量
DB1005	1	多硅白云母	0.59	2.21	28.29	51.24	9.21	0.00	0.18	0.17	3.39	95.28
	2	多硅白云母	1.44	0.06	37.21	49.73	7.04	0.06	0.00	0.19	0.12	95.85
	3	钠长石	11.51	0.00	19.39	68.95	0.11	0.00	0.00	0.00	0.00	99.96
	4	钠长石	11.62	0.00	19.26	68.55	0.03	0.18	0.00	0.00	0.00	99.64
DB1008I	1	多硅白云母	0.5	2.56	28.23	51.89	9.46	0.00	0.25	0.00	3.32	96.21
	2	多硅白云母	0.56	2.65	29.2	51.16	9.71	0.00	0.37	0.00	2.64	96.29
	3	钠长石	11.6	0.00	19.17	68.87	0.05	0.25	0.00	0.00	0.00	99.94
	4	钠长石	11.81	0.00	19.36	68.39	0.06	0.23	0.00	0.00	0.11	99.96
DB1010	1	多硅白云母	0.72	1.97	30.34	50.38	9.07	0.00	0.5	0.00	2.53	95.51
	2	多硅白云母	0.61	2.09	29.29	50.98	9.47	0.00	0.21	0.00	3.23	95.88
	3	钠长石	11.72	0.00	18.93	68.33	0.00	0.19	0.09	0.00	0.00	99.26
	4	钠长石	11.6	0.00	19.25	67.83	0.00	0.31	0.00	0.00	0.00	98.99
P2⑩DB1	1	多硅白云母	0.42	2.82	27.03	52.44	9.48	0.00	0.4	0.00	2.71	95.3
	2	多硅白云母	0.31	2.29	26.79	52.43	8.91	0.3	0.00	0.00	4.44	95.47
	3	钠长石	11.86	0.00	18.86	68.39	0.07	0.12	0.00	0.19	0.1	99.59
	4	钠长石	11.89	0.00	18.97	68.68	0.41	0.00	0.00	0.00	0.00	99.95

注：测试单位为中国地质大学（北京）地学实验中心电子探针室。

表 4-10 钠长石以 8 个氧为基的阳离子数

样品编号	Na	Al	Si	K	Ca	Mn	Fe
DB1002 I-3	1.002	0.992	2.998	0	0.008	0.005	0
DB1002 I-4	0.997	0.991	2.999	0.006	0.009	0.007	0
DB1002 II-3	0.994	0.993	3.012	0	0.014	0	0
DB1002 II-4	0.971	0.991	3.009	0.003	0.006	0.003	0
DB1005-3	0.972	0.995	3.009	0.006	0	0	0
DB1005-4	0.986	0.993	3.004	0.002	0.008	0	0
DB1008 I-3	0.981	0.985	3.009	0.003	0.012	0	0
DB1008 I-4	1	0.997	2.994	0.003	0.011	0	0.004
DB1010-3	0.999	0.981	3.01	0	0.009	0	0
DB1010-4	0.991	0.999	2.995	0	0.015	0	0
P2⑩DB1-3	1.009	0.976	3.007	0.004	0.006	0.007	0.004
P2⑩DB1-4	1.008	0.978	3.009	0.023	0	0	0

多硅白云母作为低温高压变质矿物，是高压变质带中最常见的变质矿物之一，也是研究高压变质最好的矿物之一。作为富钾相，它在 800℃ 左右仍可作为稳定相存在（Carswell，1989）。多硅白云母中的 Si 原子与其形成压力有明显的相关性，多硅白云母中绿鳞石 $K\{(Mg, Fe^{2+})(Al, Fe^{3+})[(Al, Si)Si_3O_{10}](OH)_2\}$ 的含量随压力的增加而增加。由 (FeO)-(Al_2O_3) 变异图（图 4-13）和 Mg-Na 变异图（图 4-14）可以看出，云母钠长石英构造片岩中的多硅白云母变质条件相当于蓝片岩相，属高压变质相。

表 4-11 白云母以 11 个氧为基的阳离子数

样品编号	Na	Mg	Al	Si	K	Ca	Ti	Mn	Fe	P	Na/Na+K
DB1002 I-2	0.089	0.205	2.288	3.358	0.769	0	0.019	0	0.180	0	0.10
DB1002 I-5	0.130	0.175	2.4354	3.275	0.757	0	0.017	0	0.150	0	0.14
DB1002 II-1	0.058	0.284	2.0735	3.464	0.869	0	0.018	0	0.180	0	0.06
DB1002 II-2	0.119	0.155	2.4486	3.284	0.799	0	0.021	0	0.105	0	0.12
DB1005-1	0.076	0.22	2.2066	3.397	0.780	0	0.009	0.01	0.187	0.01	0.08
DB1005-2	0.178	0.006	2.8028	3.185	0.575	0.004	0	0.01	0.007	0.01	0.23
DB1008 I-1	0.064	0.253	2.1868	3.417	0.795	0	0.001	0	0.183	0	0.07
DB1008 I-2	0.072	0.262	2.2583	3.364	0.815	0	0.019	0	0.144	0	0.08
DB1010-1	0.092	0.195	2.3562	3.326	0.765	0	0.025	0	0.140	0	0.10
DB1010-2	0.078	0.207	2.2781	3.369	0.799	0	0.010	0	0.178	0	0.08
P2⑩DB1-1	0.054	0.281	2.1054	3.473	0.801	0	0.020	0	0.150	0	0.06
P2⑩DB1-2	0.040	0.228	2.0933	3.483	0.756	0.021	0	0	0.245	0	0.05

表 4-12 各点多硅白云母及钠长石化学式对照表

样品编号	打点号	矿物	化学式
DB1002 I	2	多硅白云母	$(Na_{0.0814}K_{0.6985})_{0.7799}Mg_{0.1856}Ti_{0.0176}Fe_{0.1631}[Al_{2.0802}Si_{3.0529}O_{10}](OH)_2$
	5	多硅白云母	$(Na_{0.1178}K_{0.6881})_{0.806}Mg_{0.1559}Ti_{0.0156}Fe_{0.1358}[Al_{2.2143}Si_{2.9764}O_{10}](OH)_2$
	3	钠长石	$(Na_{1.0019}Ca_{0.0084})_{1.0103}Mn_{0.0051}[Al_{0.9925}Si_{2.9984}O_8]$
	4	钠长石	$(Na_{0.9972}K_{0.0056}Ca_{0.0085})_{1.0114}Mn_{0.0067}[Al_{0.9908}Si_{2.9985}O_8]$
DB1002 II	1	多硅白云母	$(Na_{0.0527}K_{0.7901})_{0.8428}Mg_{0.2577}Ti_{0.0163}Fe_{0.1629}[Al_{1.8848}Si_{3.1491}O_{10}](OH)_2$
	2	多硅白云母	$(Na_{0.1082}K_{0.7264})_{0.8346}Mg_{0.1406}Ti_{0.0194}Fe_{0.0951}[Al_{2.2253}Si_{2.9851}O_{10}](OH)_2$
	3	钠长石	$(Na_{0.9443}Ca_{0.0145})_{0.9588}[Al_{0.9932}Si_{3.0118}O_8]$
	4	钠长石	$(Na_{0.9714}K_{0.0028}Ca_{0.0061})_{0.9804}Mn_{0.0033}[Al_{0.9905}Si_{3.0088}O_8]$
DB1005	1	多硅白云母	$(Na_{0.0688}K_{0.7086})_{0.7774}Mg_{0.1998}Ti_{0.0083}Mn_{0.0087}Fe_{0.1703}[Al_{2.0059}Si_{3.0882}O_{10}](OH)_2$
	2	多硅白云母	$(Na_{0.1622}K_{0.5232})_{0.6854}Mg_{0.0052}Mn_{0.0094}Fe_{0.0058}[Al_{2.5483}Si_{2.8949}O_{10}](OH)_2$
	3	钠长石	$(Na_{0.9721}K_{0.0061})_{0.9873}[Al_{0.9955}Si_{3.0089}O_8]$
	4	钠长石	$(Na_{0.9856}K_{0.0017}Ca_{0.0085})_{0.9958}[Al_{0.993}Si_{3.0041}O_8]$
DB1008 I	1	多硅白云母	$(Na_{0.0579}K_{0.7228})_{0.7808}Mg_{0.2298}Ti_{0.0115}Fe_{0.1656}[Al_{1.9879}Si_{3.1058}O_{10}](OH)_2$
	2	多硅白云母	$(Na_{0.0648}K_{0.7408})_{0.8056}Mg_{0.2376}Ti_{0.017}Fe_{0.1315}[Al_{2.053}Si_{3.0574}O_{10}](OH)_2$
	3	钠长石	$(Na_{0.981}K_{0.0028}Ca_{0.0117})_{0.9955}[Al_{0.9854}Si_{3.0092}O_8]$
	4	钠长石	$(Na_{1.0006}K_{0.0034}Ca_{0.0108})_{1.0148}Fe_{0.004}[Al_{0.997}Si_{2.9938}O_8]$
DB1010	1	多硅白云母	$(Na_{0.0833}K_{0.6924})_{0.7758}Mg_{0.1767}Ti_{0.023}Fe_{0.1261}[Al_{2.1346}Si_{3.0128}O_{10}](OH)_2$
	2	多硅白云母	$(Na_{0.0709}K_{0.7264})_{0.7973}Mg_{0.1884}Ti_{0.0097}Fe_{0.1617}[Al_{2.07}Si_{3.0631}O_{10}](OH)_2$
	3	钠长石	$(Na_{0.9992}Ca_{0.009})_{1.0082}[Al_{0.981}Si_{3.01}O_8]$
	4	钠长石	$(Na_{0.9913}Ca_{0.0147})_{1.006}[Al_{0.9999}Si_{2.9949}O_8]$
P2⑩DB1	1	多硅白云母	$(Na_{0.0488}K_{0.7265})_{0.7753}Mg_{0.2539}Ti_{0.0185}Fe_{0.1356}[Al_{1.9089}Si_{3.1479}O_{10}](OH)_2$
	2	多硅白云母	$(Na_{0.0362}K_{0.6869})_{0.7232}Mg_{0.2075}Fe_{0.2235}[Al_{1.9035}Si_{3.1664}O_{10}](OH)_2$
	3	钠长石	$(Na_{1.0092}K_{0.0039}Ca_{0.0057})_{1.0188}Fe_{0.0037}[Al_{0.9755}Si_{3.0069}O_8]$
	4	钠长石	$(Na_{1.0082}K_{0.0229})_{1.0311}[Al_{0.9777}Si_{3.0089}O_8]$

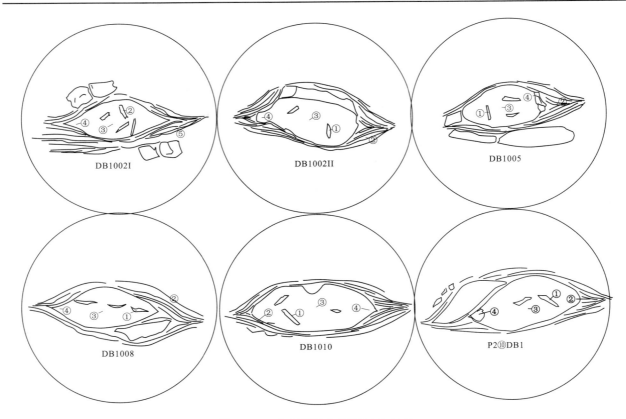

图 4-12 电子探针点位图(+10×4)

DB1002Ⅰ中点②为斑晶内多硅白云母,点⑤为基质多硅白云母;DB1002Ⅱ中点①为斑晶内多硅白云母,点②为基质多硅白云母;DB1005 中点①为斑晶内多硅白云母,点②为基质多硅白云母;DB1008 中点①为斑晶内多硅白云母,点②为基质多硅白云母;DB1010 中点①为斑晶内多硅白云母,点②为基质多硅白云母;P2⑩DB1 中点①为斑晶内多硅白云母,点②为基质多硅白云母

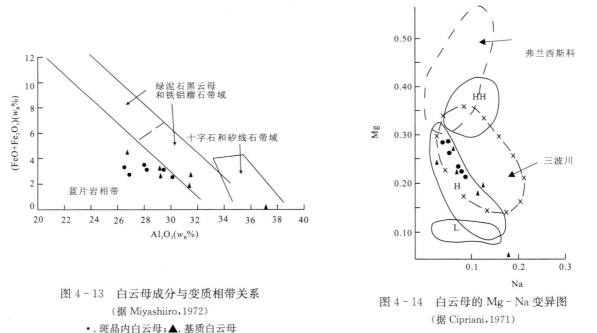

图 4-13 白云母成分与变质相带关系
(据 Miyashiiro,1972)
●.斑晶内白云母;▲.基质白云母

图 4-14 白云母的 Mg-Na 变异图
(据 Cipriani,1971)

尤格斯特等(1955)通过白云母-斜长石地质温度计计算认为,白云母中钠云母含量与温度有关,并认为该相关性的存在有两个前提:①白云母是层状;②白云母与钠长石共生。在此基础上,科托夫等(1969)提出了白云母-钠长石的 Na 分配温度计(图 4-15),获得了每个多硅白云母形成温度(表 4-13)。Massone 等(1989)提出多硅白云母 Si 与 T、P 之间的关系图解(图 4-16),即根据已获得的每个温度,得出相对应的云母形成压力(表 4-13)。由表 4-13 可以看出,测区多硅白云母变质温度为 320~500℃,压力为

表 4-13　多硅白云母等值线温度压力对照表

样品编号	Na	Si	$T(℃)$	$P(GPa)$
DB1002Ⅰ-2	0.089	3.358	420	0.4
DB1002Ⅰ-5	0.13	3.275	500	0.69
DB1002Ⅱ-1	0.058	3.464	326	1.11
DB1002Ⅱ-2	0.119	3.284	480	0.6
DB1005-1	0.076	3.397	380	0.92
DB1008Ⅰ-1	0.064	3.417	350	0.9
DB1008Ⅰ-2	0.072	3.364	370	0.91
DB1010-1	0.092	3.326	430	0.42
DB1010-2	0.078	3.369	375	0.915
P2⑩B1-1	0.054	3.473	320	1.11

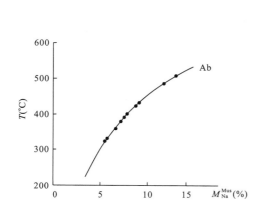

图 4-15　白云母-钠长石的 Na 分配温度
（据科托夫等，1969）

图 4-16　多硅白云母 Si 成分等值线与 P、T 关系图
（据 Massone 等，1989）

0.4~1.11GPa。

测区酉西岩组构造片岩中多硅白云母 $^{40}Ar/^{39}Ar$ 测年结果为 230±1Ma，即中三叠世末期，这与区域上查吾拉晚三叠世碰撞型花岗岩形成的时代基本一致。结合矿物拉伸线理分析，区内酉西岩组构造片岩是在地壳伸展滑脱过程中低温高压环境下形成的。在这一滑脱过程中，查吾拉构造带完成碰撞造山，印支晚期变质作用使得测区基底变质岩系及晚三叠世地层发生低绿片岩相变质作用。

（三）黑云母

分布少量，有两种赋存形态：一为鳞片状，强烈绿泥石化，黑云母呈残留。正交显微镜下呈黄绿色、绿褐色，多色性，Ng＝Nm-褐色；Np-浅黄色。二为变斑晶，呈厚板状杂乱分布，切割岩石片理，并有石英、白云母包裹体。

（四）钠长石

在白云母钠长石英构造片岩中，钠长石分布呈两种形态：一是变斑晶，等轴粒状，钠长石双晶发育，与岩石片理定向一致，个别斑晶呈旋状"S"形。二是不规则他形粒状，多拉长呈长条状。他形粒状变晶，半自形粒状变晶,在岩石中多呈变斑晶,晶内包含的白云母、石英、绿泥石结晶形态与基质中的白云母、石英、绿泥石结晶形态、排列方向一致,但片理并不围绕钠长石排列或生长,说明白云母、石英及绿泥石形成时间早于钠长石,部分钠长石晶内包含自形粒状铁铝榴石,说明钠长石生长时间晚于铁铝榴石。在韧性动力变质作用叠加的岩石中,钠长石波状、块状消光强烈,晶内残留体具弯曲褶皱现象,且钠长石短轴两端分布有重结晶石英和白云母集合体,构成不对称压力影,含量一般在40%～42%左右。

（五）铁铝榴石

在岩石中多呈粒状变斑晶,晶体内部含有大量石英、绿泥石、白云母残缕体而呈筛状。残留体排列方向与片理面斜交(图4-17),说明构造片理形成晚于铁铝石榴石变斑晶。

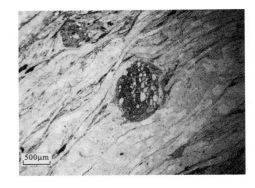

图4-17 铁铝榴石变斑晶内部残缕体

受韧性动力剪切变形变质作用叠加的岩石中,铁铝榴石在岩石中分布不均匀,晶粒大小不一,最大粒径5.0mm,一般0.3～3mm左右,平均含量1%～10%,局部富集达20%。

第三节　石炭-二叠纪区域低温动力变质作用及变质岩

分布在测区北部石炭纪、二叠纪地层中。变质岩石类型有变质砂岩、板岩、千枚岩、变质中基性-酸性火山岩、变质火山碎屑岩、变质碳酸盐岩等。岩石轻微变质,变晶矿物较少,原岩组构保留良好,层序清楚。变质作用表现为在岩石中发育板理、劈理及层间褶皱变形,变质矿物主要是岩石中的胶结物或基质重结晶形成绢云母、绿泥石、钠长石、石英、方解石。

一、主要变质岩类型

（一）云母千枚岩

鳞片变晶结构,千枚状构造。主要矿物为绢云母、石英微粒、钠长石、方解石、绿泥石和粘土矿物。

（二）砂质板岩、泥钙质板岩

变余细砂泥质结构,斑点状构造、板状构造。主要矿物绢云母、绿泥石、微粒石英。

（三）变质砂岩类

变余砂状结构、变余粉砂结构,块状构造。主要矿物绢云母、绿泥石(3%～10%)和单晶方解石(5%～10%)。

（四）变质火山碎屑岩

变余火山碎屑熔岩结构、变余凝灰结构,块状构造。变成矿物有绢云母、绿泥石、绿帘石,微粒状钠长石(6%～15%),长英质微粒(8%～20%)。

二、变质矿物组合

（一）变质碎屑岩类

矿物组合为:Ser±Chl±Cal,Ser+Qz,Ser+Ab+Chl±Cal+Qz,Ser+Ab+Cal,Ser+Cal+Qz。

(二)变质火山碎屑岩

矿物组合为：Ser+Ep±Chl，Ab+Ser+Qz，Chl+Ser+Qz，Ser+Ep+Qz+Ser+Chl±Ep+Cal，Act+Chl。

(三)钙质变质岩类

矿物组合为：Cal+Ab，Chl+Ser±Qz，Cal+Qz。

根据变质岩中特征变质矿物组合，石炭-二叠纪岩石的变质作用属低绿片岩相，且变质岩石中未见雏晶黑云母，变质程度属绢云母-绿泥石级。岩石变形较强，沿强变形带可见紧闭同斜褶皱，不对称褶皱及褶劈构造，为较低温压条件下大范围均匀分布的区域低温动力变质作用。

第四节 三叠-侏罗纪极低级变质作用及变质岩

一、岩石类型及特征

变质的原岩岩石类型有碎屑岩类、泥质岩类、碳酸盐岩类、火山岩类等，变质程度从未变质到极浅变质。

变质碎屑及泥质岩石中具变余砂、泥质结构，微层构造、板状构造。主要由长英质类碎屑及泥质组成；微层构造主要由泥质含量的多少而显示。碎屑外形仍然保留，泥质物均已重结晶为细鳞片状绢云母及纤维状硬绿泥石，且具定向性排列，其方向与原微层理斜交。深色微层理中硬绿泥石含量较多，在粉砂粒间常组成条纹状。

火山岩类岩石为变余斑状结构。岩石中蚀变强烈，斑晶可辨认出斜长石、辉石及角闪石。斜长石残破，部分变为绿泥石，余留部分已变为钠长石。辉石为绿帘石集合体交代。角闪石呈长柱状，被磁铁矿及少量绢云母代替。岩石中不规则的裂隙及裂纹均被微粒状绿帘石充填交代。

二、矿物组合及变质作用

该变质带无递增变质现象，主要的变质矿物共生组合如下。

泥砂质岩类：Qz+Pl+Ser+Cht，Qz+Pl+Ser+Cht+Mu。

火山岩类：Ab+Cal+Chl+Ser，Ab+Chl+Ep+Ser，Ab+Chl+Ep+Cal+Qz。

碳酸盐岩类：Cal+Qz+Chl+Ser，Cal+Do+Qz。

该变质岩带变形强烈，褶皱发育，泥砂质岩石中出现少量细鳞片状绢云母及纤维状绿泥石，为葡萄石相变质带，主要变质时期为燕山晚期。

第五节 接触变质作用及变质岩

主要分布于查吾拉侵入岩带周围，表现为唐古拉山中酸性侵入岩带在与下古生界、前石炭系围岩的外接触带上发生的接触变质作用。其中以热接触变质作用为主，其次为接触交代变质作用。围岩结构、构造基本残留，形成的变质岩石有斑点板岩类、角岩类等。

一、变质岩石类型及特征

(一)斑点板岩类

该类岩石在查吾拉岩体与北部石炭纪地层的外接触带有少量分布。岩石具变斑状结构、粒状鳞片状变晶结构,斑点状构造。斑点呈圆形-次圆形、椭圆形,由绢云母、石英、粉末状碳质等组成,为泥岩或杂质泥质在受热接触变质时形成。其矿物成分为:石英<40%,绢云母-粘土矿物55%~60%,红柱石少见,碳质及铁质5%。

变斑晶为红柱石,呈四方形,切面呈棱形,粉末状碳质沿对角线聚集、呈十字形排列。

绢云母-粘土矿物呈微细鳞片状定向排列,有时铁质和绢云母聚集在一起,构成条纹状-条痕状。石英呈粉砂状。

当岩石中碳质含量超过10%时称斑点状碳质板岩。

(二)角岩类

含红柱石堇青石角岩:岩石具变斑状结构,基质为变余粉砂状结构,条纹(带)状构造。堇青石变斑晶呈长圆形、椭圆形,少量浑圆状,大体定向排列,含量4%~5%;红柱石变斑晶含量3%,横切面有明显的含碳质十字;石英粉砂碎屑,次棱角状,含量>30%;绢云母呈鳞片状集合体,呈条带状、薄层状分布;绿泥石呈纤维状集合体,间夹于绢云母中;铁质呈不规则状、条带状集合体。

堇青石角岩:岩石具变斑状结构,基质为变余泥质、粉砂状结构。石英呈粉砂屑状,含量50%,粒度0.05~0.1mm,呈次圆-棱角状,点线接触。堇青石呈椭圆状、长圆形、不规则状,颗粒边界呈不规则突变过渡。内部富含粉砂泥质细小次生包裹体,形似石英、长石,但折射率低于树胶。铁质呈粒状、条带状以及不规则状集合体。

(三)片岩类

红柱石绢云石英片岩:变斑状、显微粒状鳞片变晶结构,片状构造。红柱石变斑晶含量为35%,主要横切面大小1.5~3mm;次为柱状切面,大者2mm×5mm;横切面正方形、歪正方形。碳质包裹体呈特征的十字排列,柱切面呈长柱状、长菱形柱状,也具有碳质包裹体,以具横裂理为特征,含量25%。绢云母为鳞片状集合体,与片理方向一致,部分绢云母集合体伴铁、泥质组成斑块构造,含量20%。碳、铁质,条痕、条带状微粒和质点与片理一致。沿片理方向,局部有细砂岩扁豆体。

二、主要变质矿物及特征

堇青石:呈长圆形、椭圆形,少量浑圆、不规则状,折射率低于树胶,切面横裂理比较发育。

红柱石:为变斑晶,粒径1.5~3mm。主要为横切面,次为柱状切面。横切面呈正方形、歪正方形。碳质包裹体呈十字排列,Ⅰ级干涉色,平行消光,以发育横裂理为特征。

三、接触交代变质作用及变质岩

测区接触交代变质作用很不发育,仅在石炭-二叠纪灰岩中出现很弱的矽卡岩化,形成少量弱矽卡岩化灰岩。

第六节 动力变质作用与变质岩

测区动力变质作用较发育,形成了不同类型的动力变质岩。

根据动力变质作用类型和性质以及动力变质岩特点,可在测区内划分出脆性动力变质作用和韧性动力变质作用。

一、脆性动力变质作用及变质岩

主要出现在脆性断裂或叠加了后期碎裂化的韧性断裂上,表现为以脆性破碎为主的变质作用,形成碎裂岩系列的变质岩。

（一）构造角砾岩

由角砾和胶结物两部分组成。具角砾结构，块状构造、弱定向构造。角砾含量35%～70%，棱角状为主，少数为次棱角状。角砾成分有砾岩、砂岩、灰岩、粉砂岩、片岩、花岗岩、火山岩等，与断层处的围岩成分一致，大小相差悬殊，粒度范围2～50mm。角砾中石英颗粒多具波状消光。胶结物多为次生石英、方解石、白云石、绢云母、铁质，少量硅质、泥质，还有一定量的原岩破碎形成的碎粉状石英、方解石，含量30%～65%。

（二）碎裂岩

主要岩石类型有碎裂花岗岩、碎裂岩化火山岩、碎裂岩化片岩等。岩石具碎裂结构，块状构造。大部分岩石的原岩结构、构造基本保存。碎块含量40%～80%，大小20～50mm，个别可达100mm。碎块中的方解石、长石双晶纹普遍弯曲、断开，碎块边缘碎粒化明显。碎基含量20%～60%，成分为碎裂边缘磨碎的微粒石英、方解石、长石及重结晶的石英、方解石、绢云母、绿泥石等，次生方解石脉发育。

（三）碎粒岩类

岩石类型有长英质碎粒岩、钙质碎粒岩、花岗质碎粒岩等。岩石碎块及矿物碎屑大部分已碎粒化。碎粒结构，块状构造。原岩结构构造已完全破坏，碎斑极少量。碎粒呈尖棱角状，杂乱分布，粒度约0.5mm。石英强烈波状消光，长石、方解石、云母波状消光，双晶面弯曲。

（四）碎斑岩

岩石类型有灰岩质碎斑岩、长英质碎斑岩、花岗质碎斑岩等。岩石由碎斑和碎基两部分组成。碎斑大小为1～3mm，边缘碎粒化，为岩石或矿物碎屑，其重要成分为石英、长石、方解石、白云石等，含量30%～50%。石英具强烈的波状消光，长石、方解石、白云石等双晶纹弯曲。碎基含量50%～70%，大小0.01～0.1mm，少量微粒石英、方解石有重结晶现象。

（五）碎粉岩

主要分布于强烈挤压断裂带内，与碎粒岩伴生。岩石为碎粉结构，块状构造，风化后常呈泥状，故又称断层泥。岩石破碎十分强烈，岩石中矿物大部分碎粉化，碎粉大于0.003mm，原岩结构、构造全部消失，少量微粒石英、方解石具重结晶。

测区内各断裂带的规模虽然不同，但构造岩石组合基本相同，仅因原岩不同而存在差异。从断裂带边部到中心依次为构造角砾岩、碎裂岩、碎斑岩、碎粒岩、碎粉岩等。区内动力脆性变质作用主要发生于燕山早期，燕山晚期又有继承性活动。

二、韧性动力变质作用及变质岩

主要分布于区内韧性剪切带及逆冲断层附近，为中深构造层次断裂的产物。

韧性动力变质作用主要出现在查吾拉岩体的边部和西西岩组中，岩石类型主要为糜棱岩和构造片岩。

查吾拉岩体边部主要为硅化糜棱岩化二长花岗岩、初糜棱岩化二长花岗岩等。岩石具变余花岗结构。由于构造作用及初糜棱岩化作用，云母显示有一定的方向性，并见有"云母鱼"。糜棱岩化后的强硅化，粒状石英交代斜长石，使石英的含量增加。现有岩石的矿物成分，斜长石<45%，石英>50%，云母<5%。原岩中的黑云母，现大多退变为白云母，并在定向裂隙中有似细脉白云母（新生）及弯曲状白云母片，黑云母仅存残晶，并且被拉伸成细脉状。斜长石为半自形晶，具细而密的钠长双晶纹，为更长石，其定向性不明显。钾长石少见，为他形粒状，在与斜长石接触处见有蠕英石。其主要矿物组合为：Qz＋Pl＋Mu＋Bit，Fs＋Qz＋Kp＋Mu。

第七节　变质作用期次

根据测区地层时代、同位素年龄(表4-14)、构造-岩浆活动特点及主要变质期矿物共生组合特征,将测区变质作用期划分为如下期次。

一、海西期变质作用

该期为酉西岩组主要区域变质期,形成了岩石早期片理(S_1),由于变质热流温度较高,出现铁铝榴石变质矿物。铁铝榴石在岩石中多呈变斑晶,晶内含大量石英及绿泥石和白云母残缕体而呈筛状变晶。残缕体排列方向与片理斜交,说明构造片理形成晚于铁铝榴石变斑晶,铁铝榴石变斑晶形成多为高绿片岩相-低角闪岩相。

在恩达岩组和酉西岩组中获得大量同位素测年结果(表4-14),表4-14中具有明显的两组年龄:371±50Ma~338±10Ma 和 300±14Ma~253±9Ma。前者相当于海西中期,后者相当于海西晚期。本次工作在酉西岩组云母钠长石英构造片岩中获得锆石U-Pb年龄为306.6±6.5Ma,在恩达岩组中获得锆石U-Pb年龄为268±19Ma,说明酉西岩组区域变质期应为海西中、晚期。

二、印支期变质作用

酉西岩组构造片岩中的多硅白云母形成于低温高压环境下,变质相为蓝片岩相。在表4-14中可以看出,存在230Ma~195Ma的一组年龄。

本次工作在酉西岩组云母钠长石英构造片岩中获得多硅白云母$^{39}Ar/^{40}Ar$测年结果为230±1Ma,为中三叠世末期,与区域查吾拉晚三叠世碰撞花岗岩形成时代基本一致。在这一过程中,查吾拉构造带完成碰撞造山,早印支期的滑脱构造在软基底中造成低温高压变质(蓝片岩相)作用;印支晚期的变质作用使得测区基底变质岩及晚三叠世地层发生低绿片岩相变质作用。

三、燕山期变质作用

该期主要出现在侏罗系中。岩石中有部分微弱定向的显微鳞片状绢云母、微晶绿泥石,属葡萄石相变质作用,为区域低压埋深变质作用类型。上述地层基本弱变质,因此将上述岩石的变质时代划分为燕山晚期。

表4-14　吉塘岩群同位素测试结果统计表

年龄分组	岩组及岩性	测试方法	测试结果	测试单位或作者
太古代-古元古代	吉塘恩达岩组混合花岗岩	Rb-Sr等时线	2 802±45Ma	周详等,1995
	吉塘恩达岩组混合花岗岩	U-Pb法上交点年龄	1 900Ma	1:20万类乌齐幅、拉多幅区调报告,1993,河南区调队
新元古代	丁青县比冲弄一带酉西岩组(片理化岩组)	Rb-Sr等时线	619±27Ma	1:20万类乌齐幅区调报告,1993
	吉塘多穹沟上游酉西岩组片岩	Rb-Sr等时线	757±286Ma	雍永源等,1989
海西期	吉塘多穹沟上游酉西岩组片岩	Rb-Sr等时线	371.1±50Ma	雍永源等,1989
	丁青县汝塔一带酉西岩组片岩	Rb-Sr等时线	340±2Ma	1:20万类乌齐幅、拉多幅区调报告,1993,河南区调队
	青海博日松多恩达岩组片麻状花岗岩	U-Pb碎裂锆石蒸发法	338±10Ma	邹成敬等,1989
	青海博日松多恩达岩组片麻状花岗岩	U-Pb碎裂锆石蒸发法	300±14Ma	1:20万类乌齐幅、拉多幅区调报告,1993,河南区调队
	花岗质混合片麻岩	$^{147}Sm-^{144}Nd$	260.6Ma	王根厚等,1996
	青海博日松多恩达岩组片麻状花岗岩	U-Pb完好锆石分层蒸发法	253±9Ma	邹成敬等,1989
印支期	青海博日松多恩达岩组二云片麻状花岗岩	Rb-Sr等时线法	230Ma	邹成敬等,1989

续表 4-14

年龄分组	岩组及岩性	测试方法	测试结果	测试单位或作者
印支期	吉塘多穿沟下游恩达岩组混合英云闪长岩	K-Ar法	215.5Ma	雍永源等,1989
	吉塘恩达岩组混合花岗岩	U-Pb法下交点年龄	210Ma	1:20万类乌齐幅、拉多幅区调报告,1993,河南区调队
	巴青县江绵乡酉西岩组构造片岩	$^{40}Ar-^{39}Ar$	230±1Ma	本报告,2006
	青海博日松多恩达岩组片麻状花岗岩	U-Pb锆石分层蒸发法	204Ma	邹成敬等,1993
	青海博日松多恩达岩组片麻状花岗岩	U-Pb锆石分层蒸发法	195Ma	邹成敬等,1993
	西藏聂荣县查吾拉	U-Pb锆石一致线	268±19Ma	本报告,2006
	西藏索县江绵区	U-Pb锆石一致线	306.6±6.5Ma	本报告,2006
燕山早期	类乌齐钟弄恩达岩组二云片麻岩	Rb-Sr等时线法	162Ma	邹成敬等,1993
	类乌齐钟弄恩达岩组二云片麻岩	Rb-Sr等时线法	144.78M	邹成敬等,1993
	类乌齐钟弄恩达岩组二云片麻岩	Rb-Sr全岩等时线	131.6Ma	邹成敬等,1993
燕山晚期	吉塘恩达岩组(Djt-T36)	黑云母 K-Ar	114.9 Ma	王根厚等,1996
	吉塘恩达岩组(Djt-T32)	全岩 K-Ar	101.8 Ma	王根厚等,1996
	吉塘恩达岩组(Djt-T28)	全岩 K-Ar	97.2 Ma	王根厚等,1996
	吉塘恩达岩组(Djt-T42)	黑云母 K-Ar	93.5 Ma	王根厚等,1996
	察雅县普波吉塘岩群中的糜棱岩	K-Ar法	67Ma	贵州区调队,1992
喜马拉雅期	类乌齐钟弄恩达岩组(Dlw-T37)	黑云母 K-Ar	55.5 Ma	王根厚等,1996
	类乌恩达岩组(Dlw-T25)	钾长石 K-Ar	46.9 Ma	王根厚等,1996

第五章 地质构造

测区位于青藏高原羌塘陆块东部,连接着"三江构造带"与"羌塘特提斯构造域"。查明测区构造形迹基本特征、研究构造的复合与转换关系,对于揭示青藏特提斯构造历史与动力学过程,探索青藏高原大陆动力学问题具有极其重要的意义。

本次工作中,以活动论、单元论、阶段论和新的大陆动力学理论为指导,通过对测区不同期次、不同特征构造形迹进行几何学、运动学的综合研究,以期对构造形迹进行分期配套,探索不同地质历史时期古构造应力场的转换规律及其动力学机制。通过对构造形迹,尤其是具有分划性意义的断裂带(结合带)的深入剖析,为示踪测区内部各断块之间互相作用过程和从更宽广的范围内来研究特提斯构造发展史提供厚实的素材。

在研究方法上,以野外中小尺度构造研究为基础,利用构造解析的原理与方法,采用构造与建造分析相结合的方法,根据区域构造特征,综合分析前人研究成果,划分测区基本构造单元;对不同构造单元内变形形迹及单元边界特征进行综合分析研究;划分不同的构造层,确定不同构造层的性质、构造组合样式与变形特征,从而建立测区的构造变形序列;结合岩浆活动、变质作用过程和区域构造样式,反演测区的构造演化历史。

第一节 测区大地构造位置

测区主体位于班公湖-怒江结合带(南)和羊湖-金沙江结合带(北)之间的羌塘-三江复合板块内。班公湖-怒江结合带从本区西南缘通过,双湖-查吾拉-昌宁-孟连断裂带横贯本区中部。

区内地质构造现象丰富,构造变形历史复杂,构造层次清楚。总体而言,区内构造线方向为北西西-南东东向。前石炭纪构造变形以塑性流变和韧性剪切改造为主要形式;海西期构造运动以多岛洋转换及伴生的褶皱和断裂变形为特色;印支期以拆离滑脱和大面积岩浆岩的侵入为特点;燕山早期主要表现为褶皱和断裂变形。晚燕山期以来,测区进入陆内造山阶段,但双湖-查吾拉断裂带南北两侧的构造变形样式有较大差异,南部以俯冲造山为主要形式,北侧表现为整体隆升中的局部伸展运动(图5-1)。

第二节 构造单元划分及边界特征

一、构造单元划分

测区所在的羌塘陆块有"转换构造域"(黄汲清等,1987)、"羌塘-三江复合陆块"(潘桂棠等,2003,2004)、"羌塘地块"(王成善,2001;陈炳蔚,2000)等别称。前人的研究成果多集中在羌塘的中西部(李才等,2000,2003,2005;邓万明等,1998;)和东部三江地区(钟大赉等,1998)。

测区范围内的区域的基础资料少,研究程度很低。

本报告认为,羌塘盆地处于冈瓦纳大陆与欧亚大陆之间,经历多期构造演化,而不同演化时期具有不同的构造属性。侏罗纪之前羌塘盆地总体处于古特提期洋盆构造转换部位,大地构造界线具有一定的时空演变规律,不同块体于不同的时间依次向北增生于欧亚大陆的南缘。侏罗纪以后羌塘盆地作为统一的复合陆块拼接于欧亚大陆的南缘。

依据测区内的地层、变质变形、区域构造演化和岩浆活动造特征,将测区划分为2个Ⅱ级构造单元(图5-2),即羌塘复合陆块和班公湖-怒江断片带。测区北部大面积地区为羌塘复合陆块,西南角属班公湖-怒江断片带。不同构造单元在沉积建造、岩浆活动、变质作用、构造变形以及地球物理场(图5-3)等方面均有较明显差别。

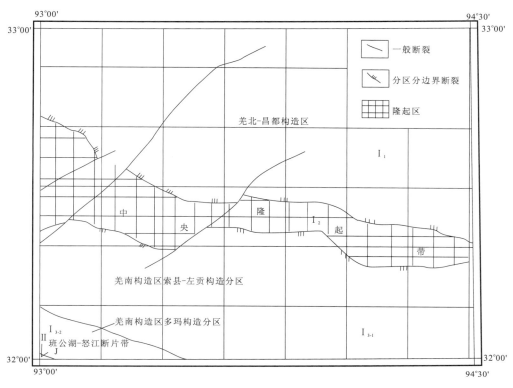

图5-2 测区构造单元划分图

I_1.羌北-昌都构造区;I_2.中央隆起带;I_3.羌南构造区;I_{3-1}.索县-左贡构造分区;I_{3-2}.多玛构造分区;Ⅱ.班公湖-怒江断片带

测区内褶皱、断裂构造发育,主要构造线呈北西西向展布。根据褶皱、断裂特点及其在时空结构系统中的相关性,以嘎杰村-孔雄村断层(F_{21})、卡吉松多-珠劳拉断层(F_{22})(图5-1)和中生代侵入岩为界,自北东向南西将羌塘复合陆块进一步划分为羌北-昌都构造区、中央隆起带和羌南构造区3个前侏罗纪二级构造单元(图5-2)。各构造单元的主要构造线方向呈北西西-南东东向展布,各构造单元之间被不同性质的区域性大断裂所分割。羌北-昌都构造区与南侧的中央隆起带之间,因第四系覆盖严重,分区界线不明显,但由于中央隆起带大面积出露中生代岩浆岩,构造样式简单而划分为一个构造单元。中侏罗世之后测区由于羌塘复合陆块内各构造单元总体拼接成为一体,构造演化整体发育,除受早期构造形迹的限制并改造前期构造样式外,构造变形特征基本一致。区内褶皱和断裂构造均较发育,且具多期次活动特点,反映了板块碰撞造山演化过程中地质构造的复杂性。

从测区布格重力异常图(图5-3)上可看出,测区重力场分布的总趋势是负异常带沿中央隆起带呈北西-南东向展布,且具北西低南东高的特点,其最低值在测区西部的查吾拉一带,最高值在测区西南的班公湖-怒江断片带。

区域重力异常特征在南北羌塘构造区内存在的差异性分带与北西-南东向区域地质构造的分带相一致。梯度带指示了构造单元的边界断裂。

二、构造单元及边界断裂基本特点

(一)构造单元的基本特征

自古生代以来,各构造单元经历了多期构造变动,形成了不同方向、不同性质的构造形迹。在中生代

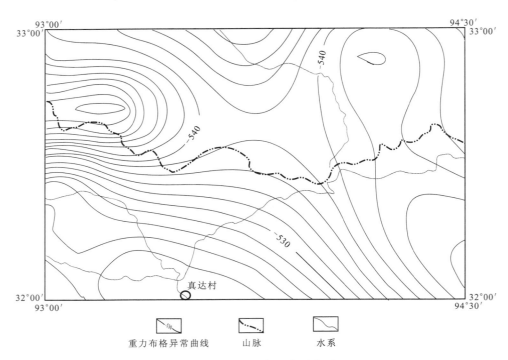

图 5-3 测区深部重力异常图

之后,由于印度板块的俯冲,最终形成了总体呈近东西向、运动方式复杂的构造格局。

1. 羌北-昌都构造区(I_1)

分布于查吾拉一线以北地区,呈近北西西向延伸,主要由石炭-二叠系碎屑岩,下、中侏罗统那底岗日组、雁石坪群以及古近系沱沱河组构成。

区内晚古生代地层划分为早石炭世杂多群(包括下部碎屑岩组和上部碳酸盐岩组)、中二叠世开心岭群(扎日根组、诺日巴尕日保组),两者之间为平行不整合接触。杂多群中产珊瑚类、腹足类、菊石类、腕足类、非造礁暖温型鏈;鏈类和冷水珊瑚在青南地区属首次发现,表明早石炭世本区为冷暖生物群混生带。开心岭群中发现珊瑚类、腕足类、双壳类,其中的中二叠统诺日巴尕日保组为含有放射虫硅质岩和中基性火山岩组合,反映拉张背景下的裂谷环境特征。

早侏罗世那底岗日组岩石为安山质火山岩和流纹质火山碎屑岩组合。从岩石特征上看,那底岗日组火山岩为偏碱性的火山岩,属于碱性系列,形成于大陆伸展背景。

中、上侏罗统为一套滨浅海相-泻湖相碎屑岩、碳酸盐岩沉积,与下伏晚石炭-二叠系呈角度不整合接触。表明北羌塘盆地在石炭-二叠纪大幅度拗陷,三叠纪-早侏罗世盆地总体隆升,接受剥蚀,至中侏罗世大规模海侵,盆地再一次大幅度拗陷。

古近系为一套陆相湖盆粗碎屑岩沉积,与下伏地层呈角度不整合接触,发育近东西向平缓褶皱。

该构造区于二叠纪末期增生于欧亚大陆的南缘,并开始抬升露出水面,缺失三叠系沉积。

2. 中央隆起带(I_2)

位于测区中部,呈北西西-南东东向横贯全区,南北最大宽度约28km。前人曾在该带上获得过240±41Ma的花岗岩全岩Rb-Sr等时年龄。本次工作通过对唐古拉山花岗岩的研究,认为在中央隆起带上发育印支期花岗岩。隆起带南侧出露有测区最古老的结晶基底前石炭系恩达岩组,北侧出露下石炭统杂多群碎屑岩组。

羌塘盆地中央隆起带的大地构造意义争议颇大。从测区出露的情况看,为大面积的印支期花岗岩与前石炭系的基底结晶岩系,没有发现中基性火山岩夹层和基性岩脉成群发育,与西部地区的地质特征差异较大。从航磁 ΔT 等值线平面图中可见北西向分布的明显正异常带,在深部重力异常图(图5-3)上亦具带状分布的负导常带。

中央隆起带在三叠纪之前为分隔南北羌塘构造区的分界线。晚三叠世末,南、北羌塘碰撞焊接在一起,并形成印支期唐古拉岩浆岩带。

3. 羌南构造区（I_3）

位于测区南部的中央隆起带和班公湖-怒江断片带之间。北以嘎杰村-孔雄村断层（F_{21}）和卡吉松多-珠劳拉断裂（F_{23}）西段为界;南以纳尧日南断层（F_{39}）与班公湖-怒江断片带为界（图 5-1）。依据岩石组合、沉积建造、构造变形特征,羌南构造区又可进一步分为索县-左贡构造分区和多玛构造分区 2 个三级构造单元。

（1）索县-左贡构造分区（I_{3-1}）:出露前石炭系变质基底岩系吉塘岩群,其上被上三叠统东达村组、甲丕拉组、波里拉组和巴贡组角度不整合覆盖。整个上三叠统由东达村组造山磨拉石建造;甲丕拉组碳酸盐台地潮坪、障壁砂坝和滨外相沉积;波里拉组滨浅海碳酸盐台地沉积;巴贡组海陆过渡三角洲沉积,共同构成了一个完整的沉积旋回。中侏罗世雁石坪群浅海碎屑岩和碳酸盐岩建造,沉积厚度大于 6 503m,反映盆地沉降速率很高。晚侏罗世晚期发生大规模褶皱运动,使雁石坪群形成一系列枢纽近平行的束状褶皱。与此同时,海水大面积退出。到早白垩世时期演化为残余海盆及海陆交互相沉积。早白垩世末期南羌塘坳陷带结束了海相沉积历史。

（2）多玛构造分区（I_{3-2}）:主要表现出被动陆缘盆地的特点。早侏罗世开始下降接受沉积,形成一套以色哇组为代表的黑色页岩建造;中晚侏罗世总体表现为盆地的高速率沉降,形成一套厚度巨大的浅海碎屑岩和碳酸盐岩建造;晚侏罗世晚期,多玛构造分区与索县-左贡分区及北羌塘构造区一起发生大规模褶皱。早白垩世起结束了海相沉积发展历史,转化为剥蚀区。

羌南构造区于晚三叠世末期,以不同的块体拼接于欧亚大陆的南缘,成为欧亚大陆的一部分。其南侧拉伸,班公湖-怒江洋开始打开,完成了测区第一次构造属性的时空转换。

4. 班公湖-怒江断片带（Ⅱ）

为班公湖-怒江结合带的组成部分。分布于测区南部,北以纳尧日南断层（F_{39}）为界,与多玛构造分区相隔。总体呈北西西向,北西邻区表现为向北凸出的弧形。该带由不同时代的岩层或断片堆叠而成,变形复杂。测区仅出露晚三叠世确哈拉组。

班公湖-怒江洋于晚侏罗世末期-白垩纪闭合,断片带结合于南羌塘地块的南部,成为测区大地构造属性的第二次时空转换。

（二）边界断裂特征

不同构造单元之间均以区域性大断裂为界,自北向南分别为嘎杰村-孔雄村断层和卡吉松多-珠劳拉断层（简称查吾拉-马茹断裂带）、本塔断裂带及纳尧日南断裂带,各断裂带的主要特征简介如下。

（1）查吾拉-马茹断裂带:为区域上北澜沧江断裂带南支在测区的延伸,是北羌塘构造区和索县-左贡分区的主要分界。断裂呈近东西向展布于测区中部,长约 120km,由一组近平行的大型逆冲断裂系组成,断面波状起伏弧形弯曲,倾向南西,倾角 60°～70°,并被北东-南西向断裂切割。剖面上表现为由南向北的叠瓦状推覆。沿该断裂带发育晚三叠世岩浆岩带,岩浆岩带的北侧即为北羌塘构造区。查吾拉-马茹断裂带对三叠系、侏罗系及第三系沉积具有明显控制作用。断裂带形成于晚三叠世,侏罗纪、早白垩世活动强烈,古近纪仍持续活动,不同时期活动性质不同。

（2）本塔断裂带:位于测区的西南角,呈北西西-南东东向展布,是南羌塘坳陷中索县-左贡分区与多玛分区的分界断裂,在地球物理场上表现明显（图 5-3）。断裂以南为多玛分区,主要为侏罗纪生物碎屑灰岩和细粒碎屑岩,褶皱样式多为近东向的中常褶皱。断裂以北为索县-左贡分区,发育有前石炭系变质结晶基底,盖层主要为中生代碎屑岩沉积,发育大规模褶皱。

该断裂由多条彼此近平行的大型断裂和所夹持的断块组成,区内长度约 82.5km,最大宽度约 5km。本塔断裂带断层面产状 15°～30°∠60°～80°,破碎带宽约 150m,带内构造角砾岩发育。剖面上总体表现为一系列自北向南逆冲的叠瓦状逆冲断层,是查吾拉逆冲断裂系统的前锋。

该断层控制着始新世康托组陆相砾岩层的发育,目前表现为逆断层的性质。

(3)纳尧日南逆冲断裂带:本断裂是安多弧形断裂带(安多幅)的东延部分,也是多玛构造分区与班公湖-怒江断片带的分界断裂,其本身应属班公湖-怒江缝合带。分布于测区的西南角,仅见一条逆冲断层,出露长约6km。其间发育有许多与其平行的次级断裂及韧性变形带,构成一个由南向北逆冲的巨型叠瓦状构造。断裂带宽度变化大,最大宽度可达10km以上,伴有一系列与其有成因联系的次级断裂。至新生代,该断裂带具南北向伸展活动性质,为多期活动断裂。

第三节　构造变形特征

测区构造变形复杂,不同期次、不同性质的断裂和褶皱构造发育(图5-1)。本次工作中,查明测区总体构造线为北西西—东西向,但也发育北西、北东、北东东和南北向构造,不同构造体制与样式的构造相互叠加复合,构成了测区复杂的构造面貌。

一、构造层划分

测区经历了多期构造运动。根据测区构造变形与演化特征以及地层不整合接触关系,可划分出8个构造层(图5-1,表5-1),即前石炭系构造层(Ⅰ)、石炭-二叠系构造层(Ⅱ)、三叠系构造层(Ⅲ)、侏罗系构造层(Ⅳ)、白垩系构造层(Ⅴ)、古近系构造层(Ⅵ)、新近系构造层(Ⅶ)和第四系构造层(Ⅷ)。各构造层在岩石组合、形成环境、构造变形与结构上存在差异,不同构造层间均表现为角度不整合接触,代表了不同构造运动和构造幕次。

表5-1　测区构造层划分

地层系统				年龄(Ma)	地层接触关系	构造层	构造运动
界	系	统	组				
新生界	第四系	全新统	(Qp-Qh)	2.48	角度不整合	Ⅷ	构造运动Ⅱ
		更新统					
	新近系	中新统	曲果组(N_2q) 查保马组(N_1c) 康托组(Nk)			Ⅶ	
					角度不整合		喜山运动Ⅰ
	古近系	古-始新统	沱沱河组($E_{1-2}t$) 牛堡组($E_{1-2}n$)			Ⅵ	
中生界	白垩系	上统	阿布山组(K_2a)	65.0	角度不整合	Ⅴ	燕山运动Ⅲ
	上侏罗统-下白垩统		旦荣组(J_3K_1d)		角度不整合		燕山运动Ⅱ
				135.0			燕山运动Ⅰ
	下中侏罗统	中统	夏里组(J_2x) 布曲组(J_2b) 雀莫错组(J_2q)			Ⅳ	
		下统	那底岗日组(J_1n)		角度不整合		印支运动Ⅱ
	三叠系	上统	巴贡组(T_3g) 波里拉组(T_3b) 甲丕拉组(T_3j) 东达村组(T_3d)			Ⅲ	
					角度不整合		印支运动Ⅰ
古生界	二叠系	中统	九十道班组(P_2j) 诺日巴尕日保组(P_2n) 扎日根组(P_2z)	250.0		Ⅱ	
				295.0	平行不整合		
	石炭系	下统	碳酸盐岩组(C_1z^2) 碎屑岩组(C_1z^1)		角度不整合		海西运动
	前石炭系		酉西岩组($AnCy$) 恩达岩组($AnCe$)			Ⅰ	

(一)前石炭系构造层

为本区最古老构造层,仅出露于索县-左贡分区内,其上被上三叠统角度不整合覆盖(图5-4)。该构造层由吉塘岩群恩达岩组和酉西岩组构成。前者主要岩性为斜长片麻岩、斜长角闪片岩、浅粒岩、变粒岩等;后者为一套多硅白云母石榴石英构造片岩,二者间原接触关系为不整合,后期沿不整合面发生构造滑脱。恩达岩组原岩为一套长英质碎屑岩夹中基性火山岩,酉西岩组原岩主要为一套泥砂质碎屑岩夹基性火山岩建造,两者均遭受了海西期低角闪岩相-高绿片岩相区域变质作用,并受到印支期蓝片岩相动力变质作用的叠加及后期多次动热改造。

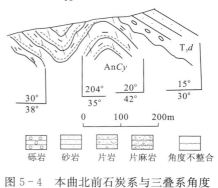

图 5-4 本曲北前石炭系与三叠系角度不整合接触关系素描图

AnCy. 前石炭系酉西岩组;T_3d. 上三叠统东达村组

(二)石炭-二叠系构造层

分布于羌北-昌都构造区内。可进一划分为石炭系亚构造层和二叠系亚构造层,二者呈平行不整合接触。

石炭系亚构造层:测区内的羌北-昌都构造区内未见早于石炭系的地层出露,下石炭统是该构造区内最老的地层,主要为一套海相碎屑岩和碳酸盐岩岩石组合,由北西至南东向呈条带状展布,与区域构造方向基本一致。褶皱轴总体呈近东西向分布,长、短轴褶皱相间出现,由一系列紧闭甚至倒转小型褶皱组成大型褶皱。褶皱形态受断裂控制明显,为紧闭到宽缓褶皱,多受后期构造破坏而不完整。该构造层与上覆中二叠统平行不整合接触。

二叠系亚构造层:分布于图幅北部,与石炭系亚构造层分布基本一致,被下、中侏罗统呈角度不整合覆盖。测区内未见二叠系与三叠系直接接触,但区域上二叠系乌丽群与上三叠统结扎群之间缺失中、下三叠统沉积,表现为角度不整合接触关系,代表了印支构造运动的存在。该亚构造层主要由中二叠世扎日根组、诺日巴尕日保组、九十道班组组成。以当曲-阿涌断裂(F_1)为界,两侧岩石特征存在差异。断层以北的二叠系以中-细粒碎屑岩为主夹碳酸盐岩,发育火山岩夹层;断裂以南则以中-细粒碎屑岩为主,发育含放射虫硅质岩、多层中基性火山岩夹层。

(三)三叠系构造层

关于印支运动时限和期次划分存在不同认识和观点,许多学者将印支运动分为印支期Ⅰ幕(T_{1-2})和印支期Ⅱ幕(T_3)两个阶段(崔盛芹等,1983、2000;赵越,1990;于福生等,2002)。

早、中三叠世期间测区处于整体隆升剥蚀状态,没有保留沉积记录。晚三叠世,测区的沉积区与剥蚀区发生了转换。在石炭-二叠纪接受沉积的羌北-昌都构造区抬升为陆,成为索县-左贡构造区沉积主要物源区。晚三叠世,索县-左贡地层分区接受沉积,堆积了巨厚的浅海相-海陆交互相碎屑岩、碳酸盐岩。该构造层最下部是以东达村组为代表的磨拉石建造,同下伏酉西岩组呈角度不整合接触,代表印支期Ⅰ幕构造运动。晚三叠世末的印支运动Ⅱ幕使上三叠统地层褶皱变形。

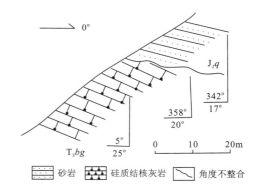

图 5-5 巴贡组与上覆地层雀莫错组角度不整合接触关系素描图

T_3bg. 上三叠统巴贡组;J_2q. 中侏罗统雀莫错组

(四)侏罗系构造层

测区侏罗系出露广泛,占整个测区面积的2/3以上。构造层由下侏罗统那底岗日组和中侏罗统雀莫错组、布曲组、夏里组组成,各组之间为连续沉积,整合接触。该构造层在索县-左贡构造分区与下伏三叠系呈角度不整合接触(图5-5),与上覆白垩系呈角度不整合接触。早侏罗世,测区南部整体抬升,缺失沉积记录;北部发育中酸性火山-碎屑岩建造。中侏罗世,羌北-昌都和索县-左贡构造区转换为一体,统称为"北羌塘构造区",共同接受海相沉积,角度不整合于下伏构造层之上。此时的多玛构造区发育一套被动大陆边缘陆表海沉积。晚侏罗世—早白垩世,测区北部转换为伸展构造背景,发育一套基性火山岩建造。早燕山构造运动表现为南北向挤压作用,使得沉积盖层沿基底滑脱,形成侏罗山式褶皱。

(五)白垩系构造层

白垩系构造层在测区出露面积较小,主要分布于南羌塘构造区,以强烈的抬升和差异性断块运动为主要特征。主体由晚白垩世阿布山组构成,与下伏地层呈角度不整合接触。图幅内未见阿布山组与古近系直接接触,但从区域构造演化上来看,整个青藏高原在白垩纪末发生强烈构造运动,白垩系与上覆古近系均表现为角度不整合接触。在相邻图幅内白垩系与古近系亦表现为角度不整合接触关系。

(六)古近系构造层

古近系构造层分布于测区北部巴庆盆地内和唐古拉山脊以南的山间盆地中,由沉积厚度巨大的沱沱河组和牛堡组构成,为一套陆相碎屑岩,与下伏地层呈角度不整合接触(图5-6),代表喜马拉雅运动的早期活动。构造了图幅内的第六个构造层。

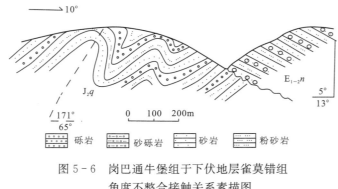

图5-6 岗巴通牛堡组与下伏地层雀莫错组角度不整合接触关系素描图
$E_{1-2}n$. 牛堡组;J_2q. 雀莫错组

(七)新近系构造层

发育于多玛构造分区和羌北-昌都构造区内。多玛构造分区以康托组碎屑岩为代表,与下伏地层不整合接触;羌北-昌都构造区以查保马组的中性火山岩为代表。新近纪是测区在近南北向挤压应力作用下发育北东向和北西西向共轭走滑断裂系的时期。结合测区的构造活动特点和区域资料将其归为喜马拉雅运动晚期。

(八)第四系构造层

第四系构造层不整合于前述各构造层之上,活动正断层和走滑断层发育。由于北东向断裂切割了先存的北西西向构造,从而形成一系列的菱形断块和坳陷,并导致近东西向断裂复活而出现地热活动。唐古拉以北以陆块整体隆升为主要特征,发育新生代盆地。盆地内明显分布两组断裂,一组是规模较大,现代仍在活动的北西西-南东东向,控制了长江的源头水系——当曲。另一组为多条并行分布的北东-北西向断裂,出露多处热泉及钙华沉积。唐古拉山以南的构造活动主要表现为河流强烈下切作用,可见Ⅲ—Ⅴ级河流阶地,间歇性抬升强烈。

二、褶皱构造

褶皱的几何形态、组合特征及叠加样式充分反映了一个地区的区域构造特征,是研究该地区构造演化历程的重要依据。

野外地质调查和遥感资料分析发现,测区内发育众多的大型褶皱构造,并在空间展布上具有明显的规律性。在不同的构造单元内,褶皱具有不同的组合特征。在同一构造单元的不同构造层中褶皱的组合特征和叠加样式亦不同(表5-2)。

羌北-昌都构造区中,褶皱轴向以东西、北西西向为主。石炭-二叠纪构造层褶皱规模较大,可达几十千米,两翼产状较平缓并被北西西向断裂破坏,保存不完整。褶皱被后期北西向褶皱叠加,并向西被新生界角度不整合覆盖。

索县-左贡构造区发育东西向复式褶皱。不同构造层内褶皱展布特征相似,但其组合形式不同,属不同构造运动期次的产物。在前石炭构造层内,发育形态丰富的小褶皱,原始层理为片理置换,后期褶皱作用以构造片理为变形面形成一系列的向形和背形构造,并被后期的北西向褶皱叠加。北西向褶皱表现为短轴褶皱,核部出露基底变质岩系,规模一般小于50km,斜跨叠加于前期褶皱之上,形成一系列的构造隆起。三叠系构造层褶皱轴迹总体呈近东西向展布,其褶皱形态在东西向上差异颇大,形成于印支运动晚期。中侏罗统地层中褶皱众多,占测区褶皱总数的60%以上。新近系发育北东向褶皱(f_{61}),但规模较小。

表 5-2 测区内主要褶皱一览表

编号	名称	长(km)	宽(km)	轴面产状	枢纽产状	翼间角	地质特征	形成时代
f_1	达尔敌赛向斜	7	2	走向63°,近直立	63°∠5°	138°	位于东北部达尔敌赛一带。两翼产状为140°∠20°,345°∠22°;为向北东倾伏的直立水平向斜,核部地层为J_2x;两翼地层为J_2b	J_2
f_2	达尔敌赛背斜	8.8	2				位于东北部达尔敌赛一带。北翼产状为345°∠22°,核部地层为J_2q;两翼地层为J_2b	J_2
f_3	加柔背斜	15.5	2	341°∠82°	71°∠15°	130°	位于东北部加柔一带。两翼产状为20°∠24°,140°∠35°;为向北东倾伏的直立倾伏背斜,核部地层为J_3K_1d	K_1
f_3	加柔背斜	15.5	2	350°∠80°	80°∠0°	102°	位于东北部加柔一带。两翼产状为350°∠30°,170°∠48°;为向北东倾伏的斜歪水平背斜,核部地层为J_3K_1d	K_1
f_4	阿涌向斜	7.5	2	18°∠84°	288°∠4°	120°	位于东北部阿涌一带。两翼产状为202°∠36°,13°∠24°;为向北西倾伏的直立水平向斜,核部地层为J_2q	J_2
f_5	昂滑结向斜	10	2				位于东北部昂滑结一带。北翼产状为210°∠42°,核部地层为J_2b;两翼地层为J_2q	J_2
f_6	昂玛吉背斜	9	2				位于东北部昂玛吉一带。核部为J_2q;两翼为J_2b	J_2
f_7	昂玛吉向斜	10	2				位于东北部昂玛吉一带。核部为J_2b;两翼为J_2q	J_2
f_8	果鄂阿背斜	5	0				位于东北部果鄂阿一带。卷入地层为J_2q	J_2
f_9	钦尼帕尔村向斜	16	4				位于东钦尼帕尔村地区。核部地层J_2q;两翼为J_2b,J_2x	J_2
f_{10}	当涌背斜	30	2.5	244°∠74°	154°∠13°	92°	位于北部当涌一带。两翼产状为72°∠59°,220°∠30°;为向南东倾伏的斜歪倾伏背斜,涉及地层为C_1z^2	P_2
f_{10}	次级			走向140°,直立	140°∠0°	108°	位于北部当涌一带。两翼产状为230°∠40°,50°∠32°;为向南东倾伏的直立水平向斜,涉及地层为C_1z^2	P_2
				走向310,直立	310°∠9°	112°	位于北部当涌一带。北翼产状230°∠40°,南翼产状25°∠30°;为向北西倾伏的直立水平向斜,涉及地层C_1z^2	P_2
f_{11}	当曲向斜	8.75	5	194°∠72°	284°∠12°	102°	位于北部当曲一带。北西翼产状220°∠24°,北东翼产状5°∠55°;为向北西西倾伏的斜歪倾伏向斜,涉及为P_2n	P_2
f_{12}	巴庆大队背斜	12.5	2.5	225°∠83°	137°∠10°	86°	位于北部巴庆大队地区。北翼产状55°∠55°,南翼产状215°∠40°;为向南东倾伏的直立倾伏背斜,核部地层P_2z;两翼地层为P_2n	P_2
f_{13}	义肖玛背斜	6	1	10°∠74°	100°∠9°	64°	位于西北部义肖玛地区。北翼产状20°∠40°,南翼产状186°∠77°;为向南东东倾伏的斜歪水平背斜,涉及地层为P_2n	P_2

续表 5-2

编号	名称	长(km)	宽(km)	轴面产状	枢纽产状	翼间角	地质特征	形成时代
f_{14}	义肖玛向斜	7	1	4°∠68°	274°∠14°	77°	位于西北部义肖玛地区。北翼产状186°∠77°,南翼产状340°∠30°;向北西西倾伏的斜歪倾伏向斜,涉及地层为P_2n	P_2
f_{15}	吉日日纠背斜	21	4	走向301°,近直立	301°∠2°	126°	位于中部吉日日纠地区。北翼产状30°∠27°,南翼产状215°∠28°;为向北西倾伏的直立水平背斜,涉及地层为P_2n	P_2
f_{16}	康果背斜	7.5	2.5	走向80°,近直立	80°∠14°	148°	位于中部康果地区。北翼产状30°∠22°,南翼产状120°∠19°;为向北东东倾伏的直立倾伏背斜,涉及地层为$E_{1-2}t$	E_{1-2}
f_{17}	康果向斜	7.5	2.5	172°∠86°	82°∠17°	152°	位于中部康果地区。北翼产状120°∠19°,南翼产状42°∠23°;为向北东东倾伏的直立倾伏向斜,涉及地层为$E_{1-2}t$	E_{1-2}
f_{18}	切郡背斜	11	3	335°∠84°	64°∠18°	138°	位于中部切郡地区。北翼产状25°∠23°,南翼产状120°∠30°;为向北东倾伏的直立倾伏背斜,涉及地层为$E_{1-2}t$	E_{1-2}
f_{19}	角尔曲向斜	8.7	1	走向68°,近直立	68°∠20°	116°	位于中部角尔曲地区。北翼产状120°∠30°,南翼产状20°∠28°;为向北东倾伏的直立倾伏向斜,涉及地层为$E_{1-2}t$	E_{1-2}
f_{20}	曲查玛村背斜	20	1.7	走向284°,近直立	284°∠10°	77°	位于西南部曲查玛村地区。北翼产状5°∠50°,南翼产状204°∠46°,197°∠43°;为向北西西倾伏的直立水平背斜,核部地层T_3d,两翼为T_3j	T_3
f_{21}	贡钦村向斜	7.5	1	走向114°,近直立	114°∠4°	113°	位于西南部贡钦村地区。两翼产状为:北翼190°∠35°,南翼20°∠30°;为向南东倾伏的直立水平向斜,涉及地层为T_3b	T_3
f_{22}	洛陇窝玛背斜	11	1	走向287°,直立	287°∠20°	102°	位于西南部洛陇窝玛地区。北翼产状320°∠31°,南翼产状252°∠37°;为向北西西倾伏的直立倾伏背斜,核部地层T_3j,两翼T_3b	T_3
f_{23}	盖拉贡玛背斜	7.5	2	走向121°,直立	121°∠24°	64°	位于西南部盖拉贡玛地区。北翼产状50°∠55°,南翼产状200°∠67°;为向南东倾伏的直立倾伏背斜,涉及地层为T_3j	T_3
f_{24}	达杂陇向斜	30	1	走向292°,直立	292°∠8°	114°	位于西南部达杂陇地区。北翼产状210°∠26°,南翼产状15°∠37°;为向北西倾伏的直立水平向斜,涉及地层为T_3j	T_3
f_{25}	达麦村背斜	22	2	走向288°,直立	288°∠5°	106°	位于西南部达麦村地区。北翼产状15°∠37°,南翼产状200°∠35°;为向北西倾伏的直立水平背斜,涉及地层为T_3j	T_3
f_{26}	扎隆塘村向斜	6.5	3	走向73°,直立	73°∠4°	134°	位于西南部扎隆塘村地区。北翼产状150°∠15°,南翼产状350°∠23°;为向北东倾伏的直立水平向斜,涉及地层为T_3j	T_3
f_{27}	托昌改村背斜	10	1.2	走向282°,直立	282°∠9°	132°	位于西南部托昌改村地区。北翼产状350°∠23°,南翼产状210°∠26°;为向北西西倾伏的直立水平背斜,核部地层T_3d,两翼为T_3j	T_3
f_{28}	多松通向斜	3	1	走向263°,直立	263°∠12°	84°	位于西南部多松通地区。两翼产状:北翼180°∠60°,南翼340°∠45°;为向南西西倾伏的直立倾伏向斜,涉及地层为T_3j	T_3
f_{29}	嘎隆村背斜	3.7	1.7	走向262°,直立	262°∠6°	102°	位于西南部嘎隆村地区。两翼产状为:北翼345°∠45°,南翼180°∠40°;为向南西西倾伏的直立水平背斜,涉及地层为T_3j	T_3

续表 5-2

编号	名称	长(km)	宽(km)	轴面产状	枢纽产状	翼间角	地质特征	形成时代
f_{30}	嘎隆村向斜	3.7	1.7	走向95°,直立	95°∠5°	94°	位于西南部嘎隆村地区。北翼产状180°∠40°,南翼产状10°∠40°;为向南东倾伏的直立水平向斜,涉及地层为$T_3 j$	T_3
f_{31}	底赛陇背斜	12	1.5	走向80°,直立	80°∠19°	56°	位于东南部底赛陇地区。北翼产状360°∠70°,南翼产状160°∠55°;为北东东倾伏的直立倾伏背斜,涉及地层为$J_2 q$	J_2
f_{32}	枪曲向斜	8.7	1	走向274°,直立	274°∠25°	92°	位于东南部枪曲地区。北翼产状210°∠44°,南翼产状328°∠39°;为向北西西倾伏的直立倾伏向斜,涉及地层为$J_2 q$	J_2
f_{33}	擦曲松多村背斜	20	1.5	走向294°,直立	294°∠13°	117°	位于东南部察曲松多村地区。北翼产状345°∠20°,南翼产状220°∠40°;为向北西倾伏的直立倾伏背斜,涉及地层$J_2 q$	J_2
f_{34}	玛尔钦村向斜	31.5	2	走向305°,直立	305°∠4°	96°	位于东南部玛尔钦村地区。北翼产状220°∠40°,南翼产状30°∠42°;为向北西倾伏的直立水平向斜,涉及地层为$J_2 q$	J_2
f_{35}—f_{38}	日阿档曲背斜	12	1	走向88°,直立	88°∠7°	98°	位于东部日阿档曲地区。北翼产状175°∠48°,南翼产状10°∠35°;为向北东东倾伏的直立水平背斜,涉及地层为$J_2 q$	J_2
f_{39}	错陇班尔玛背斜	8.7	3.7	44°∠82°	134°∠3°	124°	位于东南部错陇班尔玛地区。北东翼产状50°∠20°,南西翼产状220°∠35°;为向南东倾伏的直立水平背斜,涉及地层为$J_2 q$	J_2
f_{40}	麻奔背斜	15	2	走向248°,直立	248°∠20°	122°	位于东南部麻奔地区。北翼产状300°∠30°,南翼产状210°∠25°;为向南西倾伏的直立倾伏背斜,涉及地层为$J_2 q$	J_2
f_{41}	满普村向斜	2.5	2	206°∠78°	296°∠3°	138°	位于东南部满普村地区。北翼产状210°∠15°,南翼产状25°∠25°;为向北西倾伏的斜歪水平向斜,涉及地层为$T_3 b$	T_3
f_{42}	古汝咔村背斜	8	3	192°∠84°	106°∠8°	132°	位于东南部古汝咔村地区。北翼产状30°∠28°,南翼产状175°∠20°;为向南东倾伏的直立水平背斜,涉及地层为核部$T_3 j$,两翼$T_3 b$	T_3
f_{43}	拉沙陇背斜	6.5	1.5	走向264°,直立	264°∠5°	130°	位于东南部拉沙陇地区。北翼产状345°∠27°,南翼产状185°∠20°;为向南西西倾伏的直立水平背斜,涉及地层为AnCy	T
f_{44}	扎底陇背斜	6.5	1	47°∠82°	130°∠7°	112°	位于东南部扎底陇地区。北翼产状55°∠25°,南翼产状210°∠42°;为向南东倾伏的直立水平背斜,涉及地层为AnCy	T
f_{45}	荣青向斜	3.8	1.7	24°∠84°	112°∠17°	108°	位于东南部荣青地区。北翼产状185°∠44°,南翼产状50°∠35°;为向南东倾伏的直立倾伏向斜,涉及地层为AnCy	T
f_{46}	关钦朗村背斜	8.7	0.5	200°∠70°	110°∠0°	60°	位于东南部关钦朗村地区。北翼产状20°∠80°,南翼产状200°∠42°;为向南东倾伏的斜歪水平背斜,涉及地层为AnCy	T
f_{47}	江绵乡向斜	11	1	走向125°,直立	125°∠13°	102°	位于东南部江绵乡地区。北翼产状200°∠42°,南翼产状52°∠41°;为向南东倾伏的直立倾伏向斜,涉及地层为AnCy	T
f_{48}	多崩塘村背斜	1.2	0.5	64°∠83°	154°∠4°	120°	位于东南部多崩塘村地区。北东翼产状70°∠23°,南西翼产状240°∠35°;为向南倾伏的直立水平背斜,涉及地层为AnCy	T

续表 5-2

编号	名称	长(km)	宽(km)	轴面产状	枢纽产状	翼间角	地质特征	形成时代
f_{49}	曲达通向斜	16	1	走向114°，直立	114°∠0°	28°	位于西南部曲达通地区。北翼产状204°∠75°，南翼产状25°∠75°；为向南东倾伏的直立水平向斜，涉及地层为T_3bg	T_3
f_{50}	尕日卡向斜	15	1.2	188°∠84°	98°∠6°	48°	位于西南部尕日卡地区。北翼产状184°∠61°，南翼产状10°∠70°；为向南东东倾伏的直立水平向斜，涉及地层为T_3bg	T_3
f_{51}	阿秀背斜	5	1	走向284°，直立	284°∠8°	36°	位于西南部阿秀地区。北翼产状10°∠70°，南翼产状195°∠75°；为向北西西倾伏的直立水平背斜，涉及地层为T_3bg	T_3
f_{52}	本色向斜	11	1.5	17°∠82°	107°∠5°	44°	位于西南部本色地区。北翼产状195°∠75°，南翼产状20°∠45°；为向南东倾伏的直立水平向斜，涉及地层为T_3bg	T_3
f_{53}	斯玛沃布村向斜	7.5	1.8	208°∠78°	118°∠15°	80°	位于西南部斯玛沃布村地区。北翼产状190°∠33°，南翼产状35°∠32°；为向南东倾伏的斜歪倾伏向斜，涉及地层T_3bg	T_3
f_{54}	曲仲村褶皱	10	1.5	走向292°	292°∠2°	102°	位于西南部曲仲村地区。发育两背斜一向斜，产状分别为20°∠42°、204°∠35°、30°∠38°、210°∠40°，为直立水平褶皱，涉及地层为$AnCy$	T
				走向116°	116°∠2°	104°		
				走向120°	120°∠0°	100°		
f_{55}	斯玛沃布村背斜	8	2	走向104°，直立	104°∠4°	104°	位于西南部斯玛沃布村地区。北翼产状18°∠32°，南翼产状190°∠41°；为向南东东倾伏的直立水平背斜，涉及地层为T_3bg	T_3
f_{56}	着保向斜	8	2	2°∠82°	92°∠8°	108°	位于西南部着保地区。北翼产状190°∠41°，南翼产状26°∠17°；为向南东东倾伏的直立水平背斜，涉及地层为T_3bg	T_3
f_{57}	沙粒卡背斜	18	0.8	27°∠87°	297°∠40°	53°	位于西南部沙粒卡地区。北翼产状5°∠65°，南翼产状220°∠75°；为向北西倾伏的直立倾伏背斜，涉及地层为$AnCy$	T
f_{58}	赛陇通背斜	6	0.5	182°∠68°	270°∠3°	126°	位于西南部赛陇通地区。北翼产状356°∠32°，南翼产状185°∠20°；为向西倾伏的斜歪水平背斜，涉及地层为$J_{1-2}s$	J_2
f_{59}	改仁村褶皱	15	1	走向110°，直立	111°∠4°	105°	位于西南部改仁村地区。两翼产状为：北翼27°∠41°，南翼195°∠32°	为向南东倾伏的直立水平褶皱，涉及地层J_2j	J_2
				200°∠85°	110°∠4°	118°	位于西南部改仁村地区。两翼产状为：北翼190°∠20°，南翼27°∠41°		
f_{60}	吉匈达背斜	6	0.5	219°∠77°	129°∠12°	104°	位于西南部吉匈达地区。两翼产状为：北翼5°∠50°，南翼195°∠27°；为向南东倾伏的斜歪倾伏背斜，涉及地层为$J_{1-2}s$	J_2
f_{61}	本塔乡背斜	3.8	0.5	150°∠78°	60°∠4°	130°	位于西南部本塔乡地区。两翼产状为：北翼335°∠35°，南翼140°∠15°；为向北东倾伏的斜歪水平背斜，涉及地层为Nk	N

（一）基底褶皱

测区基底岩系为前石炭系恩达岩组（AnCe）和酉西岩组（AnCy）。前石炭系恩达岩组（AnCe）沿中央隆起侵入岩带的南部边缘呈近东西向展布，岩性为黑云二长片麻岩夹各种变粒岩和片岩，片麻理、片理强烈揉皱，褶皱形态十分复杂。酉西岩组（AnCy）局限于羌南索县-左贡分区内的巴青-江绵一带，主要为一套构造片岩,与上覆三叠系呈角度不整合接触。

基底变质岩系中较大规模的片理褶皱主要出现在西西岩组内,早期褶皱仅见由标志层显现出的小尺度褶皱,并多被印支期大规模片理褶皱及滑脱断层所改造,后期多期次的褶皱叠加作用亦有明显的表现。基底变质岩系的片理、片麻理产状与上覆盖层呈小角度相交,由于受后期沿不整合面自西向东滑脱(王根厚等,2004)变形,使得片理强烈平行化,不整合面上、下构造层的褶皱样式明显不同。

西西岩组因强烈的动力变形作用,原岩面理已基本被置换。现存的置换面理以宽缓褶皱为特征,褶皱面似仍具层理,但这种"层理"是置换作用产物,为大型滑脱韧性带的构造片理。由构造片理构成的宽缓背形、向形为基底变质岩系的主要宏观构造。岩系内广布一期透入性面理及线理,面理主要由石英、钠长构造片岩、二云石英构造片岩中的片理构成,线理主要为矿物拉伸线理。将透入性面理展平,分布在透入性面理上的剪切应变线理具明显优选方位,表明该期面理由近水平置换作用形成。微观尺度上可见到与主期面理相关的 S‑C 组构、"σ"形残斑系、矩形石英条带或长石碎斑系等变形构造。

1. 小型褶皱

基底变质岩系中的小型褶皱由原岩中标志层或强硬层断续分布所表现,主要有顺层褶皱、塑流褶皱、不对称流变褶皱、小型叠加褶皱等。

1)顺层褶皱

表现为由残余层理构成的小型紧闭褶皱。褶皱多见于云母石英片岩及石英岩中。云母石英片岩中,主要由黑云母矿物相对富集的暗色纹层和石英相对富集的浅色条带所显示(图5‑7)。小褶皱的两翼基本平行,轴面与区域片理一致。褶皱的转折端明显加厚,两翼减薄,有时两翼被拉断形成勾状褶皱。变质石英岩中,褶皱由石英岩与薄层云母石英变粒岩互层所显现(图版Ⅸ‑5)。两者褶皱形态相似,代表了同变质作用期片理取代原生层理的过程。

2)塑流褶皱

表现为紧闭的片理褶皱,转折端强烈增厚,翼部减薄,由一系列相似褶皱组成(图5‑8)。

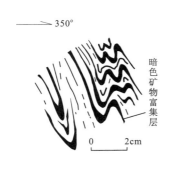
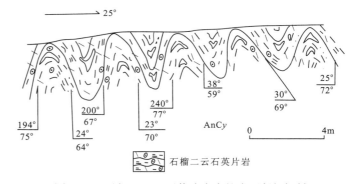

图 5‑7 云母石英片岩中顺层褶皱   图 5‑8 贡长玛二云石英片岩中的小型紧闭褶皱

3)不对称流变褶皱

由片理构成,通常表现为一翼长、一翼短,轴面倾斜,转折端较为紧闭的特征,并与区域片理有一定的交角。这类褶皱常与"M"形小褶皱相伴产出(图5‑9)。不对称小褶皱多发育在大型褶皱的翼部,"M"形小褶皱多发育于在大型褶皱的转折端部位,为大型褶皱的伴生构造,有时也发育在韧性剪切带内。

4)小型叠加褶皱

小型叠加褶皱规模较小,表现为早期褶皱轴面的再次弯曲(图5‑10,图版Ⅸ‑6)。叠加褶皱的存在表示测区存在多期的褶皱变形。

2. 区域性褶皱

测区南西部基底岩系中发育一系列区域性大型褶皱,表现为由次生片理构成的一系列背形和向形,总体形成一个向西倾伏的大型复式背斜构造。基底岩系区域性褶皱自西向东可分为3段,分别描述如下。

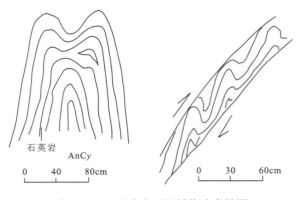

图 5-9 不对称小型褶皱构造素描图

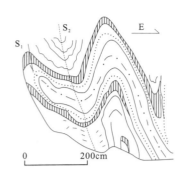

图 5-10 酉西岩组发育的小型叠加褶皱
S_1.代表早期面理；S_2.代表晚期面理

1）曲仲村基底褶皱（西段 f_{54}）

展布于测区西南部曲仲村一带，由酉西岩组构造片岩组成，长约 10km，向南东被上三叠统不整合覆盖。由两背斜和一向斜组成一个复式背斜构造。其片理产状自北向南为：20°∠42°、204°∠35°、30°∠38°、210°∠40°。褶皱轴总体走向北西，轴面近直立，枢纽向两侧倾伏，翼间角 100°左右，为开阔的直立水平褶皱。

2）沙粒卡基底褶皱（中段 f_{57}）

位于测区中南部沙粒卡一带，其轴向为近东西向，长度约 18km，核部宽度小于 1km，为一线状背形。褶皱面理为前石炭纪酉西岩组构造片理，片理面上发育拉伸线理。将片理展平，线理具有明显的优选方位。南翼被廷莫村-塔尼雄村断层（F_{26}）破坏。北翼产状为 5°∠65°，南翼产状为 220°∠75°。轴面产状为 27°∠87°，枢纽产状总体为 297°∠40°，翼间角 53°，为一倾向北东的直立倾伏背形。

该褶皱位于廷莫村-塔尼雄村逆冲断层的上盘，且靠近逆冲断层的前锋。

3）江绵乡基底褶皱带（东段 f_{43} - f_{48}）

位于测区东南部江绵乡地区，由酉西岩组构成，表现为由多个背形和向形组成的复式褶皱。轴迹呈北西西-南东东向延伸，枢纽分别向北西-南东（图 5-11）倾伏。由于后期构造影响，沿走向枢纽波状起伏。

该复式褶皱带由多个褶皱组成，各褶皱的出露长度因构造隆起出露而有所不同，一般长 4~10km。代表性褶皱如下。

拉沙陇背形（f_{43}）：位于拉沙陇地区，由酉西岩组片理构成。褶皱轴向近东西向，长约 6.5km，核部宽度大于 1km。两翼产状分别为 345°∠27°、185°∠20°，轴面近直立，枢纽总体产状为 264°∠5°，翼间角 130°，为一平缓的西倾直立背形。两翼次级褶皱发育，局部可见次级同斜倒转小褶皱。

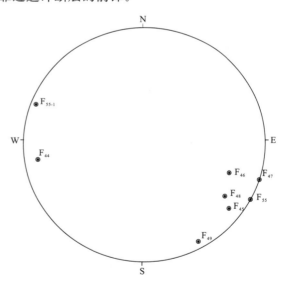

图 5-11 基底褶皱枢纽赤平投影（下半球投影）

关钦朗村背形（f_{46}）：位于测区东南部关钦朗村地区，其褶皱轴向北西西，长度约 8.7km，核部宽度 0.5km。由前石炭系变质岩系片理弯曲而成，两翼产状分别为 20°∠80°、200°∠42°，轴面产状 20°∠60°，枢纽近水平，翼间角 110°，为一中常斜歪水平背形（图 5-12）。其褶皱形态与拉沙陇背形相差较大。

江绵乡向形（f_{47}）：位于江绵乡。褶皱轴北西向，长约 11km，核部宽度约 1km。由酉西岩组片理组成，两翼产状分别为 200°∠42°、52°∠41°，轴面近直立，枢纽产状总体为 125°∠13°，翼间角 102°，为一开阔直立倾伏向形。

综上所述，基底岩系中由构造片理弯曲组成褶皱，因受后期褶皱叠加作用而使枢纽呈波状起伏。其主

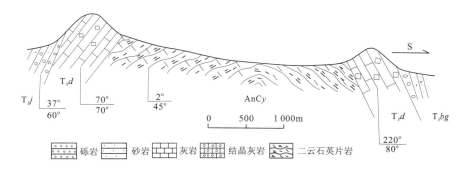

图 5-12 酉西岩组关钦朗村背斜构造素描图

AnCy. 前石炭系酉西岩组；T_3j. 上三叠统甲丕拉组；T_3d. 上三叠统东达村组；T_3bg. 上三叠统巴贡组

期褶皱时代应与上三叠统褶皱一致，但样式不同。构造片理面上发育拉伸线理，线理具有明显的优选方位，构造片理为韧性滑脱所形成。

(二)盖层褶皱

羌北-昌都构造区未见基底岩系出露，最老的盖层为下石炭统和中二叠统，两者间呈平行不整合接触，其上被下、中侏罗统不整合覆盖，中间缺失三叠系。下、中侏罗统之上被古近系角度不整合覆盖，古近系内部发育开阔的水平直立褶皱。

索县-左贡构造区沉积盖层自上三叠统开始，发育中常直立水平褶皱，褶皱翼部次级褶皱发育，组合形式为"阿尔卑斯型"褶皱，其上被中侏罗统角度不整合覆盖。褶皱形态多为近东西向中常直立水平褶皱，并被后期北西向褶皱叠加。白垩系褶皱不明显，新近系主要发育北东向开阔直立水平褶皱。

1. 下石炭-中二叠统褶皱

下石炭-中二叠统褶皱广布于羌北-昌都构造区，总体构成向北西扬起的一个大型复式向斜，且被后期断层破坏。北东翼石炭系又构成两个背斜和一个向斜构造，南西翼被中央隆起带印支期花岗岩破坏。大型褶皱翼部由一系列次级褶皱组成(图 5-13)，其上被不同时代地层覆盖。大型复式褶皱由以下几个褶皱组成。

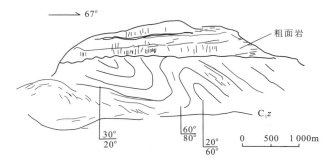

图 5-13 阿涌地区下石炭统杂多群内部褶皱素描图

C_1z. 下石炭统杂多群

当涌复式背斜(f_{10})：位于测区北部当涌一带，其轴向自西向东由北西向转为东西—北东东，再转为北西向，长度约 30km，核部宽度约 2.5km。核部与两翼地层均为下石炭统碳酸盐岩组。北翼产状 72°∠59°，南翼 220°∠30°；轴面产状 244°∠74°，枢纽产状总体为 154°∠13°，翼间角 92°，为一向南东倾伏的斜歪背斜。褶皱南翼发育多个轴面近直立的次级褶皱，自北向南地层产状为：50°∠32°、230°∠40°和 25°∠30°，表现为一向斜和一背斜构造，均为向南东倾伏的直立褶皱。与该背斜轴向呈斜交发育的有两个北西褶皱(图 5-14)，斜跨叠加于早期近东西向褶皱之上，使早期东西向褶皱轴发生弯曲，表明羌塘盆地曾经历过早期南北向挤压和晚期北东向挤压。

当曲向斜(f_{11})：位于测区北部当曲一带，其轴向由北西转为近东西向，长度约 8.75km，核部宽度约 5km，为短轴向斜。核部与两翼地层均为中二叠统诺日巴尕日保组(P_2n)。北东翼产状 5°∠55°，南西翼产状 220°∠24°，轴面产状为 194°∠72°，枢纽产状为 287°∠12°，翼间角 102°，为一向北西西倾伏的斜歪开阔向斜。与当涌复式背斜为同期构造褶皱。

巴庆大队背斜(f_{13})：位于测区北部巴庆大队地区，其轴向为北西向，长度约 12.5km，核部宽度约 2.5km，平面上为一线状背斜。核部与两翼地层均为中二叠统诺日巴尕日保组(P_2n)。北东翼产状为 55°∠55°，南西翼产状 215°∠40°，轴面产状为 225°∠83°，枢纽产状总体为 137°∠14°，翼间角 86°，为向南东

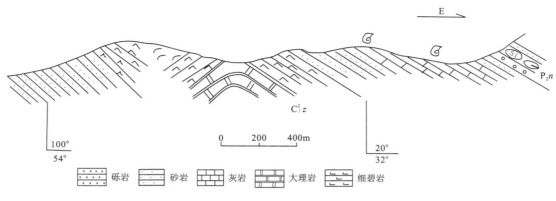

图 5-14 克罗底北下石炭-中二叠统褶皱剖面图

C_1^2z. 下石炭统碳酸盐岩组；P_2n. 中二叠统诺日巴尕日保组

倾伏的直立倾伏背斜。褶皱翼部发育一系列小型褶皱。其与当涌复式背斜及当曲向斜为同期褶皱，但因位于当曲对冲推覆系统的上盘，与当曲-阿涌断层逆冲活动一起参与变形，改造了原始褶皱的轴迹方向。

义肖玛褶皱群（f_{13}、f_{14}）：位于测区西北部义肖玛地区，由一系列轴向近北西的褶皱组成（图 5-15），长度数千米不等，核部较窄，一般不超过 1km，平面上表现为一系列线状褶皱。核部与两翼地层均为中二叠统诺日巴尕日保组（P_2n）。褶皱群可归纳为一向一背两个大规模褶皱，代表性产状自北向南依次为：25°∠57°、210°∠70°、20°∠42°、220°∠40°；轴面北倾，倾角 70°左右，枢纽走向总体为近东西向，倾伏方向或东或西，倾角一般 10°~15°。其与当涌复式背斜及当曲向斜为同期褶皱。与巴庆大队背斜一样，因位于当曲对冲推系统的上盘，褶皱的轴面均倾向南，反映了其所在的逆冲断层上盘向北逆冲的特点。

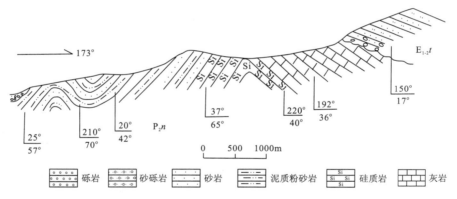

图 5-15 义肖玛中二叠统褶皱剖面图

$E_{1-2}t$. 古-始新统沱沱河组；P_2n. 中二叠统诺日巴尕日保组

吉日日纠背斜（f_{15}）：位于唐古拉山北坡吉日日纠地区，其轴向自西向东由北西向转为北西西，再转为北西向，长度约 20km，向东被侏罗系覆盖，核部宽度约 4km。核部为下石炭统碳酸盐岩组，两翼为中二叠统诺日巴尕日保组（P_2n）。北东翼代表性产状为 30°∠27°，南西翼为 215°∠28°，轴面产状为 310°∠82°，翼间角 126°，为一开阔的直立倾伏背斜。

综上所述，羌北-昌都构造区下石炭-中二叠统褶皱总体构成一个向北西西倾伏的背斜，当涌背斜和当曲向斜位于吉日日纠背斜的北翼，巴庆大队背斜位于吉日日纠背斜的南翼。义肖玛褶皱群位吉日日纠背斜的核部，成为一个系列大型"M"形褶皱，可将其统称为吉日日纠褶皱系。吉日日纠褶皱系代表了测区羌北-昌都构造区二叠纪晚期褶皱变形的特征。尽管受到后期构造改造，但仍反映该期次构造变形的主要应力为北北东-南南西向的挤压。褶皱的形成可能与二叠纪晚期测区北侧的金沙江结合带闭合有关，是海西构造运动的表现。海西构造运动在测区可分为两期，早期为升降运动，形成下石炭统与中二叠统之间的平行不整合；晚期为北北东-南南西向的挤压运动，形成测区内石炭-二叠纪构造层内以吉日日纠褶皱系为代表的大型复式褶皱。

2. 上三叠统褶皱

主要分布在索县-左贡构造区内,由上三叠统东达村组、甲丕拉组、波里拉组和巴贡组组成。背、向斜相间出露,轴迹总体呈北西西向。向斜核部为巴贡组上部灰黑色页岩夹砂岩组成,两翼为上三叠统各组地层。背斜核部为深切沟谷时,则出露前石炭系酉西岩组。褶皱轴面多为直立,转折端相对紧闭,向斜转折端向东扬起,背斜转折端向西倾伏,褶皱形态总体为直立倾伏褶皱,反映近南北向挤压的结果。该期褶皱被中侏罗统不整合覆盖,并多受到后期北东向走滑断层所破坏。

上三叠统褶皱主要分布于测区老巴青乡-江绵区一带,夹持在查吾拉-马茹断裂和本塔断裂之间,呈近东西向展布,侏罗系以下地层均卷入该期褶皱。

在荣青乡一带,由6个近东西向褶皱和7个北西向褶皱构成褶皱带。背斜核部出露吉塘岩群酉西岩组,两翼为上三叠统。近东西向褶皱规模较大,两翼产状较平缓,倾角一般在20°～40°之间,轴面陡立,枢纽呈波状弯曲并总体向西倾伏。近东西向褶皱因其南翼被本塔断裂切割,北翼被查吾拉断裂带切割而不完整。西部左档玛一带近东西向褶皱被北东向断裂左旋错开。

该期近东西向褶皱南翼发育一系列尖棱状的近东西和北东东向次级褶皱,涉及的地层主要为上三叠统。后期北西向褶皱叠加于近东西褶皱之上,两期背斜叠加形成构造隆起,核部出露前石炭系片岩,两翼为上三叠统。北东东向褶皱多为宽缓短轴褶皱,轴面走向多在20°～40°之间,枢纽近水平。

上三叠统褶皱可分为两个大规模的复式褶皱带,分别为曲查玛村复式褶皱带和曲达通复式褶皱带,两者被廷莫村-塔尼雄村逆冲断层(F_{26})分隔,为同一构造期次,不同构造变形体系的产物。

1) 曲查玛村复式褶皱带

曲查玛村复式褶皱由以下褶皱共同组成,详述如下。

曲查玛村背斜(f_{20}):位于测区西南部曲查玛村地区,其轴向近北西向展布,长度约20km,核部宽度约1.7km。核部为上三叠统东达村组(T_3d),两翼为上三叠统甲丕拉组(T_3j)。两翼代表性产状分别为:北翼5°∠50°,南翼204°∠46°;轴面走向284°,倾角近直立;枢纽总体产状为284°∠10°,翼间角77°,属向南东倾伏的中常直立倾伏背斜。褶皱位于F_{21}和F_{23}断裂之间,处在自北向南逆冲的达查村-热潜贡村逆断层(F_{23})的上盘,向西被逆断层切割,其形成时代早于达查村-热潜贡村逆断层。

贡钦村向斜(f_{21}):位于测区西南部贡钦村一带。轴迹走向自西向东由北西向转为北东东向,长度约7.5km,核部宽度约1km。核部与两翼均为上三叠统巴贡组(T_3b)。核部巴贡组揉皱发育,其中不乏紧闭小型褶皱;小型褶皱翼部可见石香肠构造。褶皱两翼代表性产状为:北翼190°∠35°,南翼20°∠30°;轴面走向近东西,倾角近直立;枢纽产状总体为114°∠4°,翼间角113°,为一近东西向的开阔直立水平向斜。因受到左行走滑断层F_{18}的切割,轴迹方向发生改变。

洛陇窝玛背斜(f_{22}):位于测区西南部洛陇窝玛地区,是测区左贡-索县构造分区内规模最大的褶皱。褶皱呈近北西向展布,长度约11km,核部宽度约3km。核部出露前石炭系酉西岩组基底变质岩系,两翼由上三叠统东达村组(T_3d)、甲丕拉组(T_3j)、波里拉组(T_3b)、巴贡组(T_3bg)构成。两翼代表性产状分别为:北翼351°∠36°,南翼215°∠53°;轴面走向287°,倾角近直立;枢纽总体产状为287°∠20°,翼间角102°,为一近东西向的向西倾伏的开阔直立倾伏背斜,属近南北向挤压构造应力作用的产物。褶皱位于自北向南逆冲的F_{26}逆断层的下盘,其形成时代早于F_{26}断裂。

嘎隆村褶皱系(f_{29}—f_{30}):位于测区西南部嘎隆村地区,褶皱特征与盖拉贡玛褶皱系基本一致,褶皱系内代表性地层产状自北向南分别为:180°∠60°、340°∠45°、180°∠40°、10°∠40°。轴迹北西西向展布,轴面走向近东西向,倾向北,倾角较大。

综上所述,曲查玛村复式褶皱带总体表现为直立水平褶皱,枢纽向北西西倾伏,核部自西向东撒开呈束状,由多个次级褶皱组成。各褶皱均为中常或开阔褶皱,轴面近直立,其组合样式为阿尔卑斯型,是廷莫-玛如乡逆断层的上盘,是测区印支期南北向挤压作用的产物。

2) 曲达通复式褶皱带

曲达通复式褶皱带由以下几个褶皱组成,详述如下。

曲达通背斜(f_{49}):位于测区西南部曲达通地区,其轴迹北西向展布,长度约16km,核部宽度约1km。

核部与两翼均由上三叠统巴贡组（T_3bg）深灰色页岩夹薄层细砂岩构成。褶皱两翼代表性产状为：北翼25°∠70°，南翼204°∠75°。轴面走向114°，倾角近直立，枢纽近水平，翼间角28°，为紧闭的直立水平背斜。与曲查玛村复式褶皱带为同一构造期次、相同构造应力作用的产物。

阿秀褶皱系（f_{50}—f_{52}）：位于测区西南部曲达通向斜的南东，由两向一背组成。其轴迹自西向东，由北西西转为近东西向，再转为北东东向或南东东向，总体束状向东撒开，长度从10～15km不等，核部宽度约1km，为曲达通向斜向南西方向延伸的复式褶皱系。核部与两翼均由上三叠统巴贡组（T_3bg）地层组成。自北向南代表性产状为184°∠67°、10°∠70°、195°∠75°、20°∠45°。轴面倾角近直立，枢纽走向近东西向，呈波状起伏，为紧闭的直立水平褶皱。是印支期近南北向挤压的产物。

斯玛沃布村褶皱系（f_{53}、f_{55}、f_{56}）：位于测区西南部斯玛沃布村一带，阿秀褶皱系的东侧，由两向斜和一背斜组成（图5-16），其轴向为北西西向，长度8km左右，核部宽约2km，为曲达通复式褶皱带向南西方向的延伸。核部与两翼地层均由上三叠统巴贡组（T_3bg）组成。向东被古近系覆盖。自北向南代表性产状分别为200°∠30°、18°∠32°、175°∠30°和340°∠60°。轴面倾角近直立，褶皱枢纽走向北西西向，呈波状起伏，为一系列直立水平褶皱。

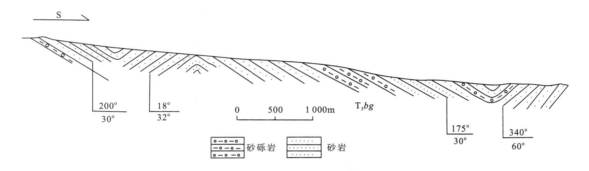

图5-16 斯玛沃布村上三叠统褶皱剖面图
T_3bg. 上三叠统巴贡组

综上所述，曲达通复式褶皱带总体表现为紧闭的直立水平褶皱。褶皱系核部自西向东撒开呈束状，由多个次级褶皱组成，各褶皱均为紧闭褶皱，轴面近直立，其组合样式为阿尔卑斯型。

曲达通复式褶皱带与曲查玛村复式褶皱带均由上三叠统巴贡组（T_3bg）地层组成。主要区别在于，曲达通复式褶皱带为紧闭褶皱系且受后期改造相对较大。

3. 侏罗系褶皱

在羌北-昌都构造区内，侏罗系与下伏中二叠统或下石炭统不整合接触；在索县-左贡构造分区内与下伏上三叠统或前石炭系角度不整合接触；在羌南多玛构造分区内未见下伏地层出露；在测区内的班公湖-怒江断片带范围内无侏罗系出露。

侏罗系褶皱是区内最为醒目的褶皱构造，褶皱发生在中侏罗世末期。不同的构造分区内侏罗系褶皱形态与组合特征有所不同，但总体呈线状褶皱，且大多数被后期断裂改造，或被北西向褶皱叠加，故褶皱形态复杂，枢纽多呈波状起伏。

侏罗系褶皱按其延伸方向可分为东西向和北西向两组。

1）北西西向褶皱

主要表现为羌北-昌都构造区中的加柔褶皱带，羌南索县-左贡构造分区内的荣青乡褶皱带和多玛构造分区内的改仁村褶皱带。

加柔褶皱带（f_1—f_9）：位于测区东北角，由一系列平缓褶皱组成（图5-17）。褶皱轴向总体呈北西西—东西向展布，长度一般7～20km不等，褶皱核部出露晚侏罗-早白垩世火山岩，轴面近直立，枢纽多向东倾伏，倾角小于5°，为平缓的直立水平褶皱，是近南北向水平挤压应力的产物。

荣青乡褶皱带（f_{31}—f_{34}）：位于测区的南东部，由一系列开阔褶皱组成。轴向总体呈北西西—东西向展布,长度一般 10～30km 不等,褶皱两翼倾角 40°左右,轴面近直立。因北西向褶皱的叠加作用,枢纽或向东或向西倾伏,倾角最大可达于 25°,翼间角一般 100°左右,为开阔直立倾伏褶皱,反映了近南北向水平挤压。此外,褶皱的翼部发育膝折构造(图 5-18、图版 IX-7),是褶皱作用发育晚期的产物。

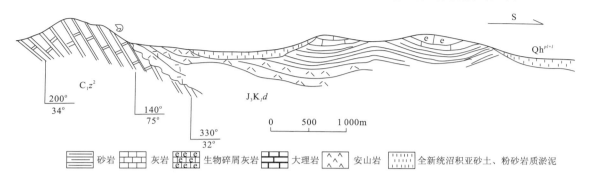

图 5-17 加勒吉-4726 高地褶皱剖面图

J_3K_1d. 上侏罗-下白垩统旦荣组;Qh^{pl+f}. 全新统沼积亚砂土、粉砂岩质淤泥

改仁村褶皱带(f_{59}):位于测区的西南部,由中侏罗世捷布曲组(J_2j)组成。褶皱轴迹近东西向延伸,两翼地层倾角多在 20°～30°,枢纽近水平,翼间角一般 110°左右,为直立水平褶皱,是班公湖-怒江带开始闭合、近南北向挤压作用的结果。

2) 北西向褶皱(f_{39})

出露于测区的东南部,并强烈地改造了北西西-东西向褶皱(图 5-19),两者叠加出现一系列的构造隆起和构造盆地。

以错陇班尔玛背斜为例,轴向 134°,轴面直立,长约 8.7km,核部宽约 3.7km,其北东翼产状 50°∠20°,南西翼产状 220°∠35°,翼间角 124°,为一平缓的直立水平背斜。该轴向褶皱除受北东-南西向挤压作用外,也与北东向走滑断裂活动有关。

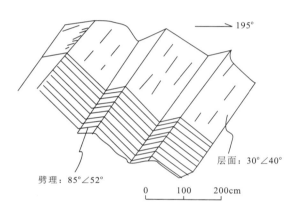

图 5-18 荣青乡北下、中侏罗统构造层内发育的膝折构造素描图

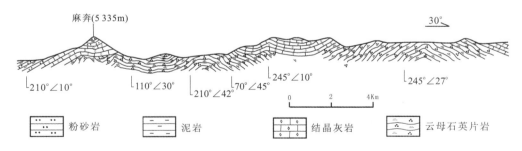

图 5-19 麻奔侏罗系北西向褶皱构造剖面图

4. 古近系褶皱(f_{16}—f_{19})

古近系褶皱发育于羌北-昌都构造区内,以角尔曲褶皱最为典型。褶皱分布于测区中部巴庆大队以南的角尔曲上游,向东被第四系覆盖,在康果地区重新出露,褶皱形态基本一致。角尔曲褶皱是由沱沱河组构成的一向一背两个褶皱,其轴向为近东西向,长度 20km 左右,核部宽度一般 2km 左右。自北向南产状分别为 25°∠23°、120°∠30°、20°∠28°。轴面近直立,褶皱枢纽走向近东西向,向东倾伏,倾角 15°～20°,背斜和向斜组成正弦波状褶皱带,为向东倾伏的平缓直立倾伏褶皱,代表喜马拉雅期构造运动的南北向挤压应力。

5. 新近系褶皱（f_{61}）

新近系褶皱分布于测区西南部的羌南索县-左贡构造分区内的本塔乡一带。表现为轴向北东向，长约3.8km的宽缓向斜。两翼为新近系康托组（Nk）陆相粗碎屑岩，核部为细碎屑岩，两翼产状分别为335°∠35°和140°∠15°，轴面产状150°∠78°，枢纽产状60°∠4°，为一向北东倾伏的斜歪水平背斜，代表测区新近系受北西-南东向挤压，是地壳物质向南东方向逃逸的反映。

（三）褶皱构造样式与形成机制

构造样式是一套相关构造总的面貌和风格，包括一类构造的多个方面，也反映具有密切联系的不同构造类型和构造要素的组合特征。一种样式的构造具有特征的几何形态、一定空间内广泛发育和共同的成因机制，而且产于特定的地质背景和一定的构造层次中。构造样式的识别是研究变形机制、构造环境和划分构造运动期次的基础，是构造分析中的重要内容。褶皱样式主要包括褶皱剖面形态、几何类型、闭合程度、波长、轴面面理发育程度和类型等方面的内容。根据对测区皱褶构造地质调查获得的第一手资料的系统分析，将测区褶皱构造样式特点归结如下。

1. 褶皱规模

波长、波幅和延伸长度是衡量褶皱规模的三大要素。测区大型褶皱（长轴＞50km）数量很少，而最常见的为小型褶皱（长轴＜20km），另有部分中型褶皱（长轴50～20km）。同时从褶皱类型看，向斜与背斜在空间分布与规模上具一定的规律性，一般背斜构造规模较大，保存相对完整，而向斜构造规模较小，形态相对不完整。

2. 褶皱剖面几何类型

根据测区内褶皱变形程度可以划分由基底岩系片理弯曲所组成的紧闭褶皱系，在基底与上覆地层之间的滑脱面附近片理面上发育一系列线理、叠加褶皱、固流褶皱；另一种为石炭纪以来，在南北向挤压下形成的宽缓背、向斜相间平行排列的近东西向褶皱系。

从闭合程度上看，大部分属于开阔褶皱-平缓褶皱，其翼间角大多在50°～130°之间，转折端大多圆滑。但局部地区发育个别形态较为紧闭的褶皱，如靠近推覆构造根带的地段或对冲逆断层的共同下盘形态较为紧闭。就不同构造层而言，老地层中的褶皱相对比新地层中的褶皱要紧闭一些。羌南多玛构造分区内三叠系褶皱相对紧闭，两翼倾角一般50°～75°，而侏罗-古新系、新近系地层中褶皱形态开阔。

3. 轴面和枢纽产状特征

褶皱轴面和枢纽的特点，反映了褶皱变形时的应力场作用方式。测区褶皱轴面以近直立为主，向南南西或北北东陡倾，少数褶皱轴面倾向北北西、南南东，以直立褶皱为主，反映形成时挤压作用方式以北北东-南南西向挤压为主。测区褶皱枢纽倾伏方向主体为北西西或南东东向，极少数倾向东西、北东或南西，倾伏角很小，一般小于13°，以直立水平褶皱为主，反映测区内以水平褶皱为主。

4. 褶皱组合特征

测区褶皱在正交剖面上总体特征显示背斜宽度小，形态较为紧闭，而向斜则宽度大且宽缓，转折端平坦、开阔，多为复式褶皱，复背斜、复向斜极为常见，以阿尔卑斯式褶皱为主。在平面上褶皱以平行排列为主，单个褶皱长短轴比值较小，呈短轴状；多数褶皱长短轴比超过10，呈线状褶皱；此外，还发育长短轴之比小于3的穹隆构造，如羌南索县-左贡构造分区的褶皱构造。

5. 褶皱形成机制及古构造应力方向

测区内褶皱以纵弯褶皱为主，并主要由近南北向区域水平挤压应力场作用形成，其长轴方向与区域构造线方向基本一致，不同期次褶皱反映的古构造应力稍有不同（表5-2）。此外，测区个别北西向褶皱呈雁列式分布,可能与左行走滑断裂活动有关。

6. 褶皱形成时间

测区褶皱具继承性发展和递进变形特征。盆地中二叠系、三叠系、侏罗系、白垩系、古近系之间均为角度不整合接触,但从石炭系到古近系中褶轴方向基本一致,仅新近系发育北西向褶皱。三叠系构造层褶皱是主期褶皱作用的产物,形成于三叠纪末印支运动。在侏罗纪末-白垩纪末燕山运动褶皱作用加强,并对原有褶皱进行叠加与改造。至古近纪的喜山运动进一步加强改造,形成现今面貌。

三、断裂构造

区内断裂构造十分发育(表5-3),按断裂的性质可分为逆冲构造、伸展构造、走滑构造和基底滑脱构造,表现出多期活动的特点。

表5-3 区内主要断层简表

编号	名称	规模 长(km)	规模 宽(m)	产状 走向	产状 倾向	产状 倾角	切割地质体	断裂特征	地貌及卫片特征	断层性质
F_1	当曲-阿涌断层	区内80	30~100	NWW	S	20°	C_1z^2, P_2n, N_1c	上盘为杂多群碳酸盐岩,下盘为上二叠统诺日巴尕日保组,多条断层组成一叠瓦状逆断层系,自南向北逆冲	可见明显的线状影纹,在地貌上为负地形	逆冲断层
F_2	尕多南断层	25	10~30	EW	直立		C_1z^2, P_2n	为尚在活动的断层,断层带可见钙华分布,与区内的北东向、南北向断层共同构造活动断层系统	可见明显的线状影纹	正断
F_3	特陇拉哈北断层	15	30~50	NWW	N	30°	P_2n, J_2q, J_3K_1d	上盘为紫红色、灰绿色硅质岩,下盘为灰白色灰岩,局部可见诺日巴尕日保组逆冲于雀莫错组之上	可见明显的线状影纹	逆冲
F_4	达尔南断层	3	2	NWW	N		P_2z, J_1n, J_2q, J_2b, J_2x, J_3K_1d	可见挤压构造破碎带,为F_3断层的分支断层	可见明显的线状影纹	逆冲
F_5	登额陇-查吾曲断层	140	30	NE	直立		$AnCe$, P_2n, P_2z, J_2q, T_3bg, $E_{1-2}n$, $E_{1-2}t$	沿断裂带低温热泉十分发育。泉华主要为钙华。钙华多被左旋剪切,切割的最新地质体为古新-始新统地层,图区内走滑位移可达6.25km	可见明显的线状影纹和地质体切割现象,具明显的负地形	左旋走滑
F_6	多玛断层系	11	10~20	10°	E	70°~80°	P_2n, P_2z, $E_{1-2}t$	沿断裂带低温热泉钙华十分发育,断裂较宽,切割的最新地质体为古新-始新统地层,表现近东西向伸展的特征	可见明显的线状影纹	正断
F_7				10°	E	70°~80°	Qh^{pl}			正断
F_8				10°	E	70°~80°	Qh^{pl}			正断
F_9	纽涌断层	7.5	2	35°	直立		Qh^{pl}, Qh^{eol}	多处泉水出露,钙华高1.5m,具多期沉积的特点	可见明显的线状影纹	正断
F_{10}	百何赛切断层	8.5	5	30°	直立		Qh^{al}, Qh^{pl}	多处泉水出露,钙华高近4m,具多期沉积的特点,局部可见小型褶皱	可见明显的线状影纹	左旋走滑
F_{11}	尕鄂恩错纳玛北断层	区内4.5km			SW	62°	J_2q	为尚在活动的断层,断层带可见钙华分布	影像特征不明显	正断
F_{12}	索瓦加布陇断层	4km		NWW	NNE	70°	P_2n, J_2x	平面见右行走滑切割地质体,水平距约40m	具明显的线状影纹	右行正断
F_{13}	纽曲南断层	区内10km		NEE	直立		J_1n, J_2q, $Tzxbi\gamma$	切割最新地质体为$Tzxbi\gamma$,水平距大于2.5km	具明显的线状影纹	左行走滑
F_{14}	岗陇日南断层	25km	40	NE	55°	75°	J_1n, $Tzxbi\gamma$, $Tzxbi\gamma$	发育糜棱岩化带,可见S-C组构,右旋切割岩浆岩体,其上盘伏于J_1n之下,成为区内岩体的北界	可见清楚的线状影像特征	左行韧性剪切

续表 5-3

编号	名称	规模 长(km)	规模 宽(m)	产状 走向	产状 倾向	产状 倾角	切割地质体	断裂特征	地貌及卫片特征	断层性质
F_{15}	岗陇日南断层	25km	40~60	NE	330°	75°	$Tcbi$、$Tz\pi bi\eta\gamma$、$Tzxbi\eta$	断层破碎带,构造透镜体发育,可见断层崖,$Tz\pi bi\eta\gamma$、$Tzxbi$ 分界,最大走滑位移可达 10km	可见清楚的线状影像特征	左行正断
F_{16}	坡赛撒断层	28.5km	70	NE	330°	75°	$Tcbi$、$Tz\pi bi$、$Tzxbi\eta$	断层破碎带,构造透镜体发育,$Tz\pi bi\eta\gamma$、$Tzxbi$ 分界,最大走滑位移可达7.5km	可见清楚的线状影像特征	左行正断
F_{17}	当木江曲断层	28km	70	52°	NW	70°	$AnCe$、J_2b、$E_{1-2}n$、$Tz\pi bi\eta\gamma$、$Tzxbi\eta$	切割了多个地层的接触界线,最大走滑位移可达 7.5km	具有十分清楚的北东向线性影像特征,沿该线状影像有蓝色调的水系	左行走滑
F_{18}	陇卯给-日根断层	75km		NE	NW	直立	$AnCe$、C_1z^2、P_2n、T_3b、J_2b、$E_{1-2}n$、$Tz\pi bi\eta\gamma$	切割了多个地层的接触界线,最大走滑位移可达 15km,是区内水平走滑位移最大的左行走滑断层	具有十分清楚的北东向线性影像,延伸稳定,切割不同色调地质体	左行走滑
F_{19}	色青能断层	10.5km		NW	SW		P_2n、J_2q、$N_1\hat{c}$	诺日巴尕日保组逆冲于雀莫错组之上,切割了始新世查保马组火山岩,具多期活动特点	卫片影像特征不明显	逆冲
F_{20}	霞舍日阿巴断层	21km		NW	NE	30°	C_1z^2、P_2n、J_2q、J_2b、J_2x	下石炭统碳酸盐岩组、诺日巴尕日保组逆冲于雀莫错组至雪山组之上,其活动时代晚于晚侏罗世	卫片影像特征不明显	逆冲
F_{21}	嘎杰村-孔雄村断层	35km	20~50	NWW	S	36°	T_3bg、$E_{1-2}n$	地貌上为负地形,见挤压构造破碎带,是中央隆起带与南羌塘坳陷的分界断裂,为多期活动断层,控制了古新世牛堡组陆相地层的发育	卫片影像特征不明显	逆冲
F_{22}	卡吉松多-珠劳拉断层	86km	20~50	NWW	S	36°	T_3b、J_2q、$E_{1-2}n$、Tzc	断层带见挤压构造破碎带,上三叠统逆冲于上侏罗统之上,与 F_{21} 为同条断层被左行走滑断层切割,是中央隆起带与南羌塘坳陷的分界断裂,为多期活动断层,控制了古新世牛堡组地层的发育	卫片影像特征不明显	逆冲
F_{23}	达查村-热潜贡村断层	35km	37	EW	N	41°	$AnCe$、T_3d、T_3b、T_3j、T_3bg、$E_{1-2}n$	断层带见挤压构造破碎带、断层三角面及泉水出露,为多期活动断层,并具正构造转换特征,控制了牛堡组的发育	卫片上具清楚的缓弧形影像	逆冲
F_{24}	舍加村-玛如乡断层	45km		EW	187°	53°	T_3d、T_3b、T_3j、T_3bg、J_2q、K_2a	可见构造破碎带和明显切割三叠-白垩系	两侧不同影像的接触界线为直线状	正断
F_{25}	改布朗村-曲丹咔村断层	25km	24	NE	SE	47°	T_3j、K_2a	构造角砾岩,地貌上为沟谷和连续的山鞍	卫片上具弧形影像	正断

续表 5-3

编号	名称	规模		产状			切割地质体	断裂特征	地貌及卫片特征	断层性质
		长(km)	宽(m)	走向	倾向	倾角				
F_{26}	廷莫村-塔尼雄村断层	82.5km	50	NWW	SE	60°	T_3d, T_3b, T_3j, T_3bg, J_2q, K_2a, $E_{1-2}n$	发育构造破碎带,地貌上为沟谷和连续的山鞍。切割白垩系	卫片上具清楚的线性影像	正断
F_{27}	曲仲村断层	22.5km		NE		直立	T_3d, T_3j, $E_{1-2}n$	发育构造破碎带,地貌上为沟谷和连续的山鞍,控制了古新世牛堡组的发育	不十分清晰的北东向线性构造	左行走滑
F_{28}	谷美北断层	13.5km		NE		直立	T_3d, T_3j, J_2q	水平断距约 1km,切割中侏罗统	北东向线性构造左行错动了 J_2q 与 T_3b 的界线,反映了断层具有左行特征	左行走滑
F_{29}	日阿日通断层	10.5km		NE	SE	40°	T_3d, T_3j, J_2q	水平断距约 800m,切割中侏罗统		左行走滑
F_{30}	日陇萨-枪多断层	37.5km		NE	SE	40°	AnCy, T_3d, T_3j, J_2q	水平断距约 1km,切割的最新地质体为中侏罗统,其南端被 F_{26} 所截切	北东向直沟及一系列的山脊缺口、山鞍及直线状山脊,显示出一明显的线性影像	左行走滑
F_{31}	玛乃阳坎断层	2km	5	NNE	E	59°	AnCy, T_3d, T_3j, J_2q	可见断层破碎带,构造角砾岩定向排列,指示其为正断层	具明显的线状影纹	正断
F_{32}	多崩塘村断层	11km	100	280°	NE	58°	AnCy, T_3d, T_3j, J_2b	可见断层破碎带	具明显的线状影纹	正断
F_{33}	卡窝多堡北断层	5km	80	280°	5°	40°	AnCy, T_3d, T_3j, J_2b	可见断层破碎带	卫片上具线性影像特征	逆冲
F_{34}	本塔乡断层	区内50km	100~150	NWW	30°	60°	T_3bg, J_2j, $J_{1-2}s$, Nk	可见断层破碎带和牵引褶皱,表层由一系列的向南逆冲的逆断层组成叠瓦状逆冲系统,是多玛分区与索县-左贡分区的分界断裂。控制了始新世地层的发育,表现出多期活动的特点	卫片上可见明显的线状构造	
F_{35}	尕日依-扎青断层	15km	15	104°	24°	80°	J_2j, $J_{1-2}s$, Nk	可见断层破碎带,控制了康托组的发育,被后期的 NW 向走滑断层切割,表现为多期活动特点	卫片上呈线状构造,两侧地形被错开	正断走滑
F_{36}	盖纳玛断层	5.5km	15	NWW	24°	80°	J_2j, Nk	与 F_{35} 为同一条断层,被后期的 NW 向走滑断层错断	卫片上呈线状构造	正断走滑
F_{37}	玛双布断层	13km	40	115°	SW	65°	J_2j	可见断层破碎带	卫片上呈线状影像	正断
F_{38}	吉甸达断层	7.5km		95°	NE	70°	J_2j, $J_{1-2}s$	可见断层角砾岩和断层崖	卫片上呈线状影像	左行正断
F_{39}	纳尧日南断层	区内6km		NWW	205°	48°	J_2j, T_3q	切割了晚三叠世岩浆岩,是班公湖-怒江构造带与多玛分区的分界断裂,早期为逆断层,后期活动,表现为正断层,具构造多期活动、构造反转的特点	卫片上具明显的线状影像	正断

伸展构造和走滑构造现今仍多在活动，沿断裂发育大量的低温热泉和泉华。这两种活动类型断裂按方向可分为近东西向、北东向、北西向和近南北向4组。其中近东西向规模最大，但以北东向断裂最为发育。伸展构造主要出现在测区的北部，以走向近南北向为主，是高原新生代近东西向伸展的产物，是青藏高原隆升地壳物质向东逃逸的转换构造形式(尹安,2001)；北东向断裂多为左行走滑断裂。

区内逆冲断层可分两套形成时代相近的逆冲推覆系统，部分断层活化，转换为北西西向正断层，改变了断层原有的性质。

根据不同走向、不同性质的断裂的发育特点，测区内可分为南、中、北3个断层系统。南部断层系统发育于班公湖-怒江带内，以北西向逆冲断层(后反转为正断层)和北西向走滑断裂为主；中部断层系统发育于南羌塘陆块和中央隆起带内，以北东向大型走滑断裂为主，是测区内的主要断裂系统，也是高原地壳物质向东挤出的构造表现形式；北部断层系统发育于北羌塘陆块内，以逆冲推覆构造和近南北向正断层为主，是高原晚新生代近南北向裂谷系的表现(Burchfiel et al,1991；Yin et al, 1999)。

(一)逆冲构造

逆冲构造可分为4个逆冲推覆构造系统，自北向南分别为当曲逆冲推覆构造系统、查吾拉逆冲推覆系统、本塔-纠达叠瓦状逆冲系和纳尧日南逆冲断裂带。

1. 纳尧日南逆冲断裂带(F_{39})

纳尧日南逆冲断裂带分布于测区的西南角，图内长约6km，是安多弧形断裂带(安多幅)在区内的东延，属班公湖-怒江缝合带的组成部分。该断裂带在测区内仅见一条呈北西西向逆冲断层(F_{39})，其间发育许多与其平行的次级断裂及韧性变形带，构成一个由南向北逆冲的叠瓦状构造。断裂带宽度变化大，向南延出图区，最大宽度可达10km以上，伴有一系列的次级断裂。

纳尧日南断层面产状205°∠48°(图5-20)，向西与邻区的116道班断裂相接。其上盘班公湖-怒江地层区的上三叠统确哈拉组(T_3q)细粒碎屑岩夹泥灰岩，逆冲于多玛地层分区生物碎屑灰岩夹细砂岩的捷布曲组(J_2j)之上。断层破碎带发育，带内见各种类型碎裂岩，有碎粉岩、碎裂岩和构造透镜体等。构造岩大部分已经固化成岩。已固结的构造透镜体定向排列，表现逆断层性质。不成岩的构造透镜体不具定向排列，大者长25cm，小者2cm左右，其长短轴之比约4∶1～7∶1。构造透镜体上发育的断层擦痕和阶步(图5-21)及构造破碎带内片理化带和牵引褶皱(图5-22)均反映逆断层的特点。在本塔-纠达逆冲断层(F_{34})附近发育数条小规模的正断层(图5-23)，反映了该断裂带至少具有两期不同性质的活动。

据纳尧日南断层切割的地质体、构造角砾的成分，并结合区域资料分析，断层早期挤压逆冲活动发生于晚白垩世，后期伸展正断发生于古近纪至新近纪，与其北侧的正断层(F_{37})同期活动。其中后期正断性表现更为明显，在区域上控制了古近纪地层的发育，地貌上形成一系列断层三角面和泉华。

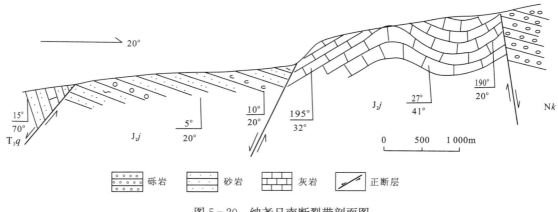

图5-20 纳尧日南断裂带剖面图

T_3q.上三叠统确哈拉组；J_2j.中侏罗统捷布曲组；Nk.新近系康托组

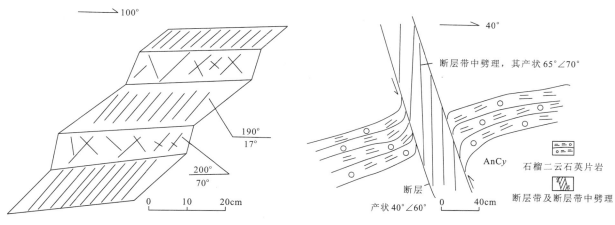

图 5-21 纳尧日南逆冲断裂发育的断层阶步与擦痕　　图 5-22 江绵布陇东构造破碎带内的片理化带和牵引褶皱

AnCy. 前石炭系酉西岩组

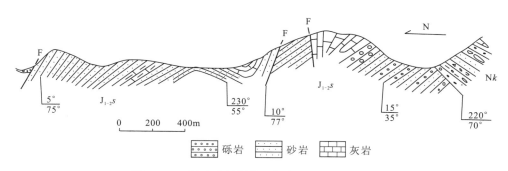

图 5-23 纠达逆断层伴生的小型正断层剖面图

$J_{1-2}s$. 下中侏罗统色哇组；Nk. 康托组

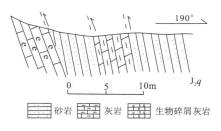

图 5-24 本塔-纠达断裂叠状断层带素描图

2. 本塔-纠达叠瓦状逆冲系（F_{34}）

本塔-纠达叠瓦状逆冲系分布于测区南部，出露长约50km，向西与安多县幅温泉-本曲断裂相连，是羌南索县-左贡构造分区与多玛构造分区的分界断裂。断裂以南为多玛分区，主要为侏罗纪生物碎屑灰岩和细粒碎屑岩，褶皱样式多为近东向的中常褶皱。断裂以北为索县-左贡构造分区，本塔-纠达断裂呈北西西-南东东向横贯测区西南角。其北侧的索县-左贡构造区发育有前石炭系基底，盖层主要为中生代碎屑岩沉积，发育紧闭褶皱。该断裂带由于一系列叠瓦状逆冲断层组成（图5-24），总体表现为自南向北逆冲，统称为本塔叠瓦状逆冲系。

本塔-纠达断裂呈北西西-南东东向横贯测区西南角，其上盘为索县-左贡构造区上三叠统巴贡组细粒碎屑岩，下盘为多玛构造分区捷布曲组细粒碎屑岩与灰岩（图5-25）。断层面产状为170°～178°∠35°～60°，断层带出露宽度约150m，发育构造角砾岩（图5-26）。角砾成分主要有砂岩、砾岩及少量花岗质岩石，呈次棱角状-次圆状，大者约56cm，小者约5cm，角砾间为同成分细粒砂质充填，钙质胶结，砾石具定向排列（图5-27），表现为逆断层的性质。

断层控制着始新统康托组陆相地层的发育，部分地段断层破碎带加宽、断层面产状变陡甚至发生倒转，产状为350°∠70°～85°，局部倒转产状184°∠61°。沿断层带广泛发育断层崖，走向为295°，倾向南西，倾角60°，为后期构造反转的产物，说明本塔叠瓦状逆冲系在古近纪始新世之后重新活动为南北向伸展。由伸展产生的构造角砾岩与挤压构造角砾岩相似，但多呈棱角状-次棱角状，无定向性，胶结不完全。

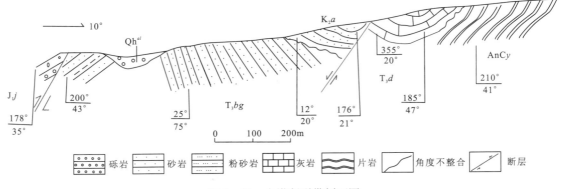

图 5-25 本塔断裂带剖面图

AnCy. 前石炭系酉西岩组；T_3bg. 上三叠统巴贡组；J_1j. 捷布曲组；K_2a. 上白垩统阿布山组

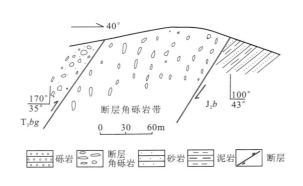

图 5-26 本塔逆冲断裂带构造角砾岩素描图

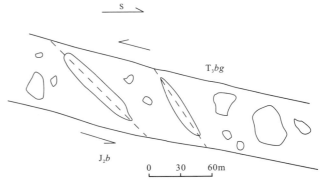

图 5-27 本塔逆冲断裂带构造角砾岩定向排列素描图

J_2b. 中侏罗统布曲组；T_3bg. 上三叠统巴贡组

本塔叠瓦状逆冲系在本曲和纠达汇聚部位转向沿纠达展布,该段断层亦是索县-左贡分区与多玛构造分区的分界断裂,主要表现为一系列的逆冲叠瓦状断层(图 5-28),后期南北向伸展不发育或者不明显,可能是由于吉匈达走滑断层(F_{38})转换的结果。

纠达段每条逆冲断层发育约 50m 宽的断层破碎带,带内岩石为构造角砾岩。角砾成分有石英砂岩和粉砂岩,次棱角-棱角状,形状复杂,无定向分布,

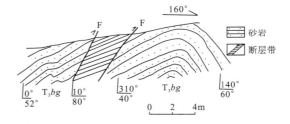

图 5-28 本塔-纠达断裂叠瓦状断层带素描图

含量 55%,角砾间为同成分岩粉充填,充填物含量约 35%,硅质胶结。角砾岩发育有网状石英脉,脉宽 1～2cm。从断层的近地表特征分析,向深处可能交于一条断层,构成逆冲叠瓦扇。每个扇体内地层岩性差别较大,并伴生不对称褶皱,扇体旋转与不对称褶皱均呈现出断层上盘向上运动。

本塔段与纠达段应为同一逆冲推覆构造系统,挤压活动发生于晚白垩世晚期,并被北西向走滑断层所切割,说明本塔-纠达叠瓦状逆冲系具有多期次、多性质活动的特性。

3. 查吾拉逆冲推覆系统(F_{21}、F_{22}、F_{23}、F_{24}、F_{26})

查吾拉逆冲推覆系统发育于测区的中南部,本塔-纠达断裂带以北,中央隆起带以南的广大地区,由多条逆冲断层组成。自北向南,规模较大的分别有嘎杰村-孔雄村断层(F_{21})、卡吉松多-珠劳拉断层(F_{22})西段、达查村-热潜贡村断层(F_{23})、舍加村-玛如乡断层(F_{24})、廷莫村-塔尼雄村断层(F_{26});规模较小的如多崩塘村断层(F_{32})和卡窝多堡北断层(F_{33})。上述断层共同构造一个根带位于中央隆起带南侧的巨型叠瓦状逆冲推覆构造系统(图 5-29)。断裂带宽度变化大。各断层均表现为由北向南的逆冲,断层由南而北倾角逐渐增大,并发育糜棱岩。逆冲推覆系统根带发育自南向北逆冲的嘎杰村-孔雄村断层(F_{21})。中带及锋带发育多条自北向南逆冲的逆断层,其前锋断裂为廷莫村-塔尼雄村断层(F_{26}),前锋覆盖于多玛分区

的中侏罗统之上,所以多玛构造分区应为一准原地系统。逆冲推覆系统的南侧班公湖-怒江带以测区内的纳尧日南逆断层自南向北逆冲。各逆冲断层的变形特征如下。

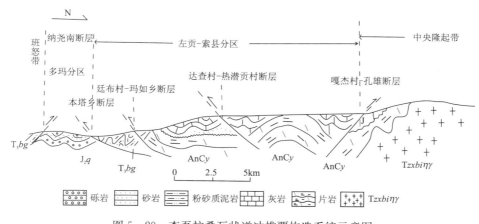

图 5-29 查吾拉叠瓦状逆冲推覆构造系统示意图
J_2q. 中侏罗统雀莫错组；T_3bg. 上三叠统巴贡组；AnCy. 前石炭系酉西岩组

1)嘎杰村-孔雄村断层(F_{21})

嘎杰村-孔雄村断层位于测区中部,是中央隆起带与羌南索县-左贡构造分区的分界断裂。断层总体走向北西西,断层面产状 195°∠83°,表现为自南向北的逆冲断层,上三叠统巴贡组逆冲于古近系牛堡组之上。断层破碎带宽度大于50m,构造角砾岩呈现挤压特点。断裂带内发育一系列次级逆断层,构成叠瓦扇。扇体中可见旋转现象和牵引褶皱,指示次级断层上盘上升。

嘎杰村-孔雄村断层东端被后期北东向左行走滑断层所切割,水平位移近15km,成为卡吉松多-珠劳拉断层(F_{22})的西段。其活动时代应在晚白垩世,控制了古新统牛堡组陆相沉积。

2)卡吉松多-珠劳拉断层(F_{22})

卡吉松多-珠劳拉断层位于测区的中部,中央隆起带的南侧。构造变形特点与嘎杰村-孔雄村断层(F_{21})相似,走向近东西向,断层面北倾,倾角78°,断层挤压破碎带发育,主要表现出逆冲断层特征。

后期左行走滑断层沿该断裂带活动,水平总位移达650m,左行剪切了印支期花岗岩,构成一个新近纪以来的左行走滑断层。

3)达查村-热潜贡村断层(F_{23})

达查村-热潜贡村断层位于测区中西部,嘎杰村-孔雄村断层(F_{21})南侧,是逆冲推覆构造系统(图5-30)中第一条自北向南逆冲的断层。断层总体走向为北西西向,平面上呈弧形展布。在地貌上呈现为山鞍和沟谷负地形,在卫片影像上具清楚的线性影像。西段断层面总体产状 25°∠47°,可见宽约37~40m的构造扁平砾岩系,砾石的主要成分深灰色中粒石英砂岩,含量50%~60%。形态为扁平透镜状,大者17cm,小者仅1cm,平面上具弱定向斜列特点。砾石间为同成分的岩粉充填,硅质胶结。砾石AB面产状统计(23个)结果显示,砾石A轴产状为326°~12°∠49°~58°,指示该断层为自北东向南西的左行逆断层。断层上盘的前石炭系酉西岩组和上三叠统巴贡组逆冲覆盖于下盘古近系牛堡组之上。巴贡组中发育牵引褶皱(图5-31)。

达查村-热潜贡村断层东延后,走向转为近东西向,断层面产状 12°∠43°,断层上盘为上三叠统巴贡组,下盘为巴贡组和古近系牛堡组(图5-32)。断层带内发育约40m宽的破碎带,带内为构造扁平砾岩(图5-32)。砾石呈次圆-圆状,较大者11cm,小者约2cm,略呈定向排列。砾石含量约45%~60%,基质为同成分的岩粉(砂岩及少量粉砂岩),硅质胶结,致密坚硬,局部有蜂窝状空隙。AB面的产状统计(15个砾石)为长轴产状 5°~12°∠54°~72°。

该断裂的东段由3~4条逆断层组成小型叠瓦状,每条断层宽约52~109cm。带内为断层角砾岩,砾石的成分以砂岩为主,具明显定向排列,沿断层系呈斜列状排列。在剖面上显示逆断层特征;在平面上指示右行走滑运动。因此,达查村-热潜贡村断层具逆冲与左行走滑双重特点。

沿达查村-热潜贡村断层发育一系列断层崖及断层三角面,显现南北向伸展运动的特点。同时,沿断

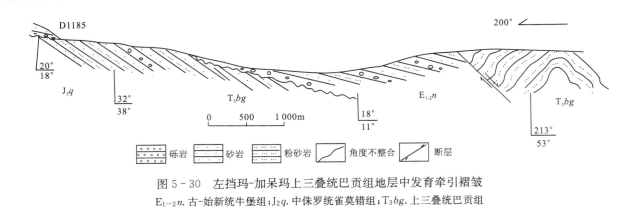

图 5-30 左挡玛-加呆玛上三叠统巴贡组地层中发育牵引褶皱
$E_{1-2}n$. 古-始新统牛堡组；J_2q. 中侏罗统雀莫错组；T_3bg. 上三叠统巴贡组

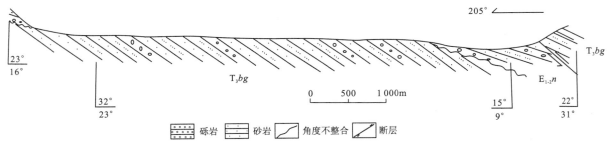

图 5-31 达查村-热潜贡村断层东段剖面图
$E_{1-2}n$. 古-始新统牛堡组；T_3bg. 上三叠统巴贡组

裂带分布多处温泉。温泉周围泉华发育，两侧可见清楚的断层裂隙，并伴有硫化氢等气体喷出，显示断层至今尚在活动。该断裂南东侧的舍加村-玛如乡断层（F_{24}）是其分支断层，南北向伸展表现更为强烈，其北侧形成了断层面南倾的正断层，局部断层产状 187°∠53°。

达查村-热潜贡村断层是始新统陆相沉积的控制断裂。牛堡组陆相碎屑岩沉积的分布局限于断裂的前缘，为类前陆盆地沉积，剖面厚度大于 727m。

综上所述，达查村-热潜贡村断层至少

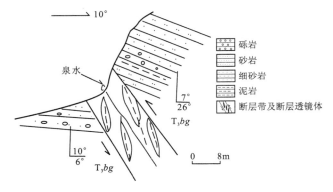

图 5-32 达查村-热潜贡村断层东段构造角砾岩素描图
T_3bg. 上三叠统巴贡组

有两期不同性质的活动。早期以自北向南逆冲为主并伴有左行剪切滑动，活动时代为晚白垩世-古近纪始新世。后期为南北向伸展运动，表现为一系列的活动正断层，其活动时代为古近纪始新世至今。

4）廷莫村-塔尼雄村断层（F_{26}）

廷莫村-塔尼雄村断层位于测区的西南部，北西西向展布，长约 82.5km，在卫片上具清楚的线性影像，地貌上表现为连续的山鞍。上盘为上三叠统巴贡组，下盘为前石炭系，断层面产状 207°∠60°，为正断层。沿断层发育有 47~50m 宽的构造角砾岩带，角砾呈次棱角-棱角状，成分与围岩基本一致。角砾大者 23cm，小者约 2cm，形状复杂，无定向排列，含量约 70%。角砾间为同成分岩粉充填，充填物含量约 30%，硅质胶结，局部发育网状石英脉。

沿断层发育具明显定向的构造透镜体，显示自北向南的逆冲性质。由此认为，该断层早期为自北向南逆冲；后期为南北向伸展正断并控制了古近纪始新世沉积。挤压逆冲活动于晚白垩世—古近纪始新世，正断活动于始新世至今。

5）查吾拉逆冲推覆系统的伴生次级逆冲断层（F_{32}、F_{33}）

查吾拉逆冲推覆系统不仅发育4条大的逆冲断层,同时伴生一系列次级逆断层。

多崩塘村断层(F_{32})分布于测区中部南侧,长约11km。断层走向近东西,断层面倾向北,倾角58°。断层挤压破碎带发育,宽近200m(图5-33),并发育揉皱。断层破碎带内伴生的小褶皱指示了伸展后再挤压的性质,较其同期主断层活动复杂,说明主断层被后期南北向伸展破坏强烈。

断层后期亦具韧脆性伸展正断的特征(图5-34)。后期伸展使断层两侧的灰岩发生韧性变形,形成了糜棱岩,表明南北向伸展正断层的影响深度较大。

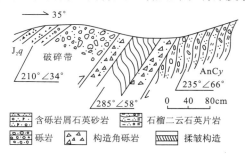

图5-33 多崩塘村断层构造破碎带素描图
J_2q. 中侏罗统雀莫错组;$AnCy$. 前石炭系酉西岩组

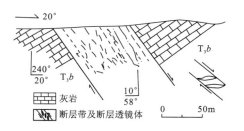

图5-34 多崩塘村波里拉组内断层构造破碎带素描图

卡窝多堡北断层(F_{33})位于测区的中部南侧,走向280°,断层面产状5°∠40°。断层面上擦痕侧伏向西,侧伏角70°。断层带宽约80m,发育构造砾岩及断层泥。构造砾岩中的砾石为大理岩和二云石英片岩,呈次棱角状-次圆状,扁球体或椭球体,大者20cm,小者仅0.5cm,且具定向排列,其AB面与断层面夹角10°~20°(图5-35)。断层破碎带中间见断层泥,宽约20~30m。

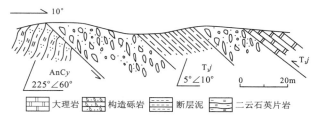

图5-35 卡窝多堡北断层破碎带素描图
T_3j. 上三叠统甲丕拉组;$AnCy$. 前石炭系酉西岩组

综上所述,查吾拉逆冲推覆系统具有如下特点:①总体呈近东西向分布,不同地段走向有变化。断层面总体向北倾斜,地表倾角较陡,一般55°~70°。②逆冲方向自北向南,由同期褶皱的缩短量计算出断层位移大于3km。根带发育自南向北的反向逆冲断层,总体构造一个较完整的逆冲推覆体系。③该断层系统中每一断层均发育宽度不等的断层破碎带,且同一断层的不同地段破碎带宽度不等,最窄处仅有几米,最宽处达200m。断裂破碎带内的构造岩主要为碎裂岩系,包括断层角砾岩、碎粒岩或碎斑岩、碎粉岩、构造透镜体和断层泥,大部分地段构造岩具带状对称分布特征。④该逆冲推覆系统活动时间长,控制了上白垩统与古新统的发育,切割了燕山期的近东西向褶皱,是控制测区现代构造格局的重要断裂之一。⑤该断层总体表现出3期构造变形:第一期为南北向伸展,形成时代大致为白垩纪早期;第二期具有逆冲作用兼右行走滑特点,形成于晚白垩世至古近纪古新世;第三期为南北向伸展,形成于新近纪,至今仍在活动。其中,第二期、第三期表现明显,尤以第三期活动保留下的构造形迹较为突出。

4. 当曲逆冲推覆构造系统(F_1、F_2、F_3、F_4、F_{19}、F_{20}、F_{22})

当曲逆冲推覆构造系统位于测区西北部,中央隆起带以北的广大地区,由多条逆冲断层组成。自北向南,规模较大的逆冲断层有当曲-阿涌断层(F_1)、尕多南断层(F_2)、特陇拉哈北断层(F_3)、达尔南断层(F_4)、色青能断层(F_{19})、霞舍日阿巴断层(F_{20})和卡吉松多-珠劳拉断层(F_{22})东段。上述断层的活动时期相同,因逆冲方向不同而组成两个对冲式逆冲推覆构造(图5-36)。北部对冲式构造系统以当曲为中心,其北侧逆冲断层(F_1、F_2、F_3、F_4)断层面北倾,自北向南逆冲;南侧逆断层(F_{19})断层面南倾,自南向北逆冲,根带应位于图区以北地区。南部对冲式构造系统由两条相向逆冲的逆断层(F_{20}、F_{22})组成。两套对冲式逆冲系统运动方式相似,切割的地质体相似,构造变形特征相似,应为同期活动的逆断层。

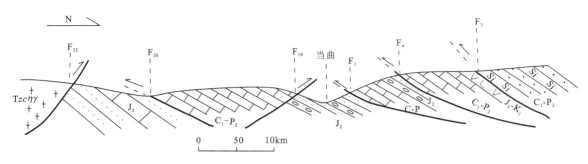

图 5-36 当曲对冲式逆冲构造系统示意图

C-P. 石炭-二叠系；C_1-P_2. 下石炭-二叠统；J_2. 中侏罗统；J_3-K_1. 上侏罗-下白垩统；$Tzc\eta\gamma$. 三叠纪中粗粒二长花岗岩

1）北部对冲式构造系统

北部对冲系统规模较大，总体呈近北东东西向展布。对冲构造系统由当曲-阿涌断层（F_1）、尕多南断层（F_2）、特陇拉哈北断层（F_3）、达尔南断层（F_4）和色青能断层（F_{19}）5条大规模逆断层组成。各断层的构造特征如下：

（1）特陇拉哈北断层（F_3）：位于测区东北缘，呈北西西向展布，向西延出测区，是当曲对冲式逆冲推覆构造系统最北侧逆断层。断层在地貌上呈现为山鞍和沟谷等负地形，在卫片影像上具清楚的线性影像。断层上盘为中二叠统诺日巴尕日保组（图版Ⅸ-8）和上侏罗-下白垩统旦荣组。其下盘为下石炭统杂多群和中侏罗统雀莫错组。断层向东延伸至夏陇农东，可见日巴尕日保组向南逆冲覆盖于雀莫错组之上，活动时代应晚中侏罗世。

断层面产状 13°∠20°，倾角较小，在平面上呈曲线状展布，发育飞来峰和构造窗（图版Ⅹ-1）。飞来峰为日巴尕日保组紫红碎屑岩夹硅质岩，地貌上十分醒目。飞来峰前缘距与其相连的逆断层前锋约450m。构造窗位于飞来峰与逆断层前锋之间出露断层下盘地层，岩性为中二叠统碎屑岩与生物碎屑结晶灰岩互层。

（2）达尔南断层（F_4）：位于测区的东北角，呈北西西向展布，与尕多南断层（F_2）可能为同一条断层。在达尔南断层内见约2m宽的断层破碎带，其间发育断层角砾岩并见褐铁矿化现象。在尕多南断层带内可见高约1.8m的钙华，钙华胶结致密，其中含第四系砾石，说明断层具多期活动特点，且其活动的上限可延续到第四纪。

（3）当曲-阿涌断层（F_1）：位于测区的东北部，测区内长度约80km，在地貌上表现为一系列河谷，自南东方向至北西方向分别为阿涌、玛森曲、撒当曲和当曲。在卫片上具有不明显的曲线状影纹。因第四系强烈覆盖，无明显地表露头，所以断层面的总体产状不详。从地层的叠置关系分析，应为一规模较大的逆断层，是当曲对冲式逆冲系统北部对冲构造向南逆冲的前锋断层。上盘（北侧）为下石炭统杂多群碳酸盐岩，逆冲覆盖于下盘（南侧）的中侏罗统雁石坪群之上，断层运动方向为自北向南逆冲。

（4）色青能断层（F_{19}）：位于测区东侧中部，当曲-阿涌断层的南侧，是北部对冲构造系统的唯一自南向北逆冲的逆断层。断层呈北西西向展布。断层面产状220°∠20°。在剖面上由两条自南向北逆冲断层构成叠瓦状（图5-37）。断层上盘（南侧）为下石炭统灰色含生物碎屑灰岩；中间扇体为下石炭统灰白色大理岩；下盘为中二叠统灰色细粒碎屑岩夹灰绿色放射虫硅质岩。两条逆冲断层向下相交成为一条底板断层。

该断层向东合并为一条逆冲断层，发育宽约50m的断层破碎带和牵引褶皱（图5-38），牵引褶皱指示断层上盘自南向北逆冲的运动特征。断层破碎带内发育断层角砾岩，角砾成分主要为硅质岩，大小一般在5~50cm之间，无定向排列，含量约70%，其间为同成分细粒岩石粉屑填充，硅质胶结。

当曲对冲式逆冲系统的北部对冲构造带内发育的中二叠统放射虫硅质岩，是较深水体沉积的产物。该构造带以南、中央隆起带以北地区，中二叠统以复理石相碎屑岩为主，表现为活动构造背景下的产物。这说明中二叠世该地区水体自中央隆起带向北逐渐加深的特点，碎屑岩的源岩来自于南侧的索县-左贡构造分区，是多岛洋构造背景的证据之一。

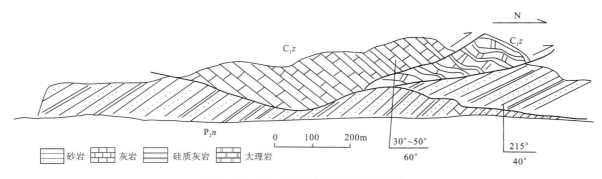

图 5-37　色青能逆冲推覆构造素描图

C_1z. 下石炭统杂多群；P_2n. 中二叠统诺日巴尕日保组

沿当曲对冲式逆冲系统北部广泛发育新近纪高钾质火山岩，向南东方向可与囊谦盆地的高钾质火山岩相连（邓万明，2001），向北西方向可与乌兰乌拉湖地区的高钾质、钙-碱性火山岩带相连（Yin，2002；邓万明，2001），该带火山岩的时代为 52.7Ma～59.7Ma（邓万明，2001）。尹安（2001）认为：高钾质火山岩大部分由三叠系混杂岩组成的藏北下地壳在风火山-囊谦褶皱逆冲带和祁曼塔格-北昆仑逆冲系的逆冲作用发生期间被俯冲到地幔深处所形成；羌

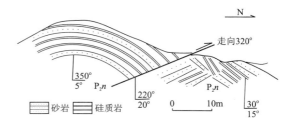

图 5-38　色青能逆冲推覆构造断层带素描图

P_2n. 中二叠统诺日巴尕日保组

塘盆地中部（20Ma～40Ma）钙-碱性火山岩可能与拉萨地体俯冲在羌塘地体之下有关。这些特征均能说明沿该构造带为一构造薄弱部位，可能是两个洋岛的结合部位，但该断裂带的挤压逆冲活动时限能否推至 20Ma～40Ma，还应进一步研究。

2）南部对冲式构造系统

南部对冲式构造系统相对简单，由两条运动方向相反的逆断层组成，分别是霞舍日阿巴断层（F_{20}）和卡吉松多-珠劳拉断层（F_{22}）东段。该对冲式构造系统的共同下盘为中侏罗统，北侧霞舍日阿巴断层上盘的下石炭统至中二叠统的碎屑岩向南逆冲于下盘之上。北侧卡吉松多-珠劳拉断层东段上盘的印支期花岗岩向北逆冲于下盘之上。

综上所述，当曲对冲式逆冲系具有如下主要特征：①断裂带系由多条分支断层组成，总体成近北西西向并向南凸出的弧形展布。断层面较产缓，倾角在 13°～20°之间。②断层下盘最新地层为晚侏罗-早白垩世的旦荣组火山岩，断层上盘最老地层为下石炭统碎屑岩组。③断层破碎带规模不大，个别地段可见一系列的叠瓦状逆断层和牵引褶皱，指示了断层的运动性质。④该逆冲推覆系统活动时间长，破坏了燕山晚期的近东西向褶皱，具两期不同性质活动。早期为南北向挤压逆冲作用，主要活动于晚白垩世；晚期为南北向伸展，活动于新近纪至第四纪。

（二）伸展构造

区内伸展构造按构造方位可分为近南北向、北西西向和北东向。按构造组合特征可分为半地堑式南北向正断层引起的近东西向伸展、北西西向逆断层的北北东向伸展活化正断层与走滑断层伴生的北北东向伸展、北西向左行走滑派生的北西-南东向伸展，以及北西向正断层 4 种。现分别介绍如下。

1. 半地堑式南北向正断层系（F_6、F_7、F_8、F_9、F_{10}）

半地堑式南北向正断层系位于测区的北西部，由多玛断层系（F_6、F_7、F_8）、纽涌断层（F_9）和百何赛切断层（F_{10}）共 5 条断层组成。

多玛正断层系由 3 条近南北向正断层组成，断层产状一致，延伸较稳定，倾向东，倾角 70°～80°。沿断层系发育 8～12cm 宽的张性破裂面，并发育泉华群。泉华群排列方向 10°，有 11 个喷口，彼此间距 80～

120m。单个泉华呈圆锥状(图版Ⅸ-1、2),直径10～20m,高3～5m。

纽涌断层(F_9)和百何赛切断层(F_{10})位于多玛断层系南东向25km范围内,走向北北东,倾向东,倾角近直立,同样发育钙华,显示正断层的性质。

上述近南北向断层共同组成一个半地堑式的正断层系统,断层东倾,断层上盘依次向东断落。断层切割了古近系和第四系全新统,表明其活动始于中新世或上新世早期,至今仍在活动。

半地堑式南北向正断层系向东为登额陇-查吾曲断层(F_5),是一条规模宏大的左行走滑断层,但在剖面上具明显的正断层特征。断层沿查吾曲发育,断层带发育断层崖和钙华(图版Ⅹ-2),且高约5m的钙华被正断切割。断层倾向北西,倾角直立。该断层与上述半地堑式南北向正断层系共同组成一个完整的地堑构造,称为永曲乡地堑,可能是一正在发育的小型裂谷。

2. 北西西向逆断层活化的北北东向伸展活化构造

北西西向伸展构造多与同方向的逆断层相伴产出,沿断裂广泛发育的构造角砾岩和钙华,是逆冲断层最后一次活动的表现,活动时代始于新近纪。

3. 北西西向走滑断层伴生的北北东向伸展构造

区内除在逆断层基础上活化形成的北西西向断层外,还发育一组与北西西向走滑断层相伴生的北北东向伸展构造。规模较大的有索瓦加布陇断层(F_{12})、岗陇日南断层(F_{14})、尕日依-扎青断层(F_{35})。其特征如下。

(1)索瓦加布陇断层(F_{12}):位于测区西北部北羌塘构造区内,断层走向北西西,向西延出图区,在遥感影像上具明显的线状影像。断层面倾向北北东,倾角70°。断层切割的最新地质体为中侏罗统,表现出右行正断的特点,向东被南北向多玛断层系截切。

(2)岗陇日南断层(F_{14}):位于测区的西侧中部,中央隆起带的北缘,是中央隆起带与北羌塘坳陷带分界断裂的组成部分。断层面产状50°∠75°。断层上盘(北)为属北羌塘坳陷带的下侏罗统那底岗日组火山岩;断层下盘(南)为中央隆起带上的三叠纪侵入岩。沿断裂带岩石破碎,见宽约70m的破碎带。破碎带边部为角砾岩,中部为透镜体。角砾成分以花岗岩为主,次棱角状,同时有花岗岩破碎的岩粉。断层面附近花岗岩构造透镜体具有定向斜列特征(图5-39),指示断层具左行走滑特点。

该断裂西部可见宽约40m糜棱岩化带,由糜棱岩和糜棱岩化花岗岩组成,糜棱面理产状55°∠75°。糜棱岩中具糜棱结构、条纹状构造,发育S-C组构,S面理产状25°～32°∠65°,C面理产状58°∠72°(图5-40)。糜棱岩化花岗岩中,石英有不同程度的压扁拉长并具定向排列。

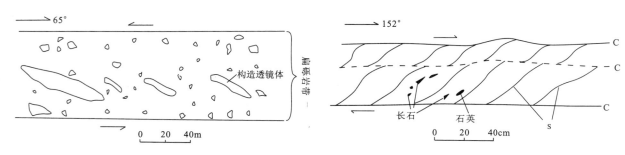

图5-39 岗陇日南断层角砾岩素描图　　图5-40 撒赛坡北东侧糜棱岩中S-C组构平面图

(3)尕日依-扎青断层(F_{35}、F_{36}):位于测区的西南部,是多玛构造分区的主要断层之一。区内长度约20km,被晚期NW向右行走滑断层切割为两段,在卫片上具清楚的线状影纹。断层面产状24°∠80°,断裂带内发育构造角砾岩,角砾岩成分为灰岩,棱角状,无定向排列,含量60%;砾石间为岩屑(灰质)填充,钙质胶结。断层具左行走滑正断性质,地表延续明显,可见山脊被错断现象,水平滑距大于230m。

4. 北东向正断层(F_{25}、F_{31})

区内北东向正断层较少,仅在测区南部的索县-左贡构造分区内出露两条规模较大的断层,即改布朗村-曲丹咔村断层(F_{25})和玛乃阳坎断层(F_{31})。

改布朗村-曲丹咔村断层南起本塔一带,向北经改布朗村至曲丹咔村展布,长约25km。断层走向北东,倾向南东,倾角50°左右,并切过甲丕拉组、布曲组和阿布山组。沿断层发育宽约24m的构造角砾岩带。角砾成分为红色砂岩,次棱角-棱角状,大者14cm,小者2cm,形状复杂,其含量56%,其间为砂填充,钙质胶结,胶结弱。

玛乃阳坎断层位于测区的东南部,长约2km,切割了前石炭系、上三叠统及中侏罗统。沿断层可见宽约20m断层破碎带(图5-41),构造砾岩定向排列,破碎带内发育砂岩构造透镜体,两者均指示其性质为正断层。

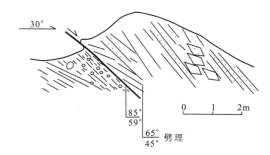

图5-41 玛乃阳坎正断层构造破碎带素描图

(三)走滑构造

走滑构造是测区内最为醒目的构造之一,由北西—北西西向和北东向两组共轭走滑断裂构成,将测区分割成多个菱形块状。在小尺度上,左滑构造表现共轭走滑断层,在大尺度上则表现为两组共轭剪节理(图5-42)。

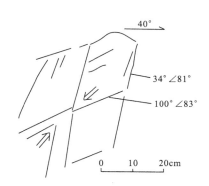

图5-42 似斑状钾长花岗岩中共轭剪节理平面图

1. 北西—北西西向走滑断层

测区北西—北西西向断层十分发育,控制了测区基本构造格局。断层性质以逆冲走滑为主。与共轭剪节理相似,断层面倾向分为南东和北东,并多被晚期北东、南北向断层截切、错断。主要断层如下。

孕日依-扎青断层(F_{35})位于测区西南部,与本塔叠瓦状逆冲系近平行,北西端和南东端延出测区外,区内出露长度>15km。断层面倾向北东,倾角约65°~80°。断层北东盘(上盘)为侏罗系色哇组和捷布曲组、新近系康托组;南西盘(下盘)为捷布曲组。断层破碎带宽10~40m,断层角砾呈定向排列。

测区内的北西西向逆冲断层均活化为左行走滑断裂系,主断层规模巨大,断层总体走向120°~130°。大部分断层向北东倾斜,倾角中等到较陡(45°~65°)。断层切割了上三叠统、中侏罗统、上白垩统阿布山组、新近系康托组。各断层都存在宽窄不等的破碎带,如岗陇日南断层,宽达70m。有的断层破碎带较窄,仅宽数米。在破碎带中发育有构造角砾岩、碎粒岩、碎粉岩和断层泥,并伴有构造透镜体,且都具定向排列。

测区逆断层为长寿断层,又为活动断层和诱震断层。测区逆冲断层大致有3期活动。侏罗纪末期表现为逆冲性质;白垩纪末期为左行走滑性质;新近纪以来表现为正断层性质。

2. 北东向走滑断层

北东向走滑断层主要发育于测区的中部地区。由十余条大型走滑断裂组成,最大延伸可达140km以上。均为左行走滑断层,切割了近东西向褶皱断裂,其影响的地层自石炭系至古近系,为喜马拉雅运动Ⅱ期的产物。断层走向多在20°~45°之间,断层面陡立,断裂破碎带不发育。从其切割的地体分析其最大位移达15km。

该组断裂在测区内以多条平行排列为特征,卫片上线状影像明显。地貌上表现为一系列的断层三角面和山谷、鞍部和河流阶地。沿断裂广布温泉,说明其为活动性断裂。

区内大规模左行走滑断层如下。

登额陇-查吾曲断层(F_5)位于测区西北部,西南起于夏里雅玛并延出测区,向北东经登额陇沿查吾拉止于巴庆大队北,与当曲-阿涌逆冲断层相交,长度大于140km,是测区内最大的左行走滑断层。断层走向为北东向,断层面产状310°~320°∠70°~75°。卫片上具清晰的线性影像特征,地貌上表现为连续的山鞍和沟谷等负地形。断层水平位移可达6.25km,局部发育宽约数十米的构造角砾岩带。构造角砾呈次棱角-棱角状,大者17cm,小者2cm,形状复杂,具定向排列(图5-43),含量56%,其间为砂质填充,钙质胶结,但胶结十分弱。个别较大的砾石上可见断层擦痕,与定向排列的构造角砾一起指示了左行走滑性质。

沿断裂带低温热泉十分发育(图版IX-2),泉华主要为钙华。钙华锥体最大达25m,最高达2.5m,涌水(汽)口直径35cm。钙华锥体多被水平切割,断层面光滑,其上部钙华水平位移多大于30cm(图版IX-3),亦说明断层走滑的性质。

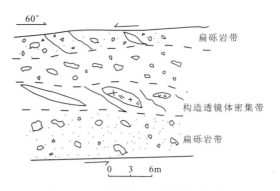

图5-43 登额陇-查吾曲断层构造角砾平面素描图

北东向和北西西向走滑断层为一对共轭走滑断层,使得测区内地貌呈菱形格状。其与同期共轭剪节理一样,相交锐角近南北向。在小尺度上表现为共轭走滑断层,在大尺度上表现为共轭剪节理,二者均反映了近南北向挤压应力场。

(四)吉塘岩群酉西岩组内韧性剪切拆离构造

本次工作首次发现的基底变质岩系零星出露于索县-巴青县以北的老巴青乡-江绵区一带,由吉塘岩群的酉西岩组和恩达岩组构成"浅基底"变质岩系(王根厚等,2004)。该套变质岩系为上三叠统覆盖(图版I-5)。岩性为云母石英构造片岩、石英钠长构造片岩等。变质岩本身构造置换强烈,塑性变形特征明显,发育典型的构造片理,代表一期透入性构造变形。岩石中石英多呈矩形条带,云母多以纤维状集合体产出,钠长石变斑晶遭受韧性变形,部分以"σ"形残斑形式出现。该套岩石构造组合代表了典型的韧性滑脱构造特征。

1. 面理及矿物拉伸线理

酉西岩组经历了多期变形、变质,构造片理已完全取代了原生层理,由构造片理构成了宏观的背形褶皱构造(图5-44)。

研究表明,酉西岩组内存在一期透入性的面理及矿物拉伸线理。面理主要由云母石英构造片岩、钠长云母石英构造片岩、白云母构造片岩的片理构成。矿物拉伸线理分布在片理面。统计表明:若以褶皱轴为基线,将其透入性面理展平,分布在透入性面理上的拉伸线理具明显近东西方向的优选方位(表5-4、图5-45)。

在微观尺度上,可见与宏观透入性面理相关的矩形条带状构造。矩形条带在酉西岩组中分布广泛,尤以石英矩形条带(图5-46)为代表,主要发育于云英构造片岩内。该构造可见于垂直面理、平行拉伸线理的定向切片上。镜下观察表明:单个条带由许多单晶组成,单晶矿物形态是矩形或近似矩形的颗粒平直边界,长边近于平行面理,短边与面理垂直或高角度相交。矿物单晶长宽比15:1~3:1之间。矩形条带呈多条产出,其间被强变形的粒度非常细小的基质(石英、云母)分割(图版X-3)。

许多学者对石英矩形条带构造的成因和特征进行了深入研究(White,1977;吉安琳,1987;徐仲元等,1991;刘正宏,1992)。White(1977)认为矩形石英条带构造是由颗粒边界滑移造成的,颗粒边界滑移趋于接近平行最大分解剪切应力方向排列。安琳吉(1982)认为矩形或多边形的多晶石英条带是在糜棱岩化过程中的动态重结晶和后期静态恢复两个阶段形成。本报告认为:石英矩形条带构造岩是一种条带状变余糜棱岩。条带状变余糜棱岩中,矿物粒度呈双峰式。条带是经历了强烈剪切变形后经静态恢复所致。条带状石英从一个侧面反映了岩石的应变特征。研究表明:石英矩形条带构造并非呈单条产出,而是呈多条近平行分布,其中一种典型的组合方式为S-C组构(图版X-4)。在垂直面理、平行拉伸线理切片上(图5-46),石英为矩形长条状,代表S面,云母及细粒石英组成C面,其组成的S-C组构反映明显左旋剪切(图版X-5)。而垂直面理、拉伸线理的切片中(图版X-6、7),矿物定向性差,石英呈近椭圆状,云母呈不连续网状。不同切片相比,反映了S-C组构为剪切伸展变形作用的产物。图5-47为吉塘岩群酉西岩组

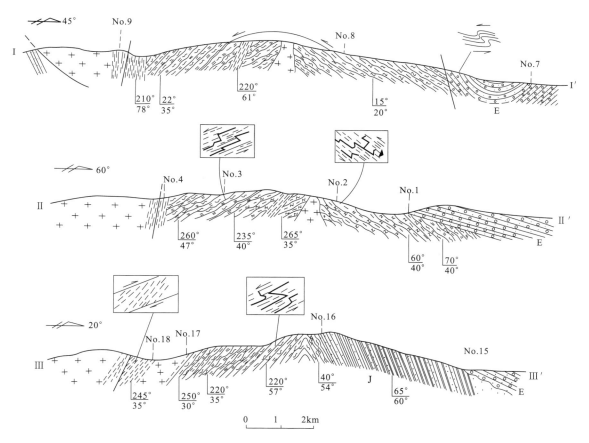

图 5-44 类乌齐县东吉塘岩群酉西岩组联合构造剖面图（据王根厚，1996）

Ⅰ—Ⅰ′. 钟达-钟弄构造剖面；Ⅱ—Ⅱ′. 君达-钟弄构造剖面；Ⅲ—Ⅲ′. 扎尼乡-多日卡瓦构造剖面；

E. 古近系砂砾岩；J. 侏罗系砂板岩（No.16～No.15 之间）；在剖面 No.9 和断层之间、No.4 和 No.1 之间、No.17 和 No.16 之间为吉塘岩群酉西岩组，岩性为黑云母二长构造片岩、二云长英构造片岩，十字为花岗岩；断线为糜棱岩；黑粗线为断层

透入性面理、线理横向剪切置换模式。根据面理、线理组构统计，结合剪切运动方向，经产状恢复展平认为：该岩组构造片理面形成于上层系相对下层系自西向东方向的剪切拆离滑脱。

2. 剪切揉皱构造

酉西岩组内部剪切揉皱构造较为发育。在非能干泥质岩与能干砂岩互层的岩系中，由剪切置换，使得较软的泥岩形成片岩；而较硬的砂岩形成不连续的揉皱构造（图 5-48）。该类褶皱进一步发育形成无根褶皱，其剪切指向反映上层系相对下层系自西向东方向的剪切。

3. S-C 组构

图 5-45 赤平投影恢复面理、线理方法原理图

S-C 组构是不均匀非共轴剪切流变岩石中的一种特征性构造，可以明确指示剪切流变方向。酉西岩组中发育明显的 S-C 组构。其中 S 面是透入性的，是由长石、云母等矿物形态优选方位所体现的面理；C 面为平行的、具有一定间隔的强应变带或位移不连续面（图 5-49）。二者间的关系反映了左行剪切变形。结合宏观面理、拉伸线理产状，对其恢复表明：上层岩系相对下层岩系从西向东方向剪切。

表 5-4 吉塘岩群酉西岩组核心变形、变质杂岩透入性面理及线理展平数据

测量位置	面理产状	线理:侧伏角、侧伏向	面理展平后的线理方向
DB1002	10°∠85°	55°NW	287°～107°
DB1008	212°∠51°	25°SE	318°～138°
DB1013	260°∠53°	70°SE	226°～46°
DB1015	212°∠24°	60°NW	244°～64°
P$_2$⑤DB$_1$	276°∠44°	70°SW	250°～70°
P$_2$⑥DB$_1$	272°∠23°	65°NE	295°～115°
P$_2$⑩DB$_1$	330°∠22°	50°SW	288°～108°
P$_2$⑪DB$_1$	350°∠44°	50°SW	303°～122°
D1005	20°∠72°	55°SE	266°～86°
D1005	27°∠61°	65°SE	252°～72°
D1005	19°∠74°	60°SE	263°～83°
D1006	348°∠31°	35°SW	288°～108°
D1006	325°∠33°	62°SW	293°～112°
D1006	312°∠34°	60°SW	236°～56°
D1006	288°∠36°	55°SW	248°～68°
D1008	210°∠45°	29°NW	279°～97°
D1008	211°∠49°	20°NW	286°～106°
D1008	212°∠43°	35°NW	275°～95°
D1008	219°∠42°	55°NW	262°～82°
P$_2$①	305°∠28°	50°SW	261°～81°
P$_2$①	335°∠44°	10°SW	272°～92°
P$_2$①	345°∠19°	35°SW	288°～108°
P$_2$①	310°∠32°	50°SW	265°～85°
P$_2$①	315°∠35°	80°SW	303°～122°
P$_2$②	315°∠32°	61°SW	283°～102°
P$_2$③	320°∠29°	35°SW	271°～91°
P$_2$⑤	300°∠19°	72°SW	281°～101°
P$_2$⑤	290°∠28°	81°SW	280°～100°
P$_2$⑤	271°∠31°	70°SW	295°～115°
P$_2$⑥	310°∠34°	40°SW	255°～75°
P$_2$⑥	285°∠33°	72°NE	308°～128°
P$_2$⑥	307°∠30°	73°SW	287°～107°
P$_2$⑥	310°∠50°	30°SW	241°～61°
P$_2$⑦	340°∠15°	40°SW	289°～109°
P$_2$⑦	308°∠55°	55°SW	257°～77°
P$_2$⑩	335°∠65°	55°SW	276°～96°

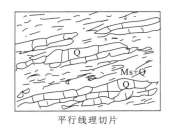
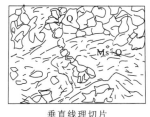

图 5-46 糜棱岩的 S-C 组构
Q. 石英；Ms. 白云母

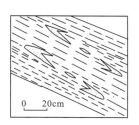

图 5-47 酉西岩组石英条带剪切模式图

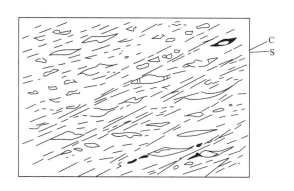

图 5-48 剪切揉皱构造　　　　图 5-49 S-C 组构

4. 残斑系构造

由于岩性差异，残斑类型不一。酉西岩组主要发育有石榴石、角闪石、钠长石、云母等残斑。酉西岩组主要表现为滑脱构造变形。镜下详细研究表明，在与滑脱构造变形相关的定向排列的变斑晶钠长石内部保留有较明显的早期变形痕迹（图 5-50）。研究滑脱变形以前的变形，钠长石变斑晶内构造至关重要（Bell T H，1985，1986，1992；Lister G S，1989，Bell T H，1981；Johnson S E，1990a、b，1993，1995）。变斑晶内包体痕迹显微构造的研究被认为是研究造山带构造变形、变质历史的有效方法（Fason，1980；Bell 和 Brother，1985；Steinhardt，1988；Verson，1988；Bell 和 Johnson，1989）。

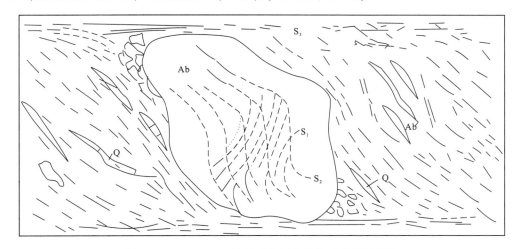

图 5-50 D3004B2 钠长石变斑晶内构造素描示意图
Ab. 钠长石；Q. 石英；S_1、S_2 代表斑晶内变形痕迹，S_3 代表滑脱变形

在酉西岩组内的钠长石变斑晶中至少具有两期构造变形(图版Ⅹ-8)。在平行线理、垂直面理方向薄片中的钠长石变斑晶内部至少发育3期面理(图5-50)。S_3为微观上沿基质分布的主期面理,S_1与基质主期面理高角度相交,而S_2与基质面理近平行。Bell,et al(1989)认为变斑晶内部缓倾的面理与造山带伸展作用相关,而陡倾的面理与造山带收缩作用相关。所以,结合变斑晶内早期面理与主期面理交角关系,可初步认为主期之前至少经历了挤压、伸展两期构造变形阶段。根据上述变形构造分析,初步认为滑脱面理是近水平状态下伸展作用的产物。所以可这样认为:与滑脱变形面理高角度相交的面理是收缩变形作用下的产物,而与滑脱变形面理平行的面理是伸展变形作用的产物。钠长石变斑晶边部具干净的增生边(图版Ⅹ-4),表明斑晶内部构造痕迹相对增生边要早,这进一步说明S_1、S_2是滑脱变形之前的产物。镜下钠长石变斑晶并非独立出现,而是呈定向排列的带状分布(图版Ⅹ-5)。

5. 云母定向构造

矩形石英条带构造内,基质定向排列的云母和石英与矩形石英条带构造构成S-C组构(图版Ⅹ-7),反映了主期构造变形特征。在镜下还可见到其他产出状态,如云英构造片岩内矩形石英颗粒残留云母与基质定向排列的主期白云母产出状态、形成温度明显不同,是主期变形之前S_1或S_2的产物,这也反映了酉西岩组多期变形的特征。

综上所述,酉西岩组滑脱变形之前至少经历了两期透入性的构造变形。

(五)韧性剪切拆离变形机制及变形环境

1. 应变测量

测区基底变质岩经历了韧性剪切变形作用,形成构造片岩。构造片理极为发育,压扁透镜体以钠长石变斑晶为主,变形机制为强烈压扁作用与糜棱岩化后期的恢复重结晶作用。有限应变测量是研究物体变形机制的有效方法。费林图解反映的是应变椭球体3个主轴(X、Y、Z)应变量之间的关系。根据费林参数K来确定应变椭球体类型[$K=(X/Y-1)/(Y/Z-1)$];$K=0$(单轴旋转扁球体,有面理无线理);$0<K<1$(压扁型椭球体,面理比线理发育);$K=1$(平面应变椭球体,即$e_2=0$);$1<K<\infty$(长型椭球体——收缩型,线理比面理发育)。选用云英钠长构造片岩中的钠长石变斑晶进行应变量统计(图5-51)。X/Z、Y/Z图分别是在平行线理且垂直面理方向的切片上对钠长石斑晶应变量进行统计,获得数据如表5-5所示。由表5-5可知$0<K<1$,应变椭球体为压扁型椭球体,其应力变形机制为压应力与剪应力同时作用,从而造成应变椭球体的X、Y轴的线应变量同时增大,而Z轴的线应变量减小($X>Y>1>Z$),其结果是面理比线理发育(前人称之为压扁糜棱岩)。

表5-5 钠长石变斑晶应变测量数据

样品编号	测量矿物	X/Z	Y/Z	X/Y	K
DB1005	钠长石	1.897	1.577 6	1.202 5	0.350 5
DB1008	钠长石	2.124 3	1.741 2	1.22	0.296 8
DB1013	钠长石	1.989 7	1.456 8	1.365 8	0.8
DB1015	钠长石	1.787 4	1.691 2	1.056 9	0.082 1
P2⑩DB1	钠长石	1.661 4	1.416 2	1.173 1	0.415 9

2. 差应力

选用代表性样品Dlw-R_{10},Dlw-R_{47}内的石英,根据$\sigma_1-\sigma_3=1.64\times10^{-4}\rho^{-0.66}$(McCormick,1977)公式,对透射镜下石英位错密度统计结果进行计算(万天丰,1985;林传勇等,1987),其主期变形的差应力分别为108.8MPa(Dlw-R_{10})、140.00MPa(Dlw-R_{47})、99.5MPa(Djt-R_{43})、116.9MPa(Djt-R_{42})

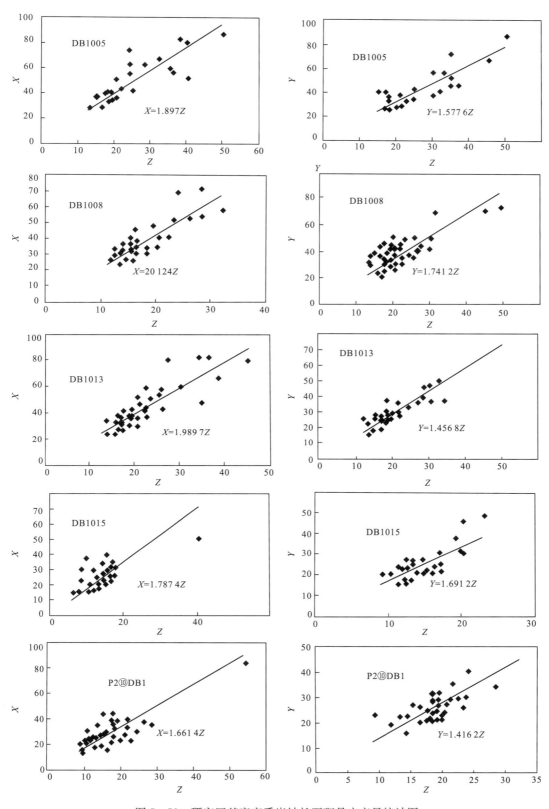

图 5-51 研究区基底变质岩钠长石斑晶应变量统计图

（表 5-6）。

从宏观构造特征分析可知，主期变形之前至少经历了两期变形，主期之后又经历了韧性剪切再造和脆性改造。

表 5-6 石英位错密度估算的差应力值(万天丰,1985;林传勇等,1987)

样品编号	分析统计值(MPa)										平均值
Dlw-R$_{10}$	114.3	98.9	105.0	103.3	100.3	121.6	128.0	97.8	100.0	106.4	108.8
Dlw-R$_{47}$	113.4	165.1	133.5	166.5	128.0	149.1	110.1	168.7	125.7	170.0	140.0
Djt-R$_{43}$	115.2	42.1	144.7	83.0	142.5	105.9	97.5	84.3	67.60	83.00	99.5
Djt-R$_{42}$	115.2	144.7	83.00	139.5	142.5	142.3	105.9	97.50	84.50	101.5	116.9

3. 韧性剪切拆离构造形成时代探讨

对吉塘岩群西西岩组滑脱带内多硅白云母进行$^{39}Ar/^{40}Ar$测年,结果为 230±1Ma(表 5-7,图 5-52),为中三叠世末期,这与尹安等(2001)研究羌塘基底滑脱时代的结论完全吻合。因此,将测区内基底滑脱变形时代定为中、晚三叠世之间。

表 5-7 $^{40}Ar/^{39}Ar$ 阶段升温测年数据

温度(℃)	$(^{40}Ar/^{39}Ar)_m$	$(^{36}Ar/^{39}Ar)_m$	$(^{37}Ar/^{39}Ar)_m$	$(^{40}Ar_{放}/^{39}Ar_k)_m$	^{39}Ar (×10^{-8}ccSTP)	^{39}Ar (%)	$^{40}Ar_{放}/^{40}Ar_{总}$ (%)	年龄(Ma)	误差(Ma)
680	51.566 0	0.104 571	0.065 80	20.666 4	0.037	0.25	40.86	102.15	12.31
800	34.754 4	0.046 893	0.211 31	20.911 2	0.044	0.30	60.68	103.33	9.43
880	31.231 6	0.008 181	0.015 70	28.810 9	0.445	3.03	92.35	140.88	2.09
940	45.965 6	0.026 889	0.003 07	38.015 4	1.040	7.09	82.93	183.66	2.50
980	45.764 9	0.005 046	0.015 43	44.270 5	1.122	7.66	96.78	212.16	2.86
1 020	47.718 9	0.002 329	0.005 27	47.026 4	1.620	11.05	98.57	224.58	3.00
1 060	49.040 1	0.001 645	0.003 24	48.549 6	2.567	17.52	99.01	231.41	3.08
1 100	49.697 0	0.001 829	0.007 19	49.152 7	4.834	32.98	98.92	234.10	3.11
1 160	49.010 4	0.002 399	0.009 30	48.297 7	1.680	11.46	98.56	230.28	3.06
1 220	50.242 9	0.005 797	0.001 80	48.525 2	0.802	5.47	96.63	231.30	3.17
1 300	52.086 9	0.012 356	0.014 28	48.432 4	0.358	2.44	93.08	230.88	2.18
1 400	58.936 1	0.037 880	0.070 15	47.745 6	0.109	0.75	81.26	227.81	2.26

注:样品编号为P2rz-mus;分析日期为2005-4-18;称重=0.030 51(g);J=0.002 819 1;总平均年龄=221.17Ma。

对西西岩组滑脱面的面理及拉伸线理进行了统计。以现存宏观背形轴为基准,将面理展平后,分布在面理上的拉伸线理具近东西向的优选方位。

综合宏观和微观运动学标志分析,展平面的运动学特点为上层系相对下层系自西向东剪切运动。根据费林参数K的平均值为0.39,判断其应变方式为剪切与压扁共存,其差应力值为 108.8MPa、140.00MPa。同位素分析表明,该拆离滑脱变形时代大致为230±1Ma,为中、晚三叠世之间。西西构造片岩以含有多硅白云母为特点,形成低温高压环境,其变质环境相当于蓝片岩相。

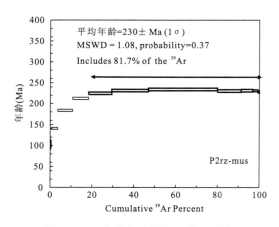

图 5-52 多硅白云母$^{39}Ar/^{40}Ar$测年

(六)断层时代简析

依据断裂构造的切割关系、相互改造活化特征,判断测区的断裂经历了5个期次的活动。

(1)第一期(印支期):变质结晶基底拆离滑脱构造形成,白云母形成时代与测区的峰期变质年龄相同,滑脱运动方向是盖层相对基底自西向东滑脱。

(2)第二期(燕山早期):大规模的近东西向逆冲推覆构造系统开始活动,包括纳尧日南逆冲断裂带、本塔-纠达叠瓦状逆冲系、查吾拉逆冲推覆系统和当曲逆冲推覆构造系统,是测区的主期变形作用,形成于主期褶皱作用之后,是近南北向挤压构造应力的产物。

(3)第三期(燕山晚期):燕山早期逆冲推覆构造近南北向正断活化的时期,同时形成一些小规模的近东西向正断层,是近南北向伸展构造应力作用的产物。此期部分断层又重新活化,且目前仍在活动。

(4)第四期(喜马拉雅早期):在印度板块的持续向北挤压下,青藏高原整体隆升,羌塘盆地处于近南北向挤压应力状态下,形成了测区内大规模的北东和北西西向共轭剪切断裂,至今仍在活动。

(5)第五期(喜马拉雅晚期):由于青藏高原的不断抬升,地壳受重力均衡作用,地壳表面物质向东逃逸,青藏高原形成大规模的近南北向裂谷。区内亦发育一系列近南北向正断层,如多玛正断层系,是主要的活动断层,也是主要的诱震断裂。

第四节 构造变形序列

构造变形序列分析是研究区域构造演化的基础。根据测区不同期次、不同型式和不同变形习性的构造形迹相互叠加、改造和置换的关系,以及构造运动学机制的不同,建立了测区的构造变形序列(表5-8)。

表5-8 测区的主要地质-构造变形序列表

变形期次	世代	体制	构造事件			岩浆事件及同位素测年
			构造类型	运动方向	变形相	
喜马拉雅运动	D_{12}	伸展	以半地堑式正断层系为代表	近SN向裂陷	脆性破裂	
	D_{11}	挤压	以新近系共轭断裂为代表	NNE-SSW向挤压	脆性剪节破裂	
	D_{10}	伸展	以查保马火山岩形成为代表	SN向伸展	脆性断裂	8.19Ma～10.70Ma
	D_9	挤压	以古近系纵弯褶皱为代表	SN向挤压	弹塑性纵弯	
燕山运动	D_8	挤压	阿布山组内部的褶皱与断裂	SN向挤压	断裂作用	
	D_7	挤压	以逆冲推覆系统为代表	SN向挤压	脆性剪节破裂	
	D_6	伸展	以旦荣组火山喷发为代表	近SN向裂陷	裂陷作用	129Ma～156Ma
	D_5	挤压	以侏罗系褶皱为代表的纵弯褶皱作用	近SN向挤压	弹塑性纵弯	
	D_4	伸展	以那底岗日组为代表的火山喷发	近SN向裂陷	裂陷作用	火山喷发
印支运动	D_3	挤压	以三叠系曲玛村复式纵弯褶皱与基底变质岩系区域性纵弯褶皱为代表	近SN向挤压	弹塑性纵弯	
	D_2	伸展	陆内俯冲-滑脱构造	自W向E	韧性滑脱	印支期岩浆侵入(190Ma～232Ma)滑脱带形成(年龄:230±1Ma)
海西运动	D_1	挤压	以当曲褶皱系为代表的复杂纵弯褶皱	NNE—SWW挤压	弹塑性纵弯	306.6±6.5Ma
前海西期构造运动			前石炭系基底形成,形成顺层掩卧褶皱及横向构造置换作用		变质固态流变	

自变质结晶基底之后,测区盖层经历了4次构造运动。

海西运动(D_1):在羌北-昌都构造区表现为北西西-南东东向挤压褶皱作用(如当曲褶皱带),同时伴有火山活动。石炭-二叠纪构造样式与其上覆晚三叠世构造样式明显不同,表明两者之间存在构造运动,即海西运动。

印支运动Ⅰ幕(D_2)：在索县-左贡构造区酉西岩组内拆离滑脱变形时代大致为$230\pm1Ma$，该年龄为中三叠世末期。唐古拉侵入岩为该期的产物。

印支运动Ⅱ幕(D_3)：在索县-左贡构造区的构造背景为近南北的挤压，形成北西西向褶皱、曲查玛村复式褶皱带。下侏罗统与下伏上三叠统之间的角度不整合代表印支运动Ⅱ幕在测区内存在。

燕山运动Ⅰ幕(D_4)：中侏罗统与下伏地层呈角度不整合，代表燕山运动Ⅰ幕。中侏罗世以来，索县-左贡构造区与羌北-昌都构造区作为一个整体接受沉积，进入共同演化时期。

燕山运动Ⅱ幕(D_5)：上侏罗-下白垩统与下伏地层为角度不整合，代表燕山运动Ⅱ幕。测区内表现为近南北的挤压应力，形成侏罗系北西西向阿尔卑斯式褶皱。

燕山运动Ⅲ幕(D_6)：表现为晚侏罗世末期-早白垩世的近南北伸展，在北羌塘中部形成中基性火山岩。

燕山运动Ⅳ幕(D_7)：上白垩统与下伏地层角度不整合代表燕山运动Ⅳ幕。在近南北的挤压下形成大规模的近东西向逆冲推覆构造系统，沉积了晚白垩世地层。

燕山运动Ⅴ幕(D_8)：以古近系与下伏各时代地层角度不整合代表燕山运动Ⅴ幕，表明燕山运动在羌塘盆地的结束。

喜马拉雅运动Ⅰ幕(D_9)：古近纪末期测区处于近南北向挤压构造应力控制下，形成以沱沱河组为代表的平缓的东西向直立水平褶皱。

喜马拉雅运动Ⅱ幕(D_{10})：新近系查保马火山岩形成反映了南北向伸展作用。

喜马拉雅运动Ⅱ幕(D_{11})：以更新统与下伏新近系不整合为标志，测区受近南北向挤压构造应力控制，形成测区大规模的北东向与北西西向共轭走滑断层系统。受北东-南西向挤压应力与走滑断裂系统的共同作用，局部地区发育北西向小规模褶皱。

喜马拉雅运动Ⅲ幕(D_{12})：进入第四纪后，测区主要受到近东西向的拉伸，形成近南北向的正断层系统。

第六章 经济地质

第一节 矿产资源

测区位于班公湖-怒江板块结合带与乌兰乌拉湖-北澜沧江结合带之间,双湖-查吾拉断裂带斜穿测区中部,中生代地层发育齐全,燕山期岩浆活动强烈,构造发展有显著的多旋回性。这些为区内成矿作用提供了良好的地质背景和条件。但由于自然环境恶劣,前人工作程度低,对矿产的研究较为薄弱。

区内现已发现的矿产类型包括铁、铜、金、铅锌、石膏、温泉等。

一、金属矿产

金属矿产主要为铁、铜矿矿化点,部分形成小型矿床。

(一)永曲铁矿

永曲铁矿位于当曲河上游聂荣县永曲乡南24km处,西藏自治区地质矿产局综合大队1979年在永曲铁矿一带进行检查及外围普查时曾圈定外围普查范围。

矿区出露的地层为中侏罗世雀莫错组,矿区南部为晚三叠世二长花岗岩。矿区内断裂、褶皱较为发育。断裂以北东向为主,规模较大,为多期活动性断裂,目前所见的构造岩主要为碎裂岩、断层角砾岩及断层泥。断层带内蚀变发育,有硅化、褐铁矿化、重晶石化等。该组断裂是区内重要的控矿构造和容矿构造,至少有4个矿体顺其分布。矿区内褶皱构造主要为轴迹北西西-南东东向展布的隔挡式组合形态。卷入褶皱的地层有雀莫错组、布曲组,向斜较开阔,地层倾角28°~42°;背斜紧闭,转折端向西仰起。矿体主要赋存于向斜的两翼,偶在背斜转折端亦有赋存。

铁矿产于雀莫错组中部,受地层层位控制,为层控型矿床。矿体呈似层状、豆荚状、鞍状沿北东向断裂带成串珠状出露。矿体比地层稍陡,倾角为34°~65°。不同矿体的顶、底板围岩不一致,反映矿体总体受地层的层位控制,又不严格受某一种岩性层的限制。

永曲铁矿的矿石矿物主要为菱铁矿和镜铁矿,脉石矿物为致密块状重晶石、石英、方解石等。在菱铁矿中,镜铁矿呈细脉状。矿石化学分析结果显示,矿石品位为TFe 35.6%~61.02%,平均为42.74%;P为0.02%~0.05%,S为0.08%~0.1%。矿石的$(CaO+MgO)/(SiO_2+Al_2O_3)$多在0.352~9.479之间,属酸性矿石。

前人认为永曲铁矿属沉积型或火山沉积-热液改造型矿床,其主要依据是矿体基本上分布在雀莫错组中,且雀莫错组中存在"火山岩"。本次工作发现,铁矿发育地区的雀莫错组并不存在火山岩夹层,实际上酸性火山岩发育于雀莫错组之下的那底岗日组中,只是以前工作未将两者划分开来而已。这从另一方面说明,永曲铁矿的成因与那底岗日组的酸性火山岩没有必然的联系。雀莫错组中呈串珠状分布的球状、扁豆状、肾状赤铁矿结核等高铁母岩层是永曲铁矿成矿物质的主要来源;矿体的空间展布总体受雀莫错组控制,表明为沉积型铁矿;矿体呈似层状、豆荚状、鞍状,分布于褶皱的两翼或转折端(局部与围岩呈断裂接触),倾角普遍大于所在处的地层倾角。不同矿体的顶、底板岩性差别较大,说明矿体并非严格受某一岩性段控制,而受断裂构造控制明显。因此,认为永曲铁矿为层控型矿床。

(二)查吾拉山口铁矿化点

矿脉产于二长花岗岩体内发育的一组北西向断裂中,单个脉体长2.5km,宽15~35m,平面上呈舒缓波状,尖灭侧现,形成宽约 100～250m,长 4.5km 的矿化带。矿石矿物为磁铁矿,受风化作用在地表上为铁帽,伴生矿物为金元素。矿样化学分析结果显示,铁的品位在 20%～32% 之间,微金品位 0.0006×10^{-6}～0.0008×10^{-6},金的工业意义不大。该矿化点的磁铁矿为构造热液型,作为一种重要的找矿线索值得进一步受到重视。

(三) 查吾拉山铜矿

查吾拉山铜矿位于西藏聂荣县查吾拉区南部,成矿带呈东西向展布,东部宽约 300m,向西变窄为 150m。

成矿带北侧为前石炭纪恩达岩组片麻岩夹斜长角闪岩,再向北为晚三叠世二长花岗岩体,南侧地层为晚三叠世巴贡组和中侏罗世雀莫错组。成矿带内近东西向断裂带较发育,北东向左行走滑断裂带亦较醒目。构造岩主要为断层角砾岩、碎粒岩和断层泥。另在北东向断裂带中有雁行式排列的构造透镜体,其与主干断面的锐角指示该方向断裂的左行走滑特征。断层带内硅化、孔雀石化、星点状褐铁矿化强烈。成矿带巴贡组一般以闭合-中常褶皱为主,雀莫错组褶皱形态组合为隔挡式,波幅太小,两期褶皱的轴迹为北西西-南东东向,与区域构造线方向基本一致。根据铜矿体分布和赋存层位、矿体发育特征和控矿因素等,将查吾拉铜矿带中的矿体分为Ⅰ、Ⅱ、Ⅲ号矿带。

Ⅰ号矿带位于成矿带的北缘,以铜、铁矿化为主,矿带呈东西向断续出露,长 7km,东宽西窄。北侧为前石炭纪恩达岩组混合岩、片麻岩,矿体发育于中侏罗世雀莫错组长石石英砂岩内。矿体产状与周围地层的产状完全一致。矿化带在查吾拉东被左行走滑断层错断后,到查学曲再度出现。物探激电异常反映为断续性透镜状矿体。

矿体中矿石矿物组合为细粒黄铁矿、黄铜矿,次生矿物有孔雀石、蓝铜矿。矿床成因类型有热液型和沉积改造型两种,品位普遍低且变化较大。

Ⅱ号矿带位于Ⅰ号矿带南侧,矿体产于中侏罗世雀莫错组紫红色、灰绿色砂岩、灰白色粉砂岩中,含矿围岩为长石石英砂岩。矿化带南北宽 100～400m,东西延伸达 14km。矿带内见铜矿体 2～3 层,其中主矿体厚度比较稳定,一般 2～4m,产状 200°～210°∠45°～60°,延伸方向与矿化带基本一致。矿样中铜的品位为 0.67%～0.62%。矿石矿物组合为微-细粒黄铁矿、黄铜矿,次生矿物有薄膜状孔雀石、蓝铜矿。矿床成因类型为沉积改造型。

Ⅲ号矿带位于Ⅱ号矿带以南,呈北西西-南东东方向展布,长 4km,宽 2～50m。矿体位于雀莫错组灰色厚层长石石英砂岩、暗紫色砂岩、粉砂岩中。矿石矿物为黄铁矿、黄铜矿、闪锌矿,呈浸染状、斑点状、团块状产出。次生矿物有孔雀石和少量蓝铜矿。脉石矿物为石英,围岩蚀变有硅化、黄铁矿化。

(四) 旦荣铜矿

旦荣铜矿位于杂多县旦荣乡西 30km 处。

矿区位于乌丽-杂多陆内隆起带西段,长 10km,宽 0.2～0.8km。区内出露地层有早石炭世杂多群碳酸盐岩组、晚二叠世诺尔巴尕日保组和晚侏罗-早白垩世旦荣组,三者之间为不整合接触。区内构造形态为轴向北西西的背斜,核部为碳酸盐岩组,由深灰色、灰色硅质条带或团块灰岩组成,向两翼依次出现诺尔巴尕日保组含放射虫硅质岩、深灰色海相长石石英砂岩与粉砂岩互层和旦荣组深灰色安山玄武岩、玄武岩。旦荣组是区内主要的赋矿地层。

在矿区内已发现 26 个铜矿体,单个矿体长 40～3600m,厚 2～11.5m,走向北西。在背斜的北东翼倾向为北东,倾角 36°～55°,单矿体长 43～2870m,宽 0.5～9.8m。矿石矿物主要有辉铜矿、斑铜矿、自然铜、黄铜矿及黄铁矿,以呈层状、似层状为主,脉状、透镜状次之,铜的品位 1.25%～6.87%。脉石矿物有斜长石、石英、方解石、蛋白石、绿泥石、伊丁石等;背斜南西翼倾向 206°～218°,倾角 55°～72°,单矿体长 40～3600m,宽 7.2～13.6m,铜品位 0.3%～6.87%,最高 11.12%,与铜伴生的有益组分为金,其品位在 0.1×10^{-6}～0.69×10^{-6} 之间。

矿床赋存于玄武岩内,但铜矿化并不是浸染式,而是集中发生在一个火山喷发旋回的末期。矿体的蚀变作用普遍而强烈,且受到火山机构的严格控制,矿化富集地段往往在火山喷发中心及其周边地带,远离火山口铜的品位越来越低,矿体呈尖灭现象。因此,认为旦荣铜矿是比较典型的火山气液矿床。

二、非金属矿产

区内发现的非金属矿产的矿种较为单一,主要有石膏和石灰岩矿。

(一)石膏

区内已知石膏矿点两处。一为巴青县荣青乡一带中侏罗世雀莫错组含膏碎屑岩建造;二为杂多县阿曲乡南部中侏罗世夏里组杂色含膏碎屑岩建造。石膏矿体呈层状、豆荚状,层厚20~42cm,顺层产于砂岩、粉砂岩中,分布受到地层层位严格控制,反应了当时干燥炎热的气候条件。

石膏单个矿体长约2km,宽一般200~350m,每层石膏层的中部几乎全为石膏(石膏含量可达95%~100%,局部有少量方解石),有硬石膏、纤维状石膏,呈灰、深灰-褐色,沙粒状晶形,板状或纤维状集合体,显著的丝绢光泽,易碎,有强烈的滑腻感。矿体由于盐层可塑性很大,石膏层在后期构造运动的影响下产生复杂的肠状弯曲。

(二)石灰岩

区内灰岩十分发育,层位较多,从晚三叠世东达村组到古-始新世牛堡组均有不同程度产出。比较而言,波里拉组灰岩质纯量丰,$CaCO_3$含量达53%。在江绵一带,该组层位稳定,呈一开阔背斜构造,上覆中侏罗世地层产状十分平缓,厚度小,地形平坦,交通比较方便,开采成本较低。

三、温泉

测区现代地壳热流值高,新构造运动强烈,活动性构造形迹发育,尤其是断层。在一些断层活动处多形成温泉,其中以本塔-纠达温泉群和青南新生代盆地周缘温泉群最具有代表性。

(一)本塔-纠达温泉群

由日阿玛、切红贡玛、本塔、纠达4个温泉点组成,展布受班公湖-怒江结合带北缘断裂控制。每个温泉点涌水量500~650ml/s,水温37~40℃,属中温热泉。泉水矿化较弱,含少量H_2S和大量CO_2,水体清澈,水味甘甜,冬暖夏凉,被当地藏民称为"神水"。

(二)青南新生代盆地周缘温泉群

测区北部新生代盆地周缘有近南北向和NE35°两组活动型断裂带。沿每个断裂带发育着2~4组温泉群,每群有15~20个泉口(图版Ⅸ-1、2、3;图版Ⅹ-2)。泉眼坐落于钙华上,钙华长100m,高1.5~3m,宽2m,呈带状断续展布,少数泉眼已干涸,大部分仍在夜以继日地涌流。单眼涌水量300~450ml/s,水温35~38℃,属中低温热泉。泉水中H_2S含量较高,适合于游客沐浴,且有治疗皮肤病之功效,至今尚未被开发利用。

四、成矿地质背景分析

测区位于班公湖-怒江结合带与羊湖-金沙江结合带所夹持的羌塘-三江复合板片内,双湖-查吾拉断裂带横贯本区。区内地层发育相对齐全,构造变形强烈,地壳经历了特提斯构造的多旋回运动演化,尤其是中生代大规模岩浆活动为成矿元素富集提供了良好的物质基础和构造背景。

(一)地层

测区最古老的地层为前石炭纪恩达岩组和酉西岩组,岩性为灰色黑云二长片麻岩、二长浅粒岩、石英片岩夹斜长角闪岩,原岩为富铝质硅酸盐岩-中性火山岩建造。岩石遭受绿片岩相变质和韧性剪切作用改造,面理被完全置换。印支期、燕山期又经历了褶皱变形,为金元素的活化、迁移、富集提供了物源、热源和储存空间,从而成为江绵乡帕坡纳及其周边地区采集沙金的主要矿源层。晚古生代期间,唐古拉山北部处在被动大陆边缘陆表海环境,形成了稳定的浅海相-海陆交互相碳酸盐岩-碎屑岩建造,尤其是后者为本区早石炭世成煤作用创造了理想的岩性组合。晚三叠世早期以杂色粗碎屑岩建造为主,中期为碳酸盐岩沉积组合,晚期为海相碎屑岩到海陆交互相含煤地层。其中波里拉组灰岩出露较好,质优量丰,上覆地层覆盖较浅,且产状平缓。江绵一带的交通比较方便,采矿成本低,适宜露天开采。前人曾在巴青县高口、本塔乡南部晚三叠世巴贡组中做过煤矿普查。本次调查工作发现,该套地层煤质虽不理想,但其中下部层位的岩石内部铜含量却比较高(如查吾拉铜矿点),这为寻找新的矿产基地和矿种提供了线索。雁石坪群是本区出露最广的岩石地层单位,其中的雀莫错组不仅分布面积大,而且层位稳定。在雀莫错组中下部紫灰色厚层长石石英砂岩与紫红色粗砂岩、砂砾岩接触部位及紫灰色厚层长石石英砂岩中,往往产浸染状、斑点状、团块状细粒黄铁矿、黄铜矿和次生薄膜状孔雀石、蓝铜矿;雀莫错组上部是石膏矿的主要赋存层位,其中石膏夹层多,单层延伸长,纯石膏含量高。夏里组为干旱气候条件下杂色复陆屑建造,也有一定量的石膏矿产出。

(二)岩浆岩

区内岩浆活动历史漫长,自前石炭纪到新生代均有不同类型的岩浆喷发与侵入活动。其中,前石炭纪、早石炭世(杂多群碳酸盐岩组)以小规模海相中基性岩浆喷溢事件为主;晚三叠世为大规模中酸性岩浆侵入活动;早侏罗世羌北有中酸性火山喷发作用和中新世的钾玄质岩浆喷溢活动。与成矿作用关系最为密切的当属印支期岩浆岩,它不仅形成了著名的唐古拉山复式深成岩体,而且使周围的前石炭系、上古生界、上三叠统产生不同程度的蚀变和接触变质作用,为成矿作用提供了动力和热力条件,同时为中侏罗世广泛的成矿做好了充分的物质准备。据西藏自治区地质调查研究院1:5万水系沉积物调查资料和基岩光谱分析结果,唐古拉山岩体主要造岩矿物的成矿元素含量普遍高于普通花岗岩的克拉克值(背景值),岩体与围岩接触带附近的成矿元素克拉克值远高于其他邻近的花岗岩体。其中Cu高出3.6倍,Zn高出1.1倍,Ag高出近20倍,挥发性组分含量高出7倍左右。这说明岩浆侵入与该地区成矿元素的活化、迁移、富集乃至多期成矿都有着成生联系。

(三)变质作用

测区变质作用有3种类型,即区域变质作用、动力变质作用、接触变质作用。前者发生于前石炭纪,使恩达岩组和酉西岩组的原岩遭受了至少两期的变质作用和构造变形作用,为古老变质岩内成矿元素的活化和富集成矿提供了热动力条件。动力变质作用主要沿一些断裂带发生,形成碎裂岩系列和糜棱岩系列岩石,并使断裂带及其周边地质体发生了浅变质。接触变质作用主要发育在晚三叠世深成侵入杂岩体的外接触带上,表现为晚古生代地层围岩由于受到饱含挥发性组分的岩浆上侵所产生的巨大热流和压力作用而普遍发生蚀变和重结晶。常见的蚀变类型有大理岩化、硅化、角岩化、矽卡岩化与云英岩化,其中伴有黄铁矿化、黄铜矿化和石榴子石矿化等矿化现象。

(四)构造背景

测区在前石炭纪为活动大陆边缘岛弧环境,有(玄武)安山质岩浆喷发活动。海西晚期在被动大陆边缘陆表海盆地中沉积了石炭-二叠纪地层,是煤的主要形成期。晚三叠世索县-左贡陆块向北与北羌塘陆块碰撞,在唐古拉山一带发生了大规模酸性岩浆侵入事件,使区内成矿元素活化并进一步富集成矿。与此同时,羌塘—左贡一带转化为前陆盆地发展阶段,在近海环境沉积了一套碎屑岩-碳酸盐岩磨拉石建造,为石灰岩矿和煤矿的形成创造了独特的构造背景。因此,印支期是本区主要的成矿期。中侏罗世是羌塘前陆盆地发展的鼎盛期,也是特提斯海最大扩张期。当时气候干旱,环境动荡,形成了一套含矿(石膏、铜)碎屑岩夹碳酸盐岩沉积。晚侏罗世—早白垩世期间,北羌塘地区转化为伸展裂离环境,基性岩浆沿当曲-本区断裂带北侧喷发,为旦荣铜矿的主要形成时期。晚白垩世以来,伴随着测区南部班公湖-怒江海盆的关闭和羌塘陆块与冈底斯陆块的碰撞,区内地壳全面隆升,在陆内山间断陷盆地中沉积了一套红色磨拉石建造,在干旱环境中,部分地层层位赋存石膏矿。

第二节 旅游资源

测区位于羌塘地区东部,唐古拉山山脉斜贯而过。唐古拉山是我国著名的山岳冰川发祥地,雪山旖旎,冰峰陡立,山体不同位置气候分带差异较大,形成了"山顶四季雪、山下日月年,一山多季节,十里不同天"的多样化景象。山脉北部为长江和澜沧江源头,温泉、高寒草原、珍禽异兽随处可见;南部为怒江源头,河岸山峰陡峭,石峰林立,溪流娓娓,同时也是佛教著名的两大教派——苯教和藏传佛教文化的交融地区。神秘的宗教文化和秀美的自然风光,观光、朝拜、访古、科学考察、登山探险等活动对中外游客有极强的吸引力。

一、旅游资源

测区旅游资源丰富,种类较多。根据旅游资源的自然属性及民族特色可划分为两大类,6个亚类,16个基本类型(表6-1)。

表6-1 测区旅游资源分类表

旅游资源			代表性旅游景观
大类	亚类	基本类型	
自然旅游资源	地质景观	典型剖面	江绵前奥陶纪变质岩、晚三叠世前陆盆地充填序列
		典型构造	查吾拉、迪玛纳顷、当曲-本塔新生代断裂
	水体景观	江河	通天河、布曲、当曲、东曲
		温泉	温泉兵站温泉、巴茸浪纳温泉
	生物景观	草原	青南草原
		湿地	当曲湿地、杂曲湿地、索曲湿地
		珍稀动植物	野生动物野驴、牦牛、赤麻鸭、秃鹫、雪鸡、黄羊、鼠兔、旱獭、黑颈鹤等,珍稀植物雪莲、虫草、贝母等
	气象景观	天文奇观	蓝天、白云、六月雪
人文旅游资源	民俗风情	服饰	皮衣藏袍、腰刀、鼻烟壶、火镰、藏靴、银饰胸牌、珊瑚和玛瑙饰品
		饮食	酥油茶、青稞酒、糌粑、酸奶、奶酪、风干牛羊肉、藏式糕点
		民族居室	牦牛毛帐篷、白帐篷、花布帐篷、平顶式土房
		盛大节日聚会	恰青节赛马会、拔河、攀岩、藏历年、雪顿节、康巴艺术节
		婚丧嫁娶	以歌定情、以舞颂情,牛羊做嫁妆。活佛主持下的天葬
		待客礼节	献哈达、磕头、鞠躬、敬酒
		歌舞	锅庄舞、踢踏舞、安多藏戏、玉树民歌、巴青山歌
	宗教文化	宗教	磕长头、转经纶、念喇嘛经、经文石碑、扬经幡

(一)地质景观

江绵一带前石炭纪变质岩系出露良好,是研究青藏高原泛非基底多期变质与叠加变形作用、恢复古构造演化的理想场所。中生代盆地中完整的地层层序、多样的沉积构造和丰富的古生物化石是羌塘盆地沧桑变迁的历史见证;查吾拉、迪玛纳顷、当曲—本塔等地可清晰地看到断裂活动产生的强烈而复杂的伸展断陷、走滑、挤压逆冲及其伴生的褶皱,使人深深感叹大自然的神奇和地球力量的巨大,为高原地学人研究特提斯的存亡和青藏高原隆升机制,进而探讨其大陆动力学背景提供了不可多得的条件和场所。

(二)地貌景观

新生代青藏高原的快速崛起造就了独特的地貌景观。测区从南向北包含3级各具特色的地貌单元。

唐古拉山以北为Ⅰ级高原平原地貌单元——青南台原区,地势平坦,视野辽阔,海拔4 800~5 100m,野生动植物丰富。唐古拉山极高山区连绵不断、错落有致。海拔4 930m的查吾拉山口是青藏在这里相联的必经垭口。南部为藏东北Ⅲ级高山峡谷区,地势陡峭,拔地而起的山峰与深陷凹底的沟谷交相辉映,悬崖绝壁上盘旋的简易公路让游客冷汗淋漓,享受无限,刺激无限。

在众多的地貌景观中,赛陇通溶洞位于比如县下秋卡乡与巴青县本塔乡交界处,发育于中侏罗世捷布曲组的灰岩内。地形为悬崖陡壁,溶洞口即在半山腰上。从山脚徒步攀登20分钟后,只见宽、高各10m的直立断面,包含3个又窄又低的洞口。其前方左侧有一高2m、底座直径约2m的巨型冰块,冬季与冰块首尾相连而形成巨大的冰山,堵塞整个洞口。右侧有一"神泉",相传是龙王的药水,能包治百病。洞内有石笋、石柱,上部滴水穿石。洞口向内部枝杈状分开,沿左侧的主洞口进去约3m有一深约5m的大坑,坑口直径约10m,再向内十余米为两个深坑,难观其底,抛石问深10m左右。深坑的右侧为高0.5m、宽1.5m的小洞口,侧身入内豁然开朗,人可直立行走,但见奇形怪状的动植物,有的是莲花大师的坐像,有的是如来活佛的耳朵……,据说该洞幽深莫测,有人在该洞内摸索3天未见尽头。

(三)青南草原风光

测区北部为长江和澜沧江源头,宽阔平坦的大草滩形成了极富特色的高原草原风光。每年5—9月份,绿油油的草场与满目琳琅的鲜花将人带入芬芳满天的世界。到这里你可以一边坐在绿色地毯上挥手摸天,一边欣赏成群结队的野生动物在草原上悠闲地游动。闲庭信步观赏蓝天、白云、七色彩虹,尽情地呼吸纯天然空气。在每年8月份,你还能很幸运地遇到一年一度的赛马节,结交勇猛剽悍的藏族英雄。

(四)民俗风情

青藏高原的民族文化传统包括牧业文化、服饰文化、饮食文化、民居文化、节庆文化、民间文学艺术、民间工艺品及婚葬嫁娶、礼仪禁忌等。在仓来拉这离天最近的地方有着风格独特、璀璨夺目的民间工艺品。这里的牛毛帐篷、藏靴、藏袍等富有民族特色;腰刀、胸牌、雕花带等是青藏高原地区民间工艺品中的代表。该区的虫草、贝母享誉国内外,自然环境保持原始风貌,可以说这里的牛羊"吃的是冬虫夏草,喝的是矿泉水"。酥油熬制的酥油茶、拌和的糌粑,牛羊奶制作的酸奶,奶渣、风干牛羊肉等别有一番风味,为藏族待客的佳品。这里的民族勤劳朴实,能歌善舞。每逢重大节日,男女老少聚集于宽阔的草地或家庭大院里,唱起悠扬的民歌,跳起欢快的锅庄尽情欢舞。

(五)宗教文化

西藏信奉的佛教有两种,一种是苯教,一种是藏传佛教。前者是西藏原本固有的宗教,后者是印度佛教传入西藏后与苯教长期斗争、互相融合的产物,它已深刻渗透到西藏绝大部分地域藏民的政治、民族文化艺术、生活习惯中去,对他们的政治、经济、文化产生了深刻的影响。在两种文化的相互斗争过程中,吸呐和抵制并存,排斥与接受兼容,体现在宗教文化信仰上具有显著的地方性特色。

本区地处藏传佛教与西藏苯教的交融地带,民族宗教信仰丰富而赋有特色。唐古拉山以北的青海省境内藏民和西藏索县境内的藏民信奉藏传佛教,而巴青县境内藏民仍然信奉西藏原有的苯教。其共同点在于人们借助念经祈祷、磕长头来表达自己的信仰,并以之求得健康平安、净化心灵;通过转嘛呢桶、转佛塔、指弹念珠以期求佛主保佑、消灾减难。地势高亢的山间垭口、主要道路两侧经常见到经幡肃穆,迎风飘扬,垭口地势平坦处和山脊高地都整整齐齐地堆放着刻有经文的石碑;青藏、黑昌公路上时常看见虔诚的磕长头者。但差异在于苯教转嘛呢桶和转佛塔为逆时针,而藏传佛教为顺时针。

二、旅游资源开发中的问题与建议

(一)存在的问题

测区所涉及到的青海省杂多县、西藏索县、巴青县、聂荣县和比如县均是青藏高原上有名的贫困县。畜牧业收入受自然因素影响大。当地居民较为稳定的收入主要来自虫草和贝母。如何实现这个地区的经济腾飞,使居民早日脱贫致富,尽早跨入小康社会的建设步伐已成为各级政府工作的头等大事,找准切入点是当务之急。

旅游业具有投资少,运行快,周期短,效益高,影响大的特点。仓来拉地区特殊的环境决定了该区经济发展的支撑点不在农业、工业,而是旅游业。党中央实施的"西部大开发"战略为青藏旅游服务业带来了前所未有的发展机遇,藏南地区已经成功地走出了以旅游为龙头产业来带动全区经济高速协调发展的路子,而地大物博的藏北至今尚无一条完整的特色旅游路线。测区优美的自然风光、丰富而珍贵的自然旅游景观和朴实的民族风情为开发旅游业提供了坚实的旅游资源基础,但尚有诸多问题需要及时解决,突出表现在以下几方面。

交通是旅游业的命脉,道路是搭起游客与旅游资源的桥梁。仓来拉地区西距青藏公路和已经通车的青藏铁路175km,北部距杂多县城170km,彼此间只有简易公路(317国道)或便道(208省道)相连,区内交通比较困难,且地质地理条件复杂,施工的难度较大,道路维护更加艰难。索县—杂多公路由于气候原因而经常间断。

大凡来青藏高原旅游者有3种类型——科学考察者、登山探险者和观光者。其目的是在高寒缺氧和恶劣的气候环境中,能以最短的时间获得最多的收获。区内虽旅游资源丰富多彩,特色显著,但总体而言比较分散。如何将这些资源整合起来形成一个网络,以旅游资源链的形式来满足游客的愿望是个大问题,也是开发过程中必须首先解决的问题。

本区旅游业的开发是在原有基础设施十分薄弱的情况下进行的,许多旅游景点的建设在很大程度上是从头开始,所需要的人力、物力、财力较多,工作涉及的面较广,必须有充分的思想和行动准备。

(二)建议

1. 突出资源特色

测区旅游资源丰富,但在旅游资源开发和建设上必须突出特色旅游经济,树立高起点、新集成、更特色理念,以"人无我有,人有我优,人优我特"的超前意识,打造优质旅游产品,提高旅游市场的竞争力。

测区是青藏高原为数不多的净土区之一,在发展旅游业的同时,必须充分重视环境保护问题。旅游资源、环境保护是一个统一协调的生态体系。

在测区旅游资源开发与旅游服务设施建设中,一定要讲求科学合理,规范开发商与当地居民行为与生活空间,强化绿色环保意识,实现旅游设施与旅游自然景观的和谐,以保护为主,在保护中开发,以开发促进保护,避免自然景点城市化和自然资源人文化,杜绝以牺牲环境为代价换取短期丰厚经济效益造成的环境污染和生态破坏,促进旅游业可持续发展。发展是硬道理,但不顾环境保护的发展只能是短命的。

2. 提高服务意识,加大宣传力度

旅游是一门专业性极强的科学,也是一种竞争性极强的行业。在测区旅游资源开发中,应大力培养建设、管理、营销、服务行业的骨干力量,建立一支素质高,业务知识精深,职业道德规范,服务意识强的专业型队伍。充分借鉴外地成功的旅游经验,坚持"以人为本"的经营理念。树立为游客服务的思想,在建筑设计、资源开发、接待、导游、交通、食宿、邮政、电信、医疗保健等方面一切为游客着想。

西藏是国内外旅游的热点地区,以其独特的高原景观和藏民族特色文化而吸引着世界各地的旅游者。在这样一个大背景下,如何突出本地的旅游特色,并提高其知名度至关重要。这就要求各级政府部门应通过各种媒体、会议等宣传窗口,加大对本区旅游资源特色和开发设想的宣传力度,让本区早日走向内地,走入世界,让外界了解本区,接纳本区,进一步走向本区。

随着青藏铁路的通车和青藏公路交通状态的日益改善,来青藏高原地区观光旅游的人数将与日俱增,测区旅游资源开发潜力巨大,发展的前景十分广阔。我们深信,只要当地各级政府重视,社会各界大力支持,测区的旅游资源一定会发挥出应有的经济和社会效益。

第三节 其他自然资源概况

一、水资源

水资源是区域生态环境地质调查研究的主要内容。测区水资源主要有河流、湖泊和冰川融水。此外，沿着一些河谷沼泽湿地和山坡地带发育的泉水（包括冷泉和低温热泉）也为区域地表水的补给起到了重要作用。

前人对区内水资源的研究很少。本项目在充分收集相关区县已有的水文地质资料的基础上，对区内水资源，包括河流、湖泊、冰川、泉水和沼泽水的分布、流（储）量相对大小等进行了系统全面的野外调查与室内综合分析研究，以期对测区水资源有一个全面系统和完整的认识，为测区生态环境评价提供基础资料。

（一）水系与水文地理划分

在地理位置上，测区位于西藏自治区东北部与青海省西南部接壤处，唐古拉山脉呈北西西-南东东方向屹立于中部。复杂的区域构造背景下形成的独有的地貌特征，使得区内地形呈现出中间极高，两侧低，南北地貌相差大的特点。总体而言，北部相对平缓，且南部高北侧低，水系发育受活动性断裂构造控制。源于唐古拉山的各支流以北西西流动的当曲为汇聚中心，低温热泉的分布受北东向断裂的控制。高原湖泊如错江克、扎木错、朵鄂恩错纳玛、错江前、登错克等星罗棋布。南部被怒江上游面积最大的汇水区域——索曲及其支流占据，干流两侧树枝状支流众多。区内水源充足，河道畅通，河流纵横交错。区内所有江河湖泊的水源主要是唐古拉山脉诸峰规模巨大的山岳冰川。

按全国自然区划方案，本区属于国家一级区划中的第一级阶梯——青藏高原大区（Ⅰ）。根据区域自然地理特征、水系发育和分布特点，将测区北部划分为长江源头（Ⅱ$_1$）和高原内陆湖盆两个区（Ⅱ$_2$）。其中，高原内陆湖盆区面积较小，长江源区进一步划分为当曲流域（Ⅲ$_1$）和杂曲流域（Ⅲ$_2$）两个次级单元。当曲流域覆盖测区北部约95%的面积，除了相对独立的小型湖泊外，主要为呈树枝状发育的河流。当曲流域主要河流有重切曲（Ⅲ$_1^1$）、查吾曲（Ⅲ$_1^2$）、吾钦曲（Ⅲ$_1^3$）、查曲（Ⅲ$_1^4$）、撤当曲（Ⅲ$_1^5$）、玛森曲（Ⅲ$_1^6$）、多仁曲（Ⅲ$_1^7$），构成了该流域的4个次级单元（分区），它们由北向南、又由东向西按3个高程阶梯形成次一级的上、中、下游3个亚区汇聚到当曲。杂曲流域仅存在于北部东缘，汇水面积不足400km^2。测区南部的索曲（Ⅲ$_3$）为怒江（Ⅱ$_3$）之源头，由本曲（Ⅲ$_3^1$）、果曲（Ⅲ$_3^2$）、登曲（Ⅲ$_3^3$）、当木江曲（Ⅲ$_3^4$）、贡曲（Ⅲ$_3^5$）、连曲（Ⅲ$_3^6$）、益曲（Ⅲ$_3^7$）7个以索曲为汇聚中心的辐射状水系组成，它们由西向东、由北向南、北东向南西分别按一定高差构成次一级的上、中、下游（图6-1、表6-2）。

（二）水资源类型及特征

1. 地表水

区内河流众多，索曲为怒江源头已无可非议；而长江正源——哪条河流是长江的源头历来有当曲和沱沱河之争。经调查考证并结合地形图上各大江大河的流向趋势和当前学术界的一般看法，长江真正的正源水系应是当曲。原因是从沱沱河与当曲交汇处向上追索，当曲的长度远比沱沱河长，流域面积更大，相应地流量也更大（表6-3）。杂曲和解曲是澜沧江之源。

2. 地下水

分布于测区北部的中低温热泉是本区重要的地下水资源。其成群呈带状展布，与新生代断裂活动有直接关系。涌水量300~450ml/s，水温35~38℃，泉口分布有大量泉华，在地貌上形成显著的隆起。如位于永曲乡南部索瓦昂亚东部山脚下、沿10°~15°方向展布的温泉群，其泉眼多达15~20个，涌口直径8~12cm，水色透明微咸，温泉分布区形成圆锥形和隆岗形泉华。

表 6-2 仓来拉幅水文地理区划表

大区	区	流域	分区	分区分界	基本特征
青藏高原区（Ⅰ）	长江源区（Ⅱ₁）	当曲流域（Ⅲ₁）	重切曲（Ⅲ₁¹）	北部和西部以图边为界，南西部至岗陇日、康改拉雪山之山峰连线，南东侧以迪玛-鄂恩错纳玛为界与查吾曲接壤	发源于岗陇日、康改拉雪山东北部冰川地区，由南西流向北东过北邻图幅后汇入当曲，包括纽曲、郭曲陇额艾曲、矿仁曲和扎木措湖泊，区内最长径流 45km
			撒当曲（Ⅲ₁⁵）	南东自唐古拉山主脊松尕尔登-尺宰，北东与玛森曲以吉日纠-尺宰山脊相邻，北抵当曲上游	水体来自于唐古拉山峰冰川，上游有交绕曲、沙曲等5个支流及其多个树枝状水系，下游汇聚到撒当曲上至当涌流进当曲，流向北北西，最大径流长度 52.5km
			玛森曲（Ⅲ₁⁶）	南抵唐古拉山主脊尺宰、亚麻雪山，东与杂曲以滑昂结-阿当贡莫日-4864高地-龙钦-腊爱环形山梁相隔，北东与多仁曲以加柔-龙钦山脊为界	水源来自唐古拉山主峰尺宰、亚麻雪山，上游水系为树枝状、羽状，下游呈直线状，流向北西，是当曲的真正上游，水流量不大，最大径流 47.5km。支流及彼此之间沼泽发育，通行十分困难，互通性极差
			多仁曲（Ⅲ₁⁷）	北以扎日娃-扎赛日纠（邻区）-腊爱为界与沱沱河上游扎夹曲分隔，南东与杂曲流域和玛森曲之间以加柔-龙钦山脊为界	位于当曲上游，河水来源于北部扎日娃-扎赛日纠（邻区）-腊爱山链上的冰雪融化水。由楼曲、夏陇农曲、多仁曲支流组成。各支流的上游水系呈树枝状，中游为平行状，流向南西，周围湖沼发育
	澜沧江源区（Ⅱ₂）	杂曲流域（Ⅲ₂）		位于测区北东角，以腊爱-龙钦-阿当贡莫日-滑昂结弧形山系分别与扎夹曲-多仁曲、玛森曲相隔，向东流入邻区，区内面积小于 400km²	本区为杂曲流域上游，主要由康谷、阿涌两个支流组成，在图区北东角形成独立的流域。水系呈羽状，短促而流量小，泥沙质含量高，河道两侧沼泽发育，众多溪流由四周汇聚到阿涌后向南东过杂多至昌都与解曲汇合注入澜沧江
		解曲流域（Ⅲ₂）		位于测区东缘中部，南侧以唐古拉山主脊瓦尔公-哇玛拉-纳角拉珠劳拉为界与索曲流域相分隔，北部以青藏省（区）界线与杂曲和当曲上游为邻，向东流入邻幅	解曲上游，水源来自唐古拉山主峰亚麻、瓦尔公、哇玛拉、纳角拉珠劳拉等雪山，由热历通、弱吉错纳、松曲、错龙能4个支流组成。它们分别由北西、西、南西方向汇入松曲后向东与木曲汇构成解曲，向南东过昌都与杂曲汇合注入澜沧江
	高原内陆湖盆区（Ⅱ₂）			位于唐古拉山北部错江克、鄂恩恩、查吉玛、杜日和加柔一带，多数处于河流上游，少量为唐古拉山雪峰的雪水湖	规模大小不等，大的如错江克、扎木措、鄂恩错玛等，面积在 1km² 以上，小的面积少于 0.75km²，且多数在 0.4km² 以下。雪水湖为淡水湖，湖水碧蓝，清澈见底，进出口循环较快，湖面平静。远离山脉的大多数湖泊为咸水湖，四周往往有白色盐喷，滨湖沙裸露，退化强烈
	怒江源区（Ⅱ₂）	索曲流域（Ⅲ₃）	本曲（Ⅲ₃¹）	位于图幅西南部本塔-本索一带，向西延入邻幅	河流呈东西向，自西而东流入索曲。河道狭窄，水体清澈，河谷深，两侧多级阶地发育
			果曲（Ⅲ₃²）	位于本曲北部百乃贡-宰顺通一线	流向南东，上游为与主流方向垂直的平行状水系。山谷宽，河道窄，水流量小，水源来自南部的扎陇山顶雪山
			登曲（Ⅲ₃³）	位于登额陇-查吾拉，到查吾拉汇入索曲	流向自北而南，水缘于北部唐古拉山主脊索拉窝玛、查吾拉山口等雪山。上游呈典型的树枝状水系，下游呈直线状。河道窄而深，堆积物为大砾石和砾质沙土，两侧阶地不发育
			当木江曲（Ⅲ₃⁴）	位于登曲之东 9km 的 5 141m 山口到查卡一带	流向南北，上游分为两支，西侧水源来自唐古拉山主脊陇切达冰川，东侧的一支源于 5 141m 山口雪山，到查卡汇合，扎呆达一带注入索曲
			贡曲（Ⅲ₃⁵）	位于南部中间地带，南东侧与连曲以雀丁卡-琼日达通山脊相隔	为索曲流域支流最多的一个分区，由来自于唐古拉山主脊的窝金曲、窝琼曲、卡日松曲、小贡曲、章卡曲和琼日达通雪山的拉萨曲等支流汇聚而成。主体流向由北东向南西，北部支流由北向南流动，南部支流由南向北汇集，组成典型的放射状水系。上游河道宽缓平坦，流速小，下游河床窄深水流急
			连曲（Ⅲ₃⁶）	位于图幅中南部多莫达、贡琼、盖钦改、仓来拉一带，南东侧为益曲	为区内汇水面积仅次于益曲的分区，由仓来曲组成。上游为树枝状水系，河道宽而水流小，下游为直线状水系，河谷狭窄，水体流速大，河道两侧发育多级阶地
			益曲（Ⅲ₃⁷）	主体位于南邻图幅，本区仅为其北部的各支流，与连曲以公荣桑巴山相隔	为索曲流域汇水面积最大、支流众多的分区，由流向南北的平行水系组成，枪曲为其中最大者

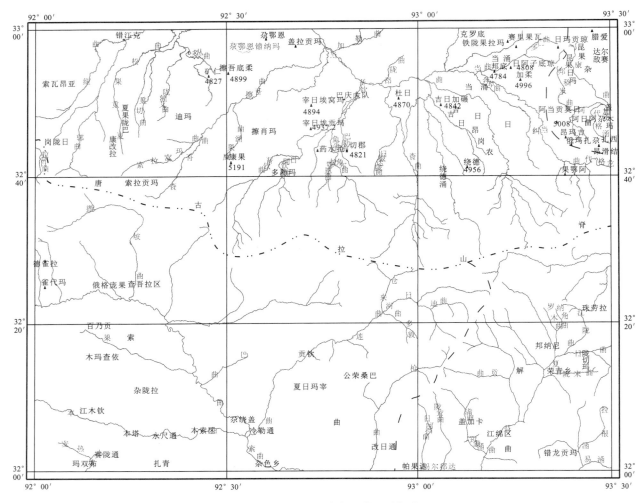

图 6-1 测区水系分布及其流域划分

表 6-3 长江源头主要河流基本参数

河流	含沙量（kg/m³）	全长（km）	流域面积（km²）	年平均流量（m³/s）	年径流量（亿 m³）	干流平均比降（‰）	主要支流
沱沱河		350	17 600	29.1	9.18		讷德曲
尕尔曲		167	4 723	24.1	7.6	12.4	姜梗曲、参尕奴玛曲、扎根曲
布曲	2.09	234.5	14 100	66	21	5.05	茸玛曲、雀宰曲、沙赛日曲、永周曲、查钦曲和那若曲
冬曲		138.4	2 846	8.4	2.65	9.68	错陇窝玛曲、依仓玛旦曲、波希鄂空曲、窝布茸曲、陇亚曲和盖玛陇巴曲
当曲	1.92	352	30 700	146	46.06		天曲、砸曲、直钦桑陇多吉鄂阿陇巴曲、多尔丘索巴、鄂阿西贡卡曲

3. 冰川

本区冰川主要为唐古拉山脉主脊上的永久性冰川群，如索拉窝玛冰川群、错陇冰川群、瓦尔公冰川群和亚麻冰川群。另外，在撒赛拉、江绵区、扎陇拉、腊爱等地的山顶上有众多的季节性雪山冰川。永久性冰川群发育的雪线海拔多在 5 600m 以上，如索拉窝玛冰川群海拔起始于 5 700m，主峰海拔 5 821m；错陇、瓦尔公冰川群在 5 500~5 695m 之间发育；亚麻冰川群的雪山主峰海拔 5 600m。而季节性冰川的发育对海拔高度的要求较低，除夏季以外，在 5 000m 以上的山顶上都存留有面积大而厚度小的雪山和冰川。区内这些冰川和雪山融水是各大江大河主要的水源，雪山、冰川以及大范围分布的沼泽湿地被誉为长江、澜沧江、怒江流域的"水塔"。

（三）水资源利用

测区为真正的"三江"源区，有着丰富的水资源。但目前水力资源的利用程度甚低，仅在索曲中游的索县县城东北部有两座小型水力发电站，发电量只能满足县城使用。绝大部分水力资源没有得到开发，以致区内绝大多数牧民仍旧过着"白天取光靠太阳，晚上照明依酥油灯"的生活。

二、土地与湿地资源

测区位于青海省与西藏自治区接壤地带的"三江源头"纯牧业区。高原持续隆升、环境的日益恶化使草场快速退化和沙漠化。本地和外来人口的增加及建设活动对草场的侵占，人类对矿产资源的过度渴求和无计划开采及严重的鼠害等，都对草场造成了破坏。快速发展的畜牧业也使草原单位面积载畜量增大。做好测区土地和湿地利用调查，掌握区域土壤肥力特征与土壤质量现状，对从根本上解决上述矛盾、实现民族地区社会稳定和可持续发展有重大意义。同时，保持该区水土资源平衡、保护生态环境对支持区域牧业发展、保证整个"三江流域"的生态安全和可持续发展有重要的现实意义。

（一）土地资源

测区是牧业区，耕地和宜农面积稀少，草场总面积达 1 249.3 万亩。其中，可利用的草场面积 970.3 万亩，鼠害受灾面积 1 160 万亩，虫害面积 21 万亩，中轻度退化草场面积达 642.5 万亩（部分现在还在利用），重度退化草场面积 15.5 万亩。沙化面积 190 万亩，荒漠化面积 71 万亩，河流和湖泊等水域面积 96 万亩，荒芜山地面积 523 万亩，其他用地面积约 70 万亩。

（二）高原湿地

1. 高原湿地分布与发育特征

测区地处青藏高原腹地，为我国典型的高寒地区。唐古拉山以北地区地势开阔，地形比差小，坡降低，谷宽地平，沼泽发育。在这种地势条件下，河道弯曲，漫流枝杈较多，河流常与串珠状的大小湖泊连为一体。汇水盆地中水体流动不畅，或水体滞留现象普遍，网状河、牛轭湖发育，是沼泽湿地的主要发育区。1∶25 万《唐古拉兵站幅》地质调查过程中，对当曲上游河水和沼泽水进行了化学成分分析，发现两者化学成分同属重碳酸-硫酸盐型或重碳酸型。唐古拉山南部地形起伏强烈，沟岭地貌发育，山沟狭窄漫长，水流湍急，沼泽地仅见于局部河道两侧的狭窄地带。

另外，测区是青藏高原多年冻土区的核心地域。北部高寒低温的环境条件形成了广泛发育的多年冻土层。冻土层厚度一般为 35~63m，夏季融冻层厚度为 2~4m。夏季，冻土层融解为区域性沼泽化形成提供了丰富的水源，同时造成大面积泥泞地，使得交通更为困难。

2. 湿地演化趋势与保护建议

1）高原湿地演变趋势

青藏高原被誉为地球之颠，是影响东亚乃至全球气候变化的第三极。新生代以来高原全面快速隆升，尤其是在近几十年来全球气候变暖、人类活动强烈、鼠虫活动猖獗等因素的综合影响下，区内生态环境日益恶化，水位下降引起的湖泊大面积萎缩、草地沙化、土壤盐碱化、河流断流、湿地退化现象十分严重。湿地的演变趋势主要表现在以下几方面。

（1）湖泊退却：对比 20 世纪 80 年代拍摄的航片和近年制作的卫星照片发现，测区北部错江克、尕颚恩错纳玛、当曲上游诸多星点状咸水湖周边普遍有一圈白色环带，内部包含 2~4 个明暗色差变化线。野外调查表明，该白色环带的外圈系原来的湖岸线，内圈是现在的湖岸线，环带为滨湖沙，内部色差线为阶梯状沙岸线。就尕颚恩错纳玛来说，与 20 世纪 80 年代的航片所显示的相应湖岸线对比，如今的湖水面积相当于 22 年前的 3/5，湖岸线退却 2.2m，平均每年回缩 0.1m。同时，面积越大的湖泊退却越明显，许多小型湖泊干涸。

(2)河流断流:青藏高原是蒸发量极为强烈的地区,测区亦不例外,但南部稍好于北部。北部雪线上升过快使得冰雪水融化渐少,水源补给相应短缺,小溪断流或沦落为季节性河流。

(3)沼泽湿地萎缩:测区北部许多山麓及山前湿地已停止发育,部分地段泥炭沼泽裸露地表。地下水位的下降使得湿地面积有减无增,旱化范围越来越大,盐碱化越强烈,湿地出现了明显的萎缩退化。随着沼泽湿地的退化,边缘旱生植物种类越来越单调,且向草甸化方向发展。

2)湿地保护建议

高原湿地是三江源头独特的生态景观,在保持生物多样性、涵养水源和维持生态平衡方面具有重要的作用。根据测区湿地的主要特征以及演变趋势,提出以下保护建议。

(1)湿地的科学研究刻不容缓:青藏高原的环境保护是中央实施西部大开发战略的重要内容,那曲地区和玉树藏族自治州在三江源头生态保护方面相当重视,在政策上倾斜,人力、物力和财力方面给予了极大的扶持。但由于该区地广人稀,部分地方对环境恶化的严重性缺乏充分的认识,行动比较迟缓,甚至是被动的。因此,在测区湿地生态研究方面仍有大量的工作急需展开,特别是要加强科学研究,综合治理,深入探索全球气候变化和高寒湿地系统效应,总结湿地生态变化过程和形成机制规律,为湿地及其生物多样性合理利用和保护提供科学依据。

(2)加强湿地生态系统保护:青藏高原特殊的环境和气候决定了湿地和草皮一经破坏在70~100年间难以恢复过来。高原湿地生态系统具有独特的结构和调节功能,应在深入研究的基础上,从源头抓起,从影响湿地生态系统的关键因素抓起。从整体保护的角度出发,采取切实可行的措施,合理利用土地,限制性开采沙金,有计划地开矿,在建筑用地和工业用地、商业用地诸方面要做到统一规划,统一部署,尽量少占用草场和湿地。以一种对佛的虔诚来理解"我们只有一个地球,保护地球就是保护我们自己"的涵义,否则我们将会成为历史的罪人。

(3)强化高原区域生态环境保护:湿地的动态变化受气候条件和人类活动制约。几十年来对高原冻土区的监测结果表明,青藏高原的地温已升高0.1~0.4℃,岛状多年冻土的南界已经北移12km(王绍令等,1997,1999)。测区,尤其是北部为多年冻土覆盖区,冻土层的存在对沼泽湿地土壤水分的下渗起到阻隔作用,因此冻土的退化将改变本区沼泽湿地地表水的循环状况,成为高寒沼泽湿地面积萎缩的重要原因之一(王绍令,1998)。从某种意义上说,保护高原冻土与保护湿地具有同样重要的意义(陈桂琛等,1995)。

三、生物资源

青藏高原植被生态学研究工作始于19世纪下半叶,以法国、奥地利、比利时和荷兰等国的传教士的零星科考为标志。真正作为一种系统的工作并对以后高原生态研究有深远影响的当属我国植物学家刘慎谔教授,他于1934年发表的《中国西部和北部植物地理概论》,详细叙述了西藏植物地理区的划分和常见的代表性植物类型的识别。随后,邓叔群教授、徐近之教授系统总结了西藏各区的自然地理条件、代表性植被类型及其优势种。建国后历时20余年的综合考察查明了西藏地区的植物种类、区系成分、植被垂直带规律,弄清了青藏高原从南东至北西植被水平地带的分异及组成各地带的主要群落,编制了西藏1:1 000 000的植被类型图。20世纪70年代至今,在科考的基础上出版了一系列关于青藏高原的科学专著。与此同时,地方性植被生态研究工作方兴未艾。这些研究成果对测区生物资源的调查和研究有较大的启发。

测区在中国植被区划上属于那曲-玛多高寒草甸区(南)与长江源高寒草原区(北)的交汇部位,分界线是唐古拉山山脉。因此植被资源有着强烈的过渡色彩,既有高原寒冷湿润-半湿润条件下形成的高寒草甸和寒冷而干旱条件下形成的耐寒多年生旱生草本植物组成的高寒草地,又有草原化草甸和草甸化草原,是一个生物多样性相对丰富的地区,有高原物种基因库之称。

(一)植物资源

测区植物资源丰富,有喜马拉雅线叶蒿草、青藏苔草、小叶金露梅,又有像早熟禾、羊茅、披碱草等比较耐寒的禾草类植物。美花草、风毛菊属中的水母雪莲、雅跎花和绿绒蒿属是典型的喜马拉雅高山植被。其特点是以单种的科属植物为主,植被类型较为单调,新起源的植物多。

从种类来看,有被子植物216种,裸子植物20种,蕨类植物64种,苔藓植物162种,地衣植物120种,真菌136种。其中分布于唐古拉山两侧的真菌类虫草、贝母是青藏地区的特产。

植物的水平分布受地理条件约束,呈现由南向北的地带性的水平变化,依次是高寒草甸-高寒草原化草甸-高寒草原3个具有一定地域性代表意义的植被类型。从另一方面,地形条件亦反映了气候的垂直分带,即由低到高气候由寒冷半湿润—寒冷半干旱—寒冷干旱的变化,在植物分带上表现为北部以紫花针茅草原为底带到以雪山冰川带为顶带的多植被区连续演化(图6-2),南部以高寒草甸为底带到雪山冰川带的少植被垂直带(图6-3)。

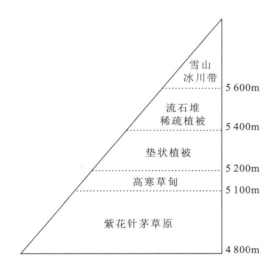

图6-2 测区北部植被垂直分带

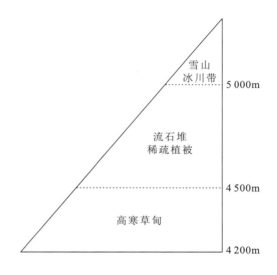

图6-3 测区南部植被垂直分带

(二)动物资源

与植物资源的调查一样,高原动物类的调查工作也始于19世纪下半叶,其中考察持续时间最长、次数最多、规模最大、专业面较全、收获最大的为俄国人普尔热瓦尔斯基。我国在这里的调查是解放后才开始的,以中国科学院组织的多次(1962、1981、1986、1990)综合性深入考察为标志。

本次有关动物资源的调查是概略性的,工作中发现区内动物既有国家一级保护动物黑颈鹤,又有黄鸭、斑头雁、秃鹫、棕头鸥、集群活动的西藏野驴、世界性珍兽野牦牛、西藏黄羊、旱獭、高原鼠兔、雪鸡。其中牦牛遍布,有人的地方就有秃鹫,其余动物多分布在北部。

1. 黑颈鹤

主要生活在旦荣乡西部沼泽地内的一些小湖中,往往成群结队,生性胆小,与人保持在100~150m左右距离,如空中有猛禽出现时更是显得急促不安。日出而出,叫声音质短美,宏亮清脆。该动物在国内已经十分稀少,乃高原珍稀鸟类之一。

2. 黄鸭

在沼泽、小溪边、滩地和河漫滩以及一些快要干涸的小湖中均可见到,通常上午8点多开始从栖息地成群结对飞往目的地觅食,晚9时方离去。性情十分机警,既不单独行动,又总是与人或牦牛等保持70m以上距离。集体生活很有规律,分工明确,叫声不断,似在互相提醒。当发现有天敌(如秃鹫等)出现时,站岗放哨者一声尖叫,要么群起而攻之,要么一起迅速回到熟悉的砾砂岩石山洞中避难。该鸟以莎草种子、嵩草、花、软体动物为食,本身的肉味鲜美,绒羽厚密,是佳羹美餐和防寒保暖的理想材料。

3. 斑头雁

数量较多,分布较广,主要成群生活在远离人畜的湖岸、湖心岛、河边等砂石多的地方。因这些地方的地形呈半环岛状、周围多为安全的湖湾,嵩草、莎草科和藜科等植物纵生,既安全又食物丰富。它们有着高度的团结互助精神,当有一只斑头雁受害时,其他成员一同鸣叫并呈集体防御之势。据说该鸟平常生活在青藏高原的湖泊中,去云贵高原、印度、尼泊尔等地越冬。斑头雁体大羽厚,肉香味纯,体态优美,卵大且富含动物蛋白质,易于饲养,观赏和实用价值高。

4. 秃鹫

个体长60~120cm,高40~70cm,腿粗个大,喙部尖长微弯,锋利无比,食腐肉。

藏族纯朴的生活习惯和富有特色的安葬方式为秃鹫的生存和繁衍创造了条件。在西藏,每座村庄周围都有一座或多座用石块筑构的平台——天葬台,秃鹫就栖息在天葬台周围的山洞中。人死后遗体被安放到天葬台上,经过寺庙众僧超度后,一直围守在四周的秃鹫食之,即为天葬。

5. 棕头鸥

又称小海鸥,主要栖息在湖心岛屿以及人畜罕至的湖岸一带,以湖水中的鱼类和水生动物为食,体态优美。该鸟从早上6:30开始活动,以群体方式为主,团结互助性强,护群现象明显,当群体中一只被打死或打伤,其他个体则围绕它在空中盘旋,并直盯伤亡者发出声嘶力竭的鸣叫,甚至有的个体俯冲下来用喙啄侵犯者。

6. 藏野驴

又名亚洲野驴,被列为国家一类保护动物。栖息在海拔4 600~5 200m的青藏高原及其邻区严寒缺氧地带,以食草为生,体色呈深棕色、赤色或暗红褐色,外形酷似骡子,比家驴肥壮,更显体形优美。唇、腹部及四肢内侧常有白色或浅灰色团块或条纹。因其栖息地通常地势高亢平坦、气候严寒,人类活动较弱,有利于野驴的栖息繁演。多数情况下,野驴成群出没,个数几至数十头不等,有时有百十多头者,但也有单个活动的个体。即使群居活动,也秩序井然,常以纵队排列。当遇到惊吓或危险时,往往狂腾飞奔,时速可达60km/h以上。跑至距危险物80m以上时,即停下来回望。

7. 牦牛

体形与黄牛相似,有野生和家养之分,是唯一耐高寒缺氧的荒漠环境的牛类,在我国仅见于青藏高原,但多生活在海拔4 500m以上的地区。以食草为生,体形硕大而笨重,肩部中央具显著隆起的肉块,似驼峰。头部、上身及四肢下部发育密集的短毛,但体侧下部、颈部和尾部均为长毛,以黑色多见。犄角粗长锋利,骨质致密细腻。牦牛过着群居生活,家野混生常见。

牦牛是高原人家的主要劳动力和经济来源,农区靠它耕地拉磨,牧区靠它搬家。其肉质粗而瓷实,藏人喜食风干的,汉人爱好新鲜的。牦牛毛、皮是藏民作帐篷的主要材料,牛油提炼的酥油是藏民的主要营养物,犄角可以制成各种装饰品。

8. 旱獭

俗称哈拉,藏语叫曲娃,家族式群栖食草动物,长20~60cm,体重3~10kg,全身沙黄褐色间杂微黑色,几乎遍布当曲两岸的沼泽草甸、草场及沙丘地带,多出没于土洞和石缝中。其挖洞能力极强,洞穴的内部结构十分复杂,主、副洞分明。其中主洞又分为冬眠洞和夏居洞。冬眠洞口多达7~12个,洞深长1.5~7m,洞中又可以分成4~7条,内有巢室。夏居洞道长3~6m,洞道分叉1~3条,巢室较冬眠洞略小,洞口多达7个。临时洞供其玩游戏、临时休息和逃难用。

每年的9月下旬至次年3月份是的旱獭冬眠时节。刚过冬眠期的旱獭身体消瘦,身上带有大量病毒性昆虫,危及人类和家畜的健康。等到草长上来后,身体得以恢复,体肥膘壮,活动能力极强。早上和晚上堆立在洞口面对面晒太阳,其余时间昼夜活动。旱獭的毛皮是优质毛料,价格昂贵,其肉细腻香甜,油脂是治烧烫伤的良药。旱獭强烈的挖掘力和大量啃食牧草对高原草甸和草场结构造成了严重破坏。

9. 鼠兔

为海拔 4 000~5 300m 高度生长的草食类老鼠,体重一般 100~300g,长 10~20cm,体形粗壮,耳朵尖小且直立,小眼睛,三角鼻梁,形似兔子而得此名。该鼠前足发达,适应于地下挖掘活动,广泛栖息于草原、高寒草甸中的浅洞中,无冬眠期,繁殖能力强盛,虽单个食量有限,但数量巨大,是破坏草场和草甸的主要力量。尤其是,近年来由于缺少像狐狸、豹子、野猫及艾虎等天敌,鼠兔的整体数量有增无减,破坏力逐年剧增。

10. 藏黄羊

别名小羚羊,为分布于青藏高原及其周边地区的有蹄类食草动物,属国家二类保护动物。其面部、颈和背部为均匀的土褐色,腹部和四肢内侧为白色,臀部有纯白色大斑,俗称"花屁股羊",体内有双气管。在测区主要分布于海拔 4 500~5 100m 的高山草原、高山草甸中,其他地方较少见到。活动形式以成群结队为主,视、听觉极为发达,机警灵敏,行动敏捷,奔跑速度达 60km/h。

另外,区内像光能、风能和地热能等能源资源也十分丰富,有较大的开发利用远景。据巴青县和杂多县气象局资料,测区年日照时数 2 400h,日照百分率达 27.4%,紫外线辐射强烈。这部分能源仅少数被乡一级政府用来作太阳能实验发电站,而平常百姓家烧水、做饭用之甚少,急待大力推广并加以充分利用。测区年均(特)大风日 95 天,特大风主要在冬季,风速一般 5~7m/s,最大时 18~20m/s。其余季节平均风速 2.3m/s,但由于风向、技术、经济等方面的原因,至今尚无一座风力发电站,这部分能源的利用价值还值得进一步研究。

第七章 新构造运动

印度板块与欧亚板块在新生代的碰撞形成了世界上面积最大、海拔最高、年纪最轻的高原——青藏高原。在此之后,印度板块持续不断地强力向北挤压,围限高原的三大刚性岩石圈板块(塔里木板块、华北板块、扬子板块)反作用阻拦,使得青藏高原快速隆升,引起国际地学界的广泛关注。

测区地处青藏高原腹地,唐古拉山横亘图幅中央,属于"世界屋脊"的"屋脊"。新生代以来青藏高原的强烈隆升,不仅强烈影响了本区现代地貌、沉积物、地下热活动、生态环境,而且对全球现代气候环境变化和物质资源再分配产生了深刻影响。因此,研究包括测区在内的新构造活动不仅对了解青藏高原隆升过程和深部动力学机制具有重大的理论价值,同时对人类活动环境、工程地质勘察、地质灾害调查与评价、矿产普查与勘探等有重要的实际意义。

第一节 新构造期的构造格架

测区新构造期的构造格架分野性显著。唐古拉山脊以南属藏北高原湖盆区南羌塘大湖盆亚区那曲东北部高山峡谷小区。地形西北高,东南低,比差达 300~700m。沟岭地貌发育,北部沟谷相对开阔,向南部逐渐变狭窄。唐古拉主脊以北为青南台原区,新生代断裂活动强烈,以北西西-南东东向、北东-南西向两组断裂最为醒目。其中北西西-南东东向断裂规模较大,活动历史长,现今仍在活动,控制了金沙江源头水系——当曲;北东-南西向断裂由多条平行的断裂组成,每条断裂上均发育有热泉及钙华沉积,并同时控制了区内同方向水系的发育,活动时代为第四纪(表 7-1,图 7-1)。

表 7-1 新构造特征表

	新构造方向	新 构 造 特 征
唐古拉山脊以南	东西向断裂	主要为查吾拉断裂、本塔断裂,呈近东西向或北西西-南东东向,断裂早期以压性为主,晚期表现为右行走滑。河谷中冲积扇体呈近东西向线性排列,反映了线性构造的存在,扇体堆积的同向偏转也反映出断裂的右型走滑性质
	近南北向断裂	近南北向张性断裂,绝大多数支流沿其展布
唐古拉山脊以北青南盆地	北西西-南东东向断裂	断裂规模较大,现代仍在活动,控制了长江的源头水系——当曲
	北东-南西向断裂	多条并行分布,很多地方出露热泉及钙华沉积,区内大部南北向水系均沿此组断裂发育。该组断裂形成年代为第四纪,其时代晚于前一组方向的断裂,为第四纪中晚期以来的新生断裂

第二节 新构造运动的表现形式

一、唐古拉山脊以南的新构造运动表现形式

(一)水系分布

与新构造格架基本一致,本区水系以近南北向和近东西向为主。新构造运动不仅控制了本区水系的分布,同时还控制了河流的流向。

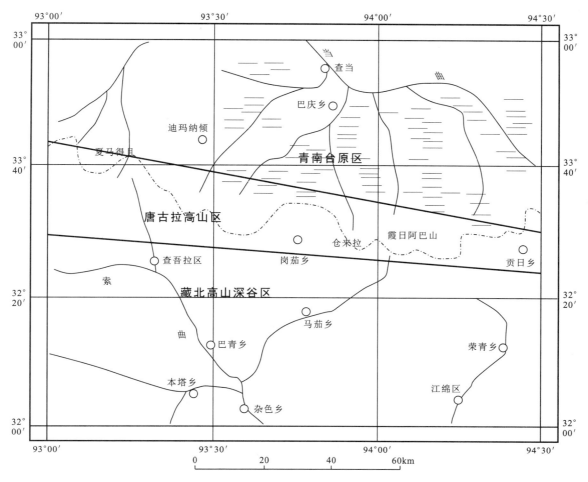

图 7-1 测区地貌单元划分图

唐古拉山南坡汇水面积最大的索曲的流域位于怒江上游,主要由本曲、索曲、连曲和益曲4条河流组成。本曲和索曲由北西西向南东东方向流动,在索丑扣一带与来自北东方向的连曲汇合后,继续流向南东方向,到索县后接纳由北东而来的益曲,再经雅安、若达进入怒江(图7-2)。

(二)河流阶地

河流阶地是新构造运动的重要表现形式。如果说新构造运动对水系的影响和控制主要体现在水平方向上,河流阶地的形成则反映了新构造运动在垂直方向上的表现。

1. 河流阶地基本特点

流域内河流阶地十分发育。不同河流因所处位置不同,阶地发育的级数和阶地形态类型、河拔高程也不相同。上游为低级堆积阶地(T_1、T_2、T_3),中下游可见到保留较好的7级阶地(T_1、T_2、T_3、T_4、T_5、T_6、T_7)。其中,T_4、T_5、T_6、T_7为高级基座阶地。各级阶地的物质组成如下。

高级基座阶地坐落于现代山坡台阶上(图7-3),主要由两部分组成。下部为基岩,上部为半固结的河流冲积物。部分阶地的表面被松散坡积物覆盖。冲积层由淡黄色、灰白色厚层状砾石层与砾质砂土层组成。砾石层厚度4~22m不等,砾石以鹅卵状为主,分选较差,大者26cm,小者8mm。砾石含量55%~72%;砾石叠瓦状排列,AB面倾向现代河流的上游。砾石层内发育正递变层理,即底部砾石普遍较大,含量高,向上个体逐渐变小,含量减少,渐变为厚4~7m的砾质砂土,局部地段顶部残留有河漫滩相灰色亚砂土。T_7分布于现代河床上方170~185m处,T_6高出河床面127~135m,T_5距河床92~100m,T_4仅40~55m。

阶地上冲积物中的孢粉组合以针叶植物松属花粉为主,灌木植物白刺属、麻黄属和草本植物蒿属、禾本

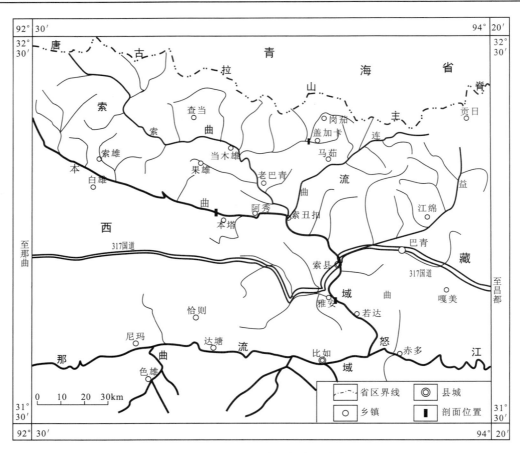

图 7-2 测区交通位置与水系分布图

科、藜科、豆科、茄科、毛茛科、唇形科、小檗科花粉次之,反映温凉偏干的气候条件,半荒漠草原-草原型植被景观。冲积物内 3 件热释光样品的年龄值为 $114.67 \times 10^3 \sim 95.65 \times 10^3 a$,时代为晚更新世(表 7-2)。

表 7-2 索县雅安镇高级河流阶地堆积物热释光年龄

岩 性	采集地点	年龄($\times 10^3 a$)	时代
砾石层	Ⅳ阶地	95.65±3.20	
土黄色泥砂层	Ⅵ阶地	99.26±4.35	晚更新世
灰色泥砂层	Ⅶ阶地	114.67±5.24	

注:样品由国家地震局地质研究所实验室测试,测试对象为冲积物中的细粒组分。

低级堆积阶地包括 T_1、T_2、T_3 级阶地。在河流上游的两侧均有阶地分布,到下游阶地仅见于单侧(图 7-3)。堆积物为松散状,呈旋回式沉积。每个旋回具典型的二元结构(图 7-4),下部为河床相灰黄色、灰白色砾石层、含砾砂土;上部由河漫滩相深灰色亚砂土粘土组成。砾石层发育正递变层理,砾石成分与流域上游基岩密切相关,形态以鹅卵形为主,少数不规则状,磨圆度中等,次棱角状至次圆状,含量 50%~65%。下部砾石大而且含量高,再向上部砾石小而少,再向上渐变为厚 10~16m 的含砾砂土和厚度 30~

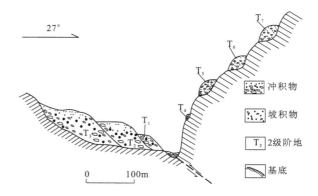

图 7-3 索县亚拉镇河流阶地剖面素描图

70cm 的深灰色亚砂土、粘土。T_3、T_2、T_1 之间的高差分别为 11m、13.2m。T_1 的河拔高度为 17.7m(图 7-3)。

河流阶地的砾石层厚度、沉积结构、阶地面的延展性之间呈负相关。高级阶地的延展性相对差,砾石层厚度大,分选低,砾石磨圆度较好,缺乏漫滩沉积,显示其形成时水动力极度不均衡,为地壳快速抬升和强烈侵蚀下切状态。

索曲流域河流及其阶地的共同特点是:

(1)唐古拉山主脊冰雪融水是河流的源泉。

(2)河流为构造成因,各主流的展布受区内主要构造线控制,支流受近南北向张性断裂制约。河流上游水系呈树枝状,沟谷宽阔,河谷呈"U"形,谷坡较宽缓,缺乏阶梯状陡坎。

谷缘宽,河床坡降小,水流缓慢,水体浑浊,谷底为泥沙质沉积物,河流两侧发育低级阶地(T_{1-2})。中游为隘谷,谷坡近于直立,谷缘相对于谷底稍宽,整个河谷几乎全为河床占据。水流量较大,水体流速加快,泥砂质含量低。河流下游的河谷呈"V"形,水流湍急,谷壁呈阶梯状攀升,谷底和谷壁均为基岩。

(3)阶地主要分布于河床宽窄突变处或流向转折处,由河流相砂砾石组成,下粗上细的二元结构清楚。

(4)高级基座阶地发育于河流的中游和中下游,阶坡陡峭,规模普遍较小,堆积物主要以粗粒碎屑物为主。低级阶地在河流的上游规模较大,级数较少,级差小,向下游规模变小,级数增多,阶坡变陡。

(5)各级阶地面和阶坡向河谷倾伏,阶地级别愈高,距现代河床就愈高,阶坡愈陡。

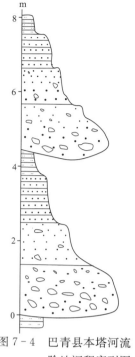

图7-4 巴青县本塔河流阶地沉积序列图

2. 河流阶地的新构造变形特征

新生代断裂构造体系不仅控制了索曲流域现代河流的形成与分布,同时断裂在第四纪期间的多次震荡性运动又使现代河流发生改道,部分河流阶地被错断。

区内河流阶地构造有两种型式。

(1)单侧型:主要出现在唐古拉山南坡近南北向沟谷中,河流阶地仅发育于断层上升盘,而下降盘不发育(图7-3)。阶地为一些级别较低的堆积阶地,保存于断层上升盘的陡坡上。阶地呈阶梯状向下降盘方向依次发展,每一级平台(阶地面)对应着一次构造抬升。断层下降盘为现代河床堆积的场所,缺乏阶梯状平台。在现代地貌上表现为断层上升盘所在的山坡陡,下降盘对应的地形缓,沟谷形态不对称。控制这类不对称地貌的断层主要为活动时间贯穿于河流及其阶地形成、发育完整阶段的近南北向张性断层。下盘上升幅度大,上盘下降幅度小,反映了地壳不均匀掀斜运动。

(2)高单侧低连续型:主要出现于河流中下游,高级别基座阶地发育于断层的上升盘,下降盘为连续的低级阶地(图7-5)。阶地的变形行为表明断层经过一段时间活动后趋于稳定,高级阶地被错断的距离大于低级阶地的断距。

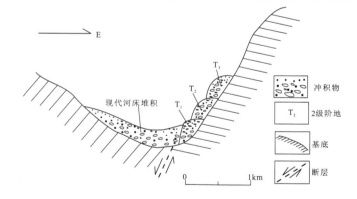

图7-5 巴青盖加卡单侧阶地剖面图

3. 新构造运动规律

测区位于南羌塘陆块东部地质构造复杂地段,新构造运动既与青藏高原同时期的区域构造背景和深部地球动力学过程有关,也与围限该陆块的两条重要的边界断裂在第四纪期间的差异性活动有着密切联系。

近年来的地质研究表明,在侏罗纪末期,拉萨地体与羌塘陆块沿班公湖、班戈错、怒江一线初始对接碰撞,羌塘陆块整体上升成陆。早白垩世班公湖-怒江结合带彻底愈合(刘增乾等,1990;潘桂棠等,1998),在总体隆升的构造背景下,几条主要断裂差异性活动控制了测区地壳的不均匀抬升。晚白垩世—新近纪,由于印度板块继续向北推挤,形成了测区一系列北西西-南东东向冲断推覆构造带。冲断推覆作用不仅造成地层的强烈缺失、倒转、错位和叠置;而且这种强大的陆内汇聚作用也控制了同时期的沉积作用,使逆冲带前缘红色磨拉石呈条带状展布于前陆盆地中。第四纪印度板块持续震荡性向北挤压,应力传递过程中受到班公湖-怒江断裂带、特提斯东构造带、双湖-查吾拉断裂带的影响,方向变为南南东-北北西。在这种构造应力作用下,作为本区主体构造格架的近东西向断裂继承性右斜冲运动,新生的近南北向断裂规模较小,平面形态呈锯齿状;北西向和北东向断裂分别具有右行和左行压扭性运动特征。断裂体系将本区分割为大小不同的断块,构造活动表现为总体抬升背景下由南南东向北北西方向断块式掀斜运动,有以下几方面表现。

(1)河流发育特征:区内河流为沿断裂控制的构造河流。在索曲中下游主要为直流河,河谷狭窄,谷壁陡峭,水流急湍,"V"形谷发育,为大幅度快速隆升过程中的河流强烈下蚀作用的结果。索曲上游河谷宽,谷壁缓,水系呈树枝状,流量小,流动缓慢,水体中泥沙质含量高,为缓慢隆升中的向源侵蚀地貌。

(2)河流阶地:南羌塘陆块不同构造位置的抬升强度、幅度不同,对应的阶地类型及其级别就有差异。靠近班公湖-怒江断裂带的索曲流域中下游阶地级数多,高级基座阶地发育,阶地高差大,彼此间切割与改造作用强烈;尤其是雅安一带7级构造阶地揭示了地壳经历了7次明显的构造抬升。北部的唐古拉山南坡一带,主要为低级堆积阶地,级数少,阶坡缓,高差小。

(3)不对称地貌:为构造和河流共同作用的产物,是本区的主要地貌类型。在河流发育过程中,构造抬升引起的河流下蚀作用量和速度受局部或区域构造隆起速度、河流比降和流量以及地球物质相对于峰值水流抗蚀性的影响(马逸麟等,2001)。构造不对称掀斜抬升引起的侧蚀作用往往造成侧蚀方(断层上盘)山底被掏空,产生滑塌形成陡坡,另一侧为缓坡的不对称地貌。索曲流域内的河流多为常年流水,抬升强烈一侧坡度变陡,水体流速加大,流动方向更趋向于对冲沟底部垂直向下的强烈侵蚀下切作用,形成纵向比差大的沟谷。抬升越高,切割越强烈,坡度越大。

二、唐古拉山脊以北新构造运动遗迹

(一)夷平面

本区存在两期夷平面,一期是中新世以前形成的以珠峰北坡-念青唐古拉山-唐古拉山-风火山一线的山顶面(图7-6),另一期是中新世形成的主夷平面。

上新世青藏高原海拔1 000m左右,由于地壳长期稳定,气候湿热,长期的风化、夷平作用,形成了以残积红土(三趾马红土)、古岩溶为特征的夷平面。该期夷平面广布于青藏高原上,由于更新世以来持续的隆升,夷平面现零星保存于海拔4 900~5 100m左右。

图7-6 唐古拉山口山顶面图

(二)水系响应

唐古拉主脊以北为青南新生代盆地,盆地内分布明显的两组断裂。一组是北西西-南东东向,断裂规模较大,现代仍在活动,控制了长江的源头水系——当曲。另一组为北东-南西向断裂,多条并行分布,很多地方出露热泉及钙华沉积,区内大部分分支水系受此组断裂控制。该组断裂形成于第四纪,其时代晚于前一组方向的断裂,为第四纪中晚期以来的新生断裂。

河谷谷地的成因及新构造运动特征密切相关。不同时期、不同方向新构造运动的差异引起不同方向河流阶地发育状况不同。近东西向谷地的河流阶地一般不发育,近南北向河流的阶地相对发育。

南北向水系形成于晚更新世以来,由于南北向差异性降升,导致河流自北而南的溯源侵蚀不断加强,加上间歇性构造抬升,形成了4级河流阶地。不同河流阶地发育情况大体相似。一级阶地为堆积阶地,河拔3m左右;二级阶地为堆积或基座阶地,河拔9m左右;三级阶地为基座或侵蚀阶地,河拔14m左右;四级阶地为晚更新世河流侵蚀中更新世宽谷或冰蚀谷而成,一般为基座阶地,河拔25m左右。

(三)新构造运动对热泉的控制

热泉主要沿北东-南西向新构造分布,一般形成钙华锥或钙华平台。钙华较松散,成层性好,重结晶较弱,一般厚1～1.5m左右。

全新世钙华堆积往往覆盖于现代河床或河漫滩砾石层之上。钙华主要集中在永曲乡一带的新生代断裂上,叠加于更新世泉华堆积物之上。全新世断裂继承性活动使更新世泉华破裂并在其内部发育2～3条窄裂缝(宽6～12cm)。沿裂缝发育成排展布的、富含CO_2气体的现代温泉。在热泉上涌过程中压力减小,CO_2释放而形成大量的$CaCO_3$沉淀物堆积于泉口四周,并叠加于更新世泉华之上。堆积物往往四周高,中间低,泉眼清晰可辨。

全新世钙华沿断裂呈点状展布,成层性好,单层厚3.5～7cm,层面呈弧形上弯,由实体(硬体)和空隙两部分组成,泉华块比重较小。实体的化学成分主要为$CaCO_3$,其次有少量粘土和沙质。空隙部分呈蜂窝状,占泉华体积的30%～37%。

通过本次调查,共发现至少30处热泉出露点,泉水温度可达20～55℃,同时形成大量钙华堆积,以钙华锥、钙华平台多见。规模较大的钙华平台,钙华多呈线状展布。野外可以看到钙华被近北北东向断裂切割开,沿断裂又有新的泉水溢出。

查吾拉热泉群涌水量26l/s,大量CO_2气体及少量H_2S气体溢出。不同热泉H_2S含量差距较大,白雄区东南白曲热泉群H_2S含量较高,而加木采曲热泉中生长大量植物,说明H_2S含量很少。

大量热泉及钙华的出露,表明本区新构造运动十分活跃。大量热水的外流及热气的排放对高原的气候有一定的影响。同时,经过一定流程然后沉积下来的钙华沉积(图版Ⅸ-1、2、3,图版Ⅹ-2),也保存了当时的气候信息,为高分辨率研究全新世的气候变化提供了物质载体。

(四)火山活动

测区新生代火山活动集中在中新世,形成查保马组辉石粗面岩和石英粗安岩。火山活动方式为喷溢作用,属钾玄质系列,地貌上表现为熔岩台地,不整合覆盖于沱沱河组之上,构成现今二级山顶面。根据稀土元素和微量元素特征,查保马组火山岩为陆壳增厚背景下的喷发,代表中新世中晚期一次大幅度的构造隆升事件,也是青藏高原第二次隆升阶段的主要标志。

(五)环境效应

青藏高原新生代隆升期间,在其内部和周边形成了一系列新生代盆地,盆地沉积物记录了高原隆升引起的环境变化过程。测区北部青南盆地新生代沉积较为完整,始新世青南盆地处于挤压-走滑背景下,沉积了一套红色河湖相碎屑岩组合。孢粉组合主要以松粉属(*Pinuspollenites*)和桦粉属(*Betulapollenites*)为主,反映了温和与湿润-半干旱气候环境,当时的平均海拔高度小于1 000m。根据曲果组的沉积速率和孢粉组合,认为上新世中期为较稳定隆升期,也是主夷平面形成时期,海拔高度在2 000m左右。更新世隆升加快,主要表现为断裂活化、泉华形成。更新统孢粉中除含有丰富乔木植物,还有少量的灌木及蕨类植物,其中以松属(*Pinus*)为主要组分,灌木类蒿属(*Artemisia*)、藜科(*Chenopodiaceae*)次之,以喜温爽环境植物为主,反映温凉湿润的气候环境。与现代植物所生长的海拔高度相比,当时的海拔高度约为4 000m,已经接近现代高原的平均海拔高度。总体而言,随着高原隆升,气候从干旱变为清凉湿润。

第三节　新构造运动特点

测区新构造运动是在老的构造运动背景基础上发生的,很多新构造在发育部位、性质、延伸方向上与前期老构造一致,表现出第四纪构造运动的继承性。其中,最具代表性的是青南盆地北东向断裂和唐古拉山脊以南的近东西断裂。这些断裂是控制古近纪沉积的主要构造,新近纪以来持续活动,直至现代。

新构造运动的新生性体现在两个方面:其一是继承性断裂后期构造性质的改变。如青南盆地北东向断裂在更新世末期至全新世表现为以左行走滑为主,可见水系及冲洪积扇的同步偏移,与原来控制古近纪沱沱河组的断层性质不同,体现了该断裂的新生性;其二是在第四纪时期新形成了大量近南北向的断裂,现代近南北向水系的形成与此有关。第四纪中晚期以来构造运动方向的改变,同样是第四纪构造运动新生性的表现。

测区新构造运动主要以断裂为主,其次受安多地块向北推挤的作用造成局部的隆起。断裂活动主要以正断层及走滑作用为主。

第四节　新构造运动与气候变化及冰期划分

由于青藏高原隆升,海拔不断增高,测区在第四纪出现了气候多次冷暖变化和冰川活动。这种气候冷暖交替,除了与全球气候变化、太阳星系变化等因素有关外,与本区新构造运动关系也十分密切。

以下按照不同的气候阶段分别论述新构造运动与气候变化的关系。

一、高原"大湖期"($N_2^2—Qp_1^1$)

$N_2^2—Qp_1^1$ 青藏高原强烈抬升,喜马拉雅山开始出现冰川活动。由于唐古拉山位于藏北高原,其隆升具有明显的滞后性,海拔仅隆升至 1 500m 左右,并未达到形成山岳冰川的高度。此时本区尚属温暖、湿润的气候条件,可能处于青藏高原"大湖期"。

二、唐古拉冰期(Qp_2^{1-2})

Qp_1^3(早更新世晚期)区内发生大幅度隆升,海拔上升至 3 000m 左右。同时,由于早期湖泊的退缩,气候潮湿,降雨量大,出现了测区最大的一次冰川活动——唐古拉冰期。

受后期长时间外力作用,此次冰川活动遗迹保存较差,保存位置较低(海拔 4 600～4 900m),边界范围却最大,应是本区第四纪以来冰川活动规模最大的一次冰期。

三、中更新世间冰期(Qp_2^{2-3})

中更新世晚期,本地区地壳长时间处于稳定,构造作用不强,地质作用主要以外力的风化夷平、河流地质作用为主,形成宽谷地貌,基岩残丘上少量残积红土。

四、中更新世晚期冰期(Qp_2^3)

中更新世晚期,本区又重新开始抬升,海拔升高至 4 500m 左右,气候变冷,开始了新一期的冰川活动。该时期的冰川活动主要以山岳冰川为主,分布在海拔较高的山间沟谷中。唐古拉山与小唐古拉山(托纠该拉)之间谷地南北两侧较高部位,残丘上广泛分布该冰期的冰碛砾石(宇宙核素法测年为 $172.9×10^3$～$200.1×10^3$a 左右)。

五、晚更新世(Qp_3^{1-2})间冰期

气候转暖,大量冰川融水流入南北向水流,形成三级阶地、二级阶地及东西向谷地内的冲积扇。

六、末次冰期(Qp_3^{2-3})

构造运动的持续抬升,本区隆升到海拔近 5 000m 的高程,气候严寒。由于青藏高原的隆升阻挡了南部印度洋和东南部海洋暖湿气流的北上,降雨急剧减少,形成了高原严寒干燥的气候条件。因此,尽管存在冰川活动,但其规模大小远小于中更新世早期的冰川活动。

七、全新世间冰期(冰后期 Qh)

全新世气候开始变暖,冰川后退,现代雪线上升至现今的 5 300m 左右。

区内东北角索曲山谷冰川,由于全新世的冰川退缩,残留下至少三级终碛堤。按照前端退缩的高度及大气降温率,推测自末次冰期以来本区升温达 7～8℃,形成了多边形冻土(图 7-7)。

错那湖古水下砂坝现出露于现代湖水面之上约 5m,说明全新世以来由于气候的干暖化导致湖水面下降近 5m。

图 7-7 冻胀作用形成的多边形冻土

第八章 地质发展简史

测区地处青藏高原腹地,位于拉竹龙-金沙江结合带和班公错-怒江结合带之间的羌塘陆块东部,经历了古、中、新特提斯洋扩张、陆块会聚、俯冲碰撞和陆内造山等演化过程。古生代时期主要受古特提斯动力学体制影响;中生代受古特提斯洋闭合碰撞造山及中特提斯洋扩张、闭合和碰撞造山作用的控制;新生代构造演化受新特提斯洋打开和闭合体制制约。同时,由于测区所在构造位置的特殊性,陆块(断块)演化又受到各自边界条件的制约,构成复杂的构造过程与构造局面。

综合分析测区沉积作用、变质作用、岩浆活动的特点和关键性构造界面的性质和变形特征表明,区内地质发展具有显著的多阶段性。

第一节 前石炭纪基底形成阶段

测区基底岩系包括恩达岩组和酉西岩组。恩达岩组原岩为陆源碎屑岩和基性火山岩,形成于洋岛环境。5~6亿年的泛非运动使这套火山-沉积岩系发生了强烈的区域动力变质作用和塑性流变改造,形成了角闪岩相区域变质岩和小型无根褶皱,并伴随混合岩化作用。恩达岩组随之固化,成为冈瓦纳大陆北缘结晶基底的重要组成部分。泛非运动之后,在基底之上沉积了一套泥砂质碎屑岩夹中基性火山岩建造——酉西岩组。火山岩岩石地球化学特征显示,酉西岩组形成于活动大陆边缘。晚古生代早期的海西运动使前石炭纪地质体发生高绿片岩相区域变质作用和构造置换,形成层状无序变质岩系,基底岩石进一步硬化。

泛非运动是冈瓦纳大陆各裂离陆块由分离走向统一的重要转折,对该陆块统一基底的形成有划时代意义。近年来的地质调查与专题研究工作表明,泛非事件在青藏高原南部地区留下深刻的烙印,大量基底变质岩系年龄与岩浆活动事件多集中于5亿年左右(刘文灿等,2005;卫管一等,1989;刘国惠,1992),并在多处发现奥陶系与前奥陶系间的角度不整合接触(朱同兴等,2003;周志广等,2004;Gehrels et al,2003)。测区前石炭纪恩达岩组和滇藏地区的一样,是5~8亿年的泛非运动产物。

第二节 石炭纪-晚白垩世盖层发展阶段

区内沉积盖层的构造经历了早石炭世被动大陆边缘、中二叠世多岛洋盆演化、晚三叠世-中侏罗世活动大陆边缘(前陆盆地、伸展裂陷盆地)、晚白垩纪陆相断陷盆地发育等多个演化阶段。

一、早石炭世被动大陆边缘盆地演化阶段

早石炭世,羊湖-金沙江大洋打开,测区北部位于大洋南侧的被动大陆边缘部位,沉积了一套海陆交互相-浅海相含煤碎屑岩-碳酸盐岩建造。当时海水清净,气候冷暖适宜,喜冷珊瑚、厚壳腕足和喜暖的假史塔夫䗴类繁盛,为冷暖生物的交混带。这套岩石组合形成后,区内曾经过一次较长时期稳定的抬升运动,使得本区缺失晚石炭世沉积,并且使早石炭世杂多群发生低级变质作用,形成了泥质板岩、千枚岩等。

二、中二叠世伸展裂陷阶段

二叠纪时期,随着区域伸展作用的增强,冈瓦纳超级大陆不断裂解,整个羌塘地区成为冈瓦大陆与欧亚大陆之间的古特提期洋的一部分,进入多岛洋盆构造演化阶段。中二叠世初,在区域伸展作用下,海水

进入测区北部，首先沉积了扎日根组的一套台地-斜坡相碳酸盐岩组合；其后，伴随着伸展作用的继续，沿乌兰乌拉湖—北澜沧江一带形成一条裂谷带，在裂陷槽环境中沉积了一套深海碎屑岩与放射虫硅质岩，并伴有中基性火山喷发；晚期为碳酸盐岩建造。中二叠世末期，特提斯域开始了伸展裂陷后的首次聚合。羊湖-金沙江洋盆、乌兰乌拉湖-北澜沧江裂谷相继关闭，海水大面积退出测区，仅在区外西部存在海陆交互环境。这次聚合作用使得包括测区在内的整个羌北地区晚古生代地层发生强烈褶皱，发育中常-紧闭等斜褶皱，成为开心岭隆起的东南延伸部分。

三、中三叠世晚期-晚三叠世构造发展阶段

晚三叠世期间，在南北向挤压作用下，索县-左贡陆块与北羌塘陆块发生碰撞。北羌塘陆块向南逆冲抬升，使得索县-左贡陆块岩石圈强烈挠曲，在陆块内形成了前陆盆地；在近海环境中沉积了东达村组、甲丕拉组、波里拉组和巴贡组。与此同时，北羌塘陆块继续隆升，遭受风化和剥蚀作用。陆块的逆冲推覆作用在测区中部唐古拉山一线引起了广泛的中酸性岩浆侵入，形成陆缘弧背景上带状展布的花岗岩建造。测区南部印支期则呈现另一番景象。西西岩组在褶皱基底基础上发生大型陆内剪切滑脱。岩石遭剪切改造后发生低温高压蓝片岩相动力变质作用，成为一套无序构造片岩，滑脱带内宏观、微观构造指示滑脱带上层相对下层自西向东剪切滑动，滑脱带内多硅白云母$^{39}Ar/^{40}Ar$同位素测年结果为230.1±10Ma。

四、早侏罗世-中侏罗世盆地演化阶段

早侏罗世北羌塘陆块出现局部拉伸，在伸展断陷盆地内生成一套流纹质角砾凝灰岩、流纹质火山角砾岩夹凝灰质砂岩、粉砂岩等酸性火山-沉积建造。索县-左贡陆块呈隆升剥蚀状态，缺少这个时期的沉积。进入中侏罗世，特提斯海水进入测区。此时本塔-纠达断裂差异性活动强烈，其南侧沉积了深水环境海相碳酸盐岩夹碎屑岩建造。北侧沉积了以雁石坪群为代表的碎屑岩-碳酸盐岩建造。这一时期的构造运动表现为南北向的挤压作用，使得沉积盖层沿基底滑脱，基底岩系再次发生了变形变质，发育以片理为变形面的向形和背形构造；盖层形成背斜宽缓、向斜紧闭的侏罗山式褶皱。基底与盖层之间在变形样式和构造组合面貌极不协调。

晚侏罗世—早白垩世期间，班公湖-怒江洋盆闭合，冈底斯陆块与羌塘陆块碰撞，羌塘陆块强烈抬升，羌塘盆地结束了海相沉积的历史而进入剥蚀作用阶段。测区北部转为伸展状态，沿乌兰乌拉湖-北澜沧江带发育一套基性火山岩建造——旦荣组。

五、晚白垩世山前断陷盆地发育阶段

晚白垩世冈底斯陆块与羌塘陆块的碰撞宣告了班公湖-怒江大洋盆的演化历史的结束，羌塘陆块从此进入了陆内俯冲造山阶段。在山前断陷盆地内堆积了红色陆相粗碎屑岩沉积——阿布山组，其与下伏中上侏罗统呈角度不整合接触。同时，陆块间的收缩与碰撞造成早中侏罗世地层发生褶皱变形，形成一系列隔挡式褶皱。羌塘陆壳在强烈抬升过程中快速加厚，巨厚地壳的藏北高原初显端倪。

六、新生代陆内汇聚-高原隆升阶段

新生代时期，测区南部仍处在挤压构造环境，陆内持续俯冲，在山前地带堆积了牛堡组红色磨拉石建造；北部进入深部会聚中的表层伸展期，在断陷盆地内沉积了以沱沱河组为代表的红色碎屑岩建造。渐新世-中新世初期，测区南部为山前盆地磨拉石沉积，北部处于隆升剥蚀状态。中新世晚期，羌北陆块内的伸展作用加剧，来源于EMⅡ型富集地幔的钾玄质岩浆沿断裂带上升，形成钾玄质系列岩石组合——查保马组。第四纪以来，测区陆块间差异性升降运动强烈。以唐古拉山脊为界，南北新构造活动有明显差异。唐古拉山脊以南地貌属高山峡谷小区，地形北西高，南东低，沟岭地貌发育。靠近山根沟谷相对开阔短促，向南部变狭窄。索县北部河流阶地共分为7级，形成了较为庞大的第四纪阶地地貌，显示出高原隆升过程中青年期的演化特点。北侧气候温凉干旱，以整体隆升为主，河流阶地为低级堆积阶地，级数较少，级差小，地形平缓，以一幅衰退期隆升的景象呈现在人们面前。虽然如此，北羌塘陆块的新生代构造活动仍十分强烈，第四纪活动断裂和地温热泉为这片相对宁静的大地上增添了无限活力和生机。

第九章 结束语

一、取得的主要成绩及进展

(1)运用动态构造-地层时空转换的观点合理划分了测区不同时期的构造-地层区(分区),进行了较系统的年代地层、岩石地层及生物地层对比研究,建立和完善了地层系统。地层单位划分合理,时代归属依据充分,为进一步研究羌塘东部盆地的沉积充填演化提供了丰富的沉积学信息。

(2)首次在北羌塘地区早石炭世地层中发现暖温珊瑚和亲扬子䗴类;在中二叠世地层中识别出放射虫硅质岩和裂谷型中基性火山岩;确认了早侏罗世那底岗日组在青塘盆地东部的存在;在羌南索县-左贡地层分区中厘定出"中侏罗统"雁石坪群。

(3)在测区羌南索县-左贡地层分区中划分出恩达岩组和酉西岩组,在酉西岩组中新发现的多硅白云母中获得230Ma的Ar—Ar变质年龄,形成于低温高压动力变质环境,对重新认识羌塘地区印支期构造格局有重大意义。

(4)将测区火山岩划分为不同时代的4套组合,分别研究了其形成的大地构造背景,为不同时期盆地发生和发展提供了时间标尺和动力学背景约束。将唐古拉复式岩体划分为4种不同岩性的侵入体,确定其为形成于晚三叠世的碰撞型花岗岩,为印支运动碰撞造山提供了重要证据。

(5)较合理地划分了构造单元,厘定出测区走滑、逆冲和伸展3套断裂系统,构造格局清楚,构造系统配置得当;将测区由北向南划分为北羌塘、唐古拉山和南羌塘3个变质带。

二、遗存的一些问题

(1)恩达岩组和酉西岩组时代依据欠缺,形成背景尚需讨论。

(2)班公湖-怒江结合带主体在测区南部,区内仅发育晚三叠世复理石建造——确哈拉组,因此对该构造带的组成和演化历史研究欠缺。

(3)测区北部羌塘-昌都地层分区中二叠统诺日巴尕日保组发现含有放射虫硅质岩和中基性火山岩组合,其发现对构造单元划分具有重要意义。由于野外工作程度较低,本次工作未细分,下一步工作应给予重视。

3年来,在中国地质调查局西安地质矿产研究所和中国地质大学(北京)地质调查研究院等主管部门领导的指导和关怀下,经过项目部全体同志的团结拼搏,不仅克服了恶劣的自然条件圆满完成了各项任务,取得多方面的成绩和进展,而且培养出了一支特别能吃苦、特别能忍耐、特别能奉献、适应在高原恶劣环境条件下生存和工作的战斗集体。在此,向上述单位的领导和专家表示衷心的感谢!

在项目野外工作阶段,西安地质矿产研究所、成都地质矿产研究所、青海省地质调查院、西藏自治区地质勘查局及地质调查院、区域地质调查大队和西藏自治区地质二队等单位的领导和专家们给予了大力支持和多方面指导。项目顾问组宋鸿林教授、莫宣学教授、史晓颖教授和周详高级工程师等时常挂念着项目的进展情况,并多次给予项目具体工作指导。青海省地质矿产局司机铁永贵、张建元、王玉海、陈兴元等一直参加了野外工作,对这些单位和个人一并致以深深的谢忱!

参 考 文 献

艾长兴,陈炳蔚等.对西藏东部嘉玉桥群及古塘群地质时代问题的讨论[J].西藏地质,1986,(1):13～19.
安吉琳.试论红河岩中糜棱岩中多晶石英条带的成因[J].地质评论,1987,33(4):22～28.
白生海.青海西南部海相侏罗纪地层新认识[J].地质论评,1989,35(6):529～536.
包洪平,杨承运.碳酸盐岩微相分析及其在岩相古地理研究中的意义[J].岩相古地理,1999,19(6):59～64.
边千韬,沙金庚,郑祥身.西金乌兰晚二叠世-早三叠世石英砂岩及其大地构造意义[J].地球科学,1993,28(4):327～335.
边千韬,常承法等.青海可可西里大地构造基本特征[J].地质科学,1997,32(1):37～46.
陈炳蔚,任留东,王彦斌.青藏高原及邻区大地构造及有关的变形特征[M].见:肖序常,李廷栋主编,青藏高原的构造演化与隆升机制.广州:广东科技出版社,2000,85～122.
陈兰,伊海生,时志强.羌塘盆地雁石坪地区侏罗纪沉积物特征与沉积环境[J].沉积与特提斯地质,2002,22(3):80～84.
戴永定.生物矿物学[M].北京:石油工业出版社,1994.
邓万明,孙宏娟.青藏高原新生代火山活动与高原隆升关系[J].地质论评,1999,45(增刊):952～957.
邓万明.青藏北部新生代钾质火山岩微量元素和 Sr、Nd 同位素地球化学研究[J].岩石学报,1993,9(4):379～387.
邓万明.青藏高原北部新生代板内火山岩[M].北京:地质出版社,1998.
丁林,钟大赉,潘裕生等.东喜马拉雅构造结上新世以来快速抬升的裂变径迹证据[J].科学通报,1995,40(16):1 497～1 500.
范和平,杨金泉,张平.藏北地区的晚侏罗世地层[J].地层学杂志,1988,12(1):66～70.
方小敏,徐先海,宋春晖等.临夏盆地新生代沉积物高分辨率岩石磁学记录与亚洲内陆干旱化过程及原因[J].第四纪研究,2007,27(6):989～1 000.
冯增昭,王英华,刘焕杰等.中国沉积学[M].北京:石油工业出版社,1994.
富公勤等.试论西藏东部怒江变质地体的地质特征和变质作用[J].成都地质学院学报,1982,(3):27～39.
龚文平,肖传桃,胡明毅.藏北安多巴青地区侏罗纪生物礁类型及形成条件[J].江汉石油学院学报,2004,26(4):5～9.
韩同林.西藏活动构造,地质专报(构造地质地质力学第4号)[M].北京:地质出版社,1987.
何允中.西藏活动构造基本特征[J].西藏地质,1991,(1):1～11.
黄长生,李长安,唐小明等.湟水河流域不对称地貌与青藏高原-祁连山隆升[J].江西地质,1998,12(4):251～256.
黄汲清,陈炳蔚.中国及邻区特提斯海的演化[M].北京:地质出版社,1987.
蒋忠惕.羌塘地区侏罗纪地层的若干问题[M].见:青藏高原地质文集(第3集).北京:地质出版社,1983.
孔祥儒等.青藏高原晚新古代隆升与环境变化[M].广州:广东科技出版社,1998.
赖绍聪,刘池阳,Reilly S Y O.北羌塘新第三纪高钾钙碱性火山岩的成因及其大陆动力学意义[J].中国科学(D辑),2001,31(增刊):34～42.
赖绍聪,刘池阳.青藏高原北羌塘榴辉岩质下地壳及富集型地幔源区[J].岩石学报,2001,17(3):459～468.
李才,程立人,胡克等.西藏龙木错-双湖古特提斯缝合带研究[M].北京:地质出版社,1995.
李才,和中华,杨德明.西藏羌塘地区几个地质构造问题[J].世界地质,1996,(3):18～23.
李才,王天武,杨德明,杨日红.西藏羌塘中央隆起区物质组成与构造演化[J].长春科技大学学报,2001,31(1):25～31.
李才,王天武,杨德明等.西藏羌塘中部都古尔花岗质片麻岩同位素年代学研究[J].长春科技大学学报,2000,30(2):105～109.
李才,翟庆国,程立人,徐峰,黄小鹏.青藏高原羌塘地区几个关键地质问题的思考[J].地质通报,2005,24(4):295～301.

李才. 西藏羌塘中部蓝片岩青铝闪石$^{40}Ar/^{39}Ar$定年及其地质意义[J]. 科学通报,1997,42:448.

李才. 羌塘基底质疑[J]. 地质论评,2003,49(1):4~9.

李长安. 青藏高原成山隆升与环境变化调研的理论和方法[R]. 武汉:中国地质调查局青藏高原区调方法,2000.

李春昱,王荃,刘雪亚等. 亚洲大地构造图(1:800万)及说明书[M]. 北京:地质出版社,1982.

李吉均,方小敏,潘保田等. 新生代晚期青藏高原强烈隆起及其对周边环境的影响[J]. 第四纪研究,2001,21(5):381~391.

李尚林,王根厚,马伯永等. 藏东北巴县江绵乡上三叠统东达村组和"甲丕拉组"的沉积特征及其意义[J]. 地质通报,2005,24(1):58~64.

李兴振,刘增乾,潘桂棠等. 西南三江地区大地构造单元划分及地史演化[M]. 见:中国地质科学院成都地质矿产研究所所刊(13). 北京:地质出版社,1991.

李勇,王成善,伊海生等. 青藏高原中侏罗世-早白垩世羌塘复合型前陆盆地充填模式[J]. 沉积学报,2001,19(1):20~27.

李有利,谭利华,段锋军等. 甘肃酒泉盆地河流地貌与新构造运动[J]. 干旱区地理,2000,23(4):304~309.

李佑国,莫宣学,伊海生等. 羌塘错尼地区新生代火山岩研究[J]. 矿物岩石,2005,25(2):27~34.

李日俊. 藏北阿木岗群中发现放射虫硅质岩[M]. 西藏地质,1994,1(11):127.

梁定益. 青藏高原首批1:25万区域地质调查地层工作若干进展点评[J]. 地质通报,2004,23(1):24~26.

刘宝珺,张锦泉. 沉积成岩作用[M]. 北京:科学出版社,1990.

刘宝珺,余光明等. 岩相古地理学教程(内部教材). 成都:地质矿产部岩相古地理工作协作组办公室,1990.

刘高,韩文峰,聂德新. 青藏高原东北部新构造运动效应[J]. 中国地质灾害与防治学报.2001,12(1):30~34.

刘世坤,吕敬. 羌塘地区海相下侏罗统新知[J]. 地层学杂志,1988,12(2):133~135.

罗建宁. 论东特提斯形成与演化的基本特征[J]. 特提斯地质,1995,19:1~8.

马孝达. 青南藏北海相侏罗系划分的讨论[M]. 见:青藏高原地质文集(第3集). 北京:地质出版社,1983:113~118.

马逸麟,徐平,何伟相. 长江中游鄱阳湖及江西江段水患区新构造[J]. 华东地质学院学报,2001,12(1):30~34.

梅冥相,高金汉. 岩石地层的相分析原理与方法[M]. 北京:地质出版社,1997.

梅冥相. 天津蓟县中元古界雾迷山组复合海平面变化旋回层序的初步研究[J]. 岩相古地理,1999,19(5):12~20.

莫宣学,沈上越,朱勤文等. 三江中南段火山岩蛇绿岩与成矿[M]. 北京:地质出版社,1998.

南凌,崔之久. 地震混杂岩(震积岩)的沉积特征和识别[J]. 地震地质译丛,1996,18(6):1~9.

潘桂棠,陈智梁,李兴振等. 东特提斯地质构造形成演化[M]. 北京:地质出版社,1998.

潘桂棠,丁俊,王立全. 青藏高原区域地质调查重要新进展通报[J]. 地质通报,2002,21(11):787~793.

潘桂棠,丁俊. 青藏高原及邻区地质图(1:500 000)(附说明书)[M]. 成都:成都地图出版社,2004.

潘桂棠,李兴振,王立全. 青藏高原及邻区大地构造单元初步划分[J]. 地质通报,2002,21(11):701~707.

潘桂棠,王立全,朱弟成. 青藏高原区域地质调查中几个重大科学问题的思考[J]. 地质通报,2003,23(1):12~19.

潘桂棠. 初论班公湖-怒江结合带[J]. 青藏高原地质文集,1982,(4):229~242.

潘裕生. 青藏高原西北部大地构造演化[M]. 见:中国科学院地质研究所岩石圈构造演化开放研究实验室1989—1990年报. 北京:中国科学技术出版社,1991.

乔秀夫,高林志. 华北中新元古代及早古生代地震灾变事件及与Rodinia的关系[J]. 科学通报,1999,44(16):1 753~1 758.

乔秀夫,彭阳,高林志. 桂西北二叠纪灰岩墙(脉)的地震成因解释[J]. 地质通报,2002,21(2):102~104.

乔秀夫,宋天锐,高林志等. 碳酸盐岩振动液化地展序列[J]. 地质学报,1994,68(1):16~32.

秦建华,潘桂棠,杜谷. 新生代构造抬升对地表化学风化和全球气候变化的影响[J]. 地学前缘,2000,7(2):517~525.

青海省地质矿产局. 青海省区域地质志[M]. 北京:地质出版社,1991.

青海省地质矿产局. 青海省岩石地层[M]. 武汉:中国地质大学出版社,1997.

任纪舜,肖黎薇. 1:25万地质填图进一步揭开了青藏高原大地构造的神秘面纱[J]. 地质通报,2004,23(1):1~11.

史连昌,郭通珍,杨延兴等. 可可西里湖地区新生代火山岩同位素地球化学特征及火山成因、源区性质讨论[J]. 西北地质,2004,37(1):19~25.

宋仁奎,应育浦,叶大年.滇西南澜沧江群多硅白云母的多型和化学成分特征及其意义[J].岩石学报,1997,13(2):152~161

宋天锐.北京十三陵前寒武纪碳酸盐岩地层中的一套可能的地震-海啸序列[J].科学通报,1988,3(8):609~611.

万天丰.构造应力场[M].北京:地质出版社,1985.

王岸,王国灿,向树元.东昆仑山东段北坡河流阶地发育及其与构造隆升的关系[J].地球科学(中国地质大学学报),2003,28(6):675~679.

王成善,伊海生.西藏羌塘盆地地质演化与油气远景评价[M].北京:地质出版社,2001.

王成善,朱利东,刘志飞.青藏高原北部盆地构造沉积演化与高原向北生长过程[J].地球科学进展,2004,23(5~6):613~615.

王道轩,孙世群.东帕米尔北韧性剪切带中的多硅白云母及其地质意义[J].安徽地质,1996,6(1):1~8.

王根厚,张维杰,周详等.西藏东部嘉玉桥变质杂岩内中侏罗世高压剪切作用:来自多硅白云母的证据[J].岩石学报,2008,24(2):395~400

王根厚,贾建称,李尚林等.藏东巴青县以北基底变质岩系的发现[J].地质通报,2004,23(5~6):613~615.

王根厚,梁定益,张维杰等.藏东北构造古地理特征及冈瓦纳北界的时空转换[J].地质通报,2007,26(8):921~928.

王根厚,梁定益,刘文灿等.藏南海西期以来伸展运动及伸展作用[J].现代地质,2000,14(2):133~139.

王根厚,贾建称,万永平等.藏东巴青县北部酉西岩组构造片理形成及构造意义[J].地学前缘,2006,13(4):180~187.

王国灿,贾春兴,朱云海等.啊拉克湖幅地质调查新成果及主要进展[J].地质通报,2004,23(5~6):549~554.

王鸿祯,史晓颖.沉积层序及海平面旋回的分类级别——旋回周期的成因讨论[J].现代地质,1998,12(1):1~16.

王鸿祯,杨式溥,朱鸿等.中国及邻区古生代生物古地理及全球大陆再造[M].见:中国及邻区构造古地理和生物古地理.武汉:中国地质大学出版社,1990.

王建平,刘彦明,李秋生等.班公湖-丁青蛇绿岩带东段侏罗纪盖层沉积的地层划分[J].地质通报,2002,21(7):405~410.

王建平.西藏他念他翁山链北部花岗岩与特提斯洋演化[M].见:九五全国地质科技重要成果论文集.北京:地质出版社,2000.

王建平等.西藏东部特提斯地质[M].北京:科学出版社,2003.

王乃文,郭宪璞,刘羽.非史密斯地层学简介[J].地质论评,1994,40(5):482~394.

王乃文.青藏高原古生物地理与板块构造的探讨[J].中国地质科学院地质研究所所刊,1985,(9):1~28.

王英华,黄志诚,王国忠等.中下扬子区海相碳酸盐岩成岩作用研究[M].北京:科学技术文献出版社,1991.

王英华,张秀莲,迟元苓.化石岩石学[M].北京:中国矿业大学出版社,1990.

威尔逊 J L.冯增昭等译.地质历史中的碳酸盐相[M].北京:地质出版社,1981.

魏君奇,姚华舟,王建雄等.长江源区新生代火山岩的年代学研究[J].中国地质,2004,33(4):390~394.

吴瑞忠,胡承祖等.藏北羌塘地区地层系统[M].见:青藏高原地质文集(第9集).北京:地质出版社,1985.

西藏自治区地质矿产局.西藏自治区区域地质志[M].北京:地质出版社,1993.

西藏自治区地质矿产局.1:100万昌都区调报告[R].1970.

西藏自治区地质矿产局.西藏自治区岩石地层[M].武汉:中国地质大学出版社,1997.

肖传桃,李艺斌,胡明毅等.藏北巴青中侏罗世 Liostrea 障积礁的发现[J].中国区域地质,2001,20(1):90~93.

肖序常,王军.青藏高原构造演化及隆升的简要评述[J].地质评论,1998,44(4):372~381.

薛尹治等.成因矿物学[M].武汉:中国地质大学出版社,1990.

颜茂都,方小敏等.青藏高原更新世黄土磁化率和磁性地层与高原重大气候变化事件[J].中国科学,2001,31(S):182~187.

杨承运,卡罗兹 A V.碳酸盐岩实用分类及微相分析[M].北京:北京大学出版社,1988.

杨德明,李才,王天斌.西藏冈底斯东段南北向构造特征与成因[J].中国区域地质,2001,20(4):392~397.

杨景春,谭利华,李有利等.祁连山北麓河流阶地与新构造演化[J].第四纪研究,1998,(3):229~237.

杨湘宁,吴智平,施贵军."常么阶"沉积相及微相的研究与对比[J].地层学杂志,1997,21(1):1~19.

杨遵义,阴家润. 青海省南部侏罗纪地层问题讨论[J]. 现代地质,1988,(3):278～292

杨遵义,梁定益,郭铁鹰等. 阿里地区生物群性质及古地理、古构造意义的再讨论[M]. 见:阿里古生物. 武汉:中国地质大学出版社,1990.

姚华舟,段其发,牛志军等. 赤布张错幅地质调查新成果及主要进展[J]. 地质通报,2004,23(5～6):530～538.

阴家润,万晓樵. 侏罗纪菊石形态——特提斯喜马拉雅海的深度标志[J]. 古生物学报,1996,35(6):734～751.

阴家润. 青海南部奇异蚌动物群生态环境与时代的讨论[J]. 古生物学报,1980,29(3):284～299.

阴家润. 青海南部侏罗纪雁石坪群中半碱水双壳类动物群及其古盐度分析[J]. 古生物学报,1989,28(4):415～438.

尹安. 喜马拉雅-青藏高原造山带地质演化——显生宙亚洲大陆生长[J]. 地球学报,2001,22(3):193～203.

尹集祥,方仲景. 滇西海相侏罗系[J]. 地质科学,1973,(3):217～237.

尹集祥. 青藏高原及邻区冈瓦纳相地层地质学[M]. 北京:地质出版社. 1997.

雍永源. 青藏高原的前震旦纪变质岩[J]. 特提斯地质,2000,(3):163～168.

余光明,王成善. 西藏特提斯沉积地质[M]. 北京:地质出版社,1990.

余素玉. 化石碳酸盐岩[M]. 北京:地质出版社,1989.

张以茀,郑祥身. 青海可可里西地区地质演化[M]. 北京:科学出版社,1996.

赵文金,万晓樵. 西藏聂拉木地区中下侏罗统化石碳酸盐岩微相研究及沉积环境分析[J]. 现代地质,1998,12(3):328～335.

赵政璋,李永铁,叶和飞等. 青藏高原大地构造特征及盆地演化[M]. 北京:地质出版社,2001.

郑亚东等. 岩石有限应变测量及韧性剪切带[M]. 北京:地质出版社,1985.

中国地层字典编委会. 中国地层字典——侏罗系[M]. 北京:地质出版社,2000.

中国地质调查局成都地质矿产研究所. 1:500 000青藏高原及邻区地质图及说明书[M]. 成都:成都地图出版社,2004.

钟大赉,丁林. 从三江及邻区特提斯带演化讨论冈瓦纳大陆离散与亚洲大陆增生[M]. 见:亚洲的增生. 北京:地震出版社,1993.5～8.

钟大赉,丁林. 青藏高原的隆升过程及其机制探讨[J]. 中国科学,1996,26(4):289～295.

钟大赉等. 滇川西部古特提斯造山带[M]. 北京:科学出版社,1998.

周详,王根厚,普布次仁等. 西藏东部嘉玉桥拆离系核部构造特征及其大地构造意义[J]. 特提斯地质,1997,21:56～61.

周详等. 西藏板块构造-建造图(1:150万)及说明书[M]. 北京:地质出版社,1985.

周志广,刘文灿,梁定益. 藏南康马奥陶系及其底砾岩的发现并初论喜马拉雅沉积盖层与统一变质基底的关系[J]. 地质通报,2004,23(7):655～663.

朱文琴,陈隆勋,周自江. 现代青藏高原气候变化的几个特征[J]. 中国科学,2001,31(S):327～334.

Bell T H. Foliation development in metamorphic rocks: the reactivation of earler foliations and decrenulation due to shifting patterns of deformation partitioning[J]. J. of Metamorphic Geol. ,1986,4:421～444.

Bell T H. Deformation partitioning and porphyroblast rotation in metamorphic rocks: a radical reinterpretation[J]. J. of Metamorphic Geol. ,1985,3:109～118.

Bell T H, Rubenach M J and Fleming P D. Prophyroblast nuclention, growth and dissolution in regional metamorphic rocks as a function of deformaion partitioning during foliation development[J]. J. of Metamorphic Geol. ,1986,4:37～67.

Burchiel B C and Royden L H. Tectonics of Asia 50 Years after the death of Emile Argand[J]. Eologae Geol. Helv. ,1991,84(3):599～629.

Buxton T M and Sibley D F. Pressure solution features in a shallow buried limestone [J]. Sediment. Petrol. ,1981,51:19～26.

Chao Y T and Huang T K. The Geology of the Tsinlingshan and Szechuan, Geol [J]. Memoirs, Ser. A,1931,9:1～230.

Devaux D, Moeys R, Stapel G, Petit C, Levi K, Miroshnichenko A, Ruzhich V, Sandvol E. Paleostress reconstructions and geodynamics of the Beikal region[J]. Central Asia, Part 2, Cenzoic rifting, Tectonophys. ,1977,282:1～38.

Fairchild I J, Einsele G and Song T. Possible seismic origin of molar tooth structures in Neoproterozoic carbonate ramp deposits, north China [J]. Sedimentology,1997,44:611~630.

Flügel E. Microfacies analysis of limestone [M]. Translated by Chritenson K. Berlin, Heidelberg, New York: Spring-Verlag,1982,1~633.

Folk R L. Some aspects of recrytallization in ancient limestones [A]. In: Pray L C and Murray R C eds, Dolmitiztion and limestone diagenesis[C]. SEPM Spec. Publ. ,1965,13,14~48.

James N P and Choquette P W. Limestones: the sea floor diagenetic environment [A]. In: McIlreath I A, Morrow D W, eds, Diagenesis. Geoscience Canada Reprint Series 4[C],1990,13~34.

Jean-Jacques C, Jean-Paul S M, Conesa G, et al. Geometry, palaeoenvironments and relative sea-level (accommodation space) changes in the Messinian Murdjtdjo carbonate platform (Orau, western Algeria): consequences [J]. Sedimentary Geology,1994,89:143~158.

Li Shanglin. Sequence stratigraphy of the Middle-Upper Proterozoic Bayunobo Group, Inner Mongolia [A]. Progress in geology of China (1993—1996) [C]. Beijing: China Ocean Press Beijing,1996,672~675.

Longman M W. Carbonate diagenetic textures from nearsurface diagenetic environment [J]. AAPG Bulletin,1980,64 (4): 461~ 487.

Mutti E and Ricci L F, Seguret M et al. Seismoturbidites: a new group of resedimented deposits [J]. Mar. Geol. ,1984,55(1, 2):103~116.

Nelson K D et al. Partially molten middle crust beneath southern Tibet: synthesis of project in depth results. Science,1996, 174:1 684~1 696.

Newton R B. Notes on fossils from Madagascar, with descriptions of two new species of Jurassic pelrcypoda from that island [J]. Quart. J. Geol. Soc. ,1889,45:331~338.

Palma R M. Analysis of carbonate microfacies in the Chachao Formation (Cretaceous), Barda Blanca-Malargue, Mendoza Province, Argentina: a cluster analytic approach [J]. Carbonates and Evaporites,1996,11(2):182~194.

Raspini A. Microfacies analysis of shallow water carbonates and evidence of hierarchically organized cycles: Aptian of Monte Tobenna, Southern Apennines, Italy [J]. Cretaceous Research,1998,19(2): 197~223.

Read J F. Carbonate Platform Facies Models [J]. AAPG bulletin,1985,69:1~21.

Sadooni F N. Stratigraphic sequence, microfacies, and petroleum prospects of the Yamama Formation, Lower Cretaceous, Southern Iraq [J]. AAPG Bulletin,1993,77(11):1 971~1 988.

Santanu Bose. Controls on the geometry of tails around rigid circular inclusions: insights from analogue modeling in simple shear[J]. Journal of Structural Geology,2004,26:2 145~2 156

Scotese C R and Barreett S F. Gondwana's movement over the south pole during the Paleozoic. In : Palaeozoic Palaeography and Palaeobiogeography. Edited by Mckerrow W S and Scotese C R, Geology Society Mem. No. 12 Publ. By the Geol. Soc. Lond. 1990,75~86.

Seilacher A. Sedimentary structures tentatively attributed to seismic events [J]. Mar. Geol. ,1984,55(1, 2):1~12.

Shebl H T and Alsharhan A S. Microfacies analysis of Berriasian-Hauterivian carbonates, central Saudi Arabia [A]. In: Alsharhan A S and Scott R W. Middle East models of Jurassic / Cretaceous carbonate systems [C]. Tulsa, OK, United States: Society for Sedimentary Geology (SEPM),2000,115~127.

Spallctta C and Vai G B. Upper Devonian intraclast parabreccias interpreted as seismites [J]. Mar. Geol. ,1984,55(1,2): 133 ~144.

Tucker M E and Wright V P. Carbonate sedimentology [M]. Oxford: Blackwell Scientific Publications,1990b,1~547.

Tucker M E. Carbonate diagenesis and sequence stratigraphy [J]. Sedimentology Review, 1993, 1. Wright V P. Oxford: Blackwell Scientific Publications,1993,57~72.

Tucker M E. Sedimentary Petrology: an introduction to the origin of sedimentary rocks [M]. Oxford: Blackwell Scientific Publications, 2001, 1~294.

Tucker M E, Bathurst R G C. Carbonate diagenesis [A]. Reprint series volume 1 of the International Association of Sedimentologists [C]. Oxford: Blackwell Scientific Publications, 1990a, 1~316.

Turner S et al. Timing of Tibetan uplift constrained by analysis of volcanic rocks[J]. Nature, 1993, 364:50~54.

Walker K G. The Stratigraphy and bivalve fauna of the Kelloway Beds(Callov.) around south cave and Newbald, East Yorkshire[J]. Proc. Geol. Soc., 1972, 39(1):7.

Wilson J L. Carbonate facies in geological history[M]. Berlin, Heidelberg, New York: Spring-Verlag, 1975, 1~471.

Wyllie P J. Crustal anatexis: an experimental rewiew[J]. Tectonphysics, 1977, 43:41~71.

Yin A, Kapp P A, Manning C F, et al. Evidence for Significant Late Cenozoic E-W Extension in North Tibet[J]. Geology, 1999, 27:819~822.

图版说明及图版

图版 I

1. 查吾拉区北恩达岩组条带状片麻岩,岩石中有长英质脉体注入,暗灰色斜长角闪岩包体(捕虏体)呈扁椭型。镜头方向:330°∠0°
2. 恩达岩组混合岩:基体为暗灰色黑云斜长片麻岩,脉体为浅灰色细粒花岗岩。镜头方向:275°∠0°
3. 恩达岩组混合岩:基体为暗灰色黑云斜长片麻岩,脉体为浅灰色细粒花岗岩。镜头方向:320°∠0°
4. 东达村组底部风化壳:a 为粘土型风化壳,b 为铁质风化壳,c 为不整合面,d 为底砾岩
5. 巴青县北江绵乡上三叠统东达村组与酉西岩组角度不整合接触。镜头方向:70°∠0°
6. *Albaillella excelsa* Ishiga, Kito and Imoto
7. *Deflandrella* sp. A Kuwahara and Yao
8. *Eostylodictya* sp.

图版 II

1. *Incertae sedis* A Kuwahatra and Yao
2. *Latentibifistula asperspongiosa* Sashida and Tonish
3. *Latentibifistula* (?) sp. A Kuwahara
4. *Latentifistula texana* Nazarov and Ormiston
5. *Proedflanderella* sp.
6. *Pseudotormentus* sp. aff. *P. kamigoriensis* De Wever and Caridroit
7. *Pseudotormentus* sp. aff. *P. kamigoriensis* De Wever and Caridroit
8. *Pseudotormentus* sp. aff. *P. kamigoriensis* De Wever and Caridroit

图版 III

1. *Quinqueremis* sp. aff. *Q. arundinea* Nazarov and Ormiston
2. *Quinqueremis flata* Wang Ru-jia
3. *Quinaueremis* sp.
4. *Raciditor inflste* (Sanshida and Tonish)
5. *Spongptripus* (?) sp. Kuwahara and Yao
6. "*Stauraxon*" *Incertaesedis* sp.
7. *Tormentum* sp.
8. *Tormentum* sp.

图版 IV

1. 东达村组上部灰岩中的网格状构造
2. 东达村组上部灰岩中的角砾状构造、网格状构造和鸟眼构造
3. 东达村组上部灰岩中的角砾状构造、网格状构造和鸟眼构造
4. 东达村组网格及鸟眼构造
5. 甲丕拉组脉状层理、波状层理和透镜状层理
6. 甲丕拉组角砾状构造
7. 甲丕拉组上部细粒石英岩:振动液化脉状

8. 巴贡组顶部岩屑石英砂岩中波痕构造。镜头方向：20°∠0°

图版 V

1. 巴贡组顶部同沉积构造
2. 雀莫错组与前石炭系接触界线：a 为基底变质岩系，b 为不整合面，c 为底砾岩，d 为发育冲刷层理的中粒石英砂岩。镜头方向：272°∠0°
3. 雀莫错组与前石炭系接触界线：a 为半风化壳，b 为粘土型风化壳，c 为铁质风化壳，d 为不整合面，e 为底砾岩
4. 雀莫错组与前石炭系接触界线：a 为半风化壳，b 为粘土型风化壳，c 为不整合面，d 为底砾岩
5. 雀莫错组和古新统-始新统牛堡组不整合接触关系。镜头方向：95°∠0°
6. 雀莫错组第 11 层渣状钙结岩
7. 雀莫错组第 11 层渣状钙结岩
8. 雀莫错组第 11 层古风化所致的渣状钙结核被第 12 层上超

图版 VI

1. 雀莫错组第 11 层古风化所致的渣状钙结核被第 12 层上超
2. 雀莫错组底部底砾岩
3. 雀莫错组石英砂岩中的冲刷层理
4. 雀莫错组介壳灰岩
5. 雀莫错组灰绿色、紫红色粉细砂岩、暗灰色灰岩角砾岩。镜头方向：300°∠0°
6. 雀莫错组人字形斜层理
7. 雀莫错组双向斜层理
8. 雀莫错组介壳灰岩

图版 VII

1. 雀莫错组介壳灰岩
2. 雀莫错组介壳灰岩
3. 雀莫错组中波状层理、透镜状层理及脉状层理
4. 雀莫错组中波状层理、透镜状层理及脉状层理
5. 雀莫错组中波状层理、透镜状层理及脉状层理
6. 雀莫错组干涉波痕
7. 雀莫错组膏岩角砾岩
8. 雀莫错组白色纤维状石膏层

图版 VIII

1. 雀莫错组白色纤维状石膏层
2. 雀莫错组泥裂构造
3. 雀莫错组盲肠状构造
4. 布曲组中的沥青脉
5. 捷布曲组震积岩
6. 捷布曲组的丘状层理
7. 更新世冰川漂砾
8. 更新世冰碛堤

图版 IX

1. 登额陇-查吾曲断层带发育的钙华。镜头方向：30°∠0°

2. 登额陇-查吾曲断层带发育的钙华。镜头方向:26°∠0°
3. 登额陇-查吾曲断层带的低温热泉。镜头方向:向下
4. 查吾拉断裂带泉华点。镜头方向:265°∠0°
5. 酉西岩组石英岩中发育的顺层褶皱。镜头方向:170°∠0°
6. 酉西岩组云母石英片岩中发育的小型叠加褶皱。镜头方向:160°∠0°
7. 改则村褶皱翼部发育的膝折构造
8. 特陇哈拉北逆冲断层发育的断层破碎带

图版 X

1. 特陇拉哈北逆冲断层的飞来峰。镜头方向:50°∠0°
2. 多玛正断层系发育的钙华,高达 5m。镜头方向:27°∠0°
3. 巴青县北江绵乡酉西岩组长石旋转碎斑系,D1002-2 垂直线理、垂直面理切片,+10×4(示右行)
4. 巴青县北江绵乡酉西岩组长石旋转碎斑系,D1002-2 垂直线理、垂直面理切片,+10×4(示右行)
5. 巴青县北江绵乡酉西岩组石英矩形条带构造,P2(6)DB2-1,平行线理、垂直面理切片,+10×4(示右行)
6. 巴青县北江绵乡酉西岩组石英矩形条带构造,D1501-1 垂直线理、垂直面理切片,+10×4
7. 巴青县北江绵乡酉西岩组石英矩形条带构造,P2(6)DB2-1,垂直线理、垂直面理切片,+10×4
8. 巴青县北江绵乡酉西岩组钠长石变斑晶旋转碎斑系,D1501-2 平行线理、垂直面理切片,+10×4(示右行)

图版 IX

图版 X

图版 VIII

图版 Ⅶ

图版 VI

图版 V

图版 IV

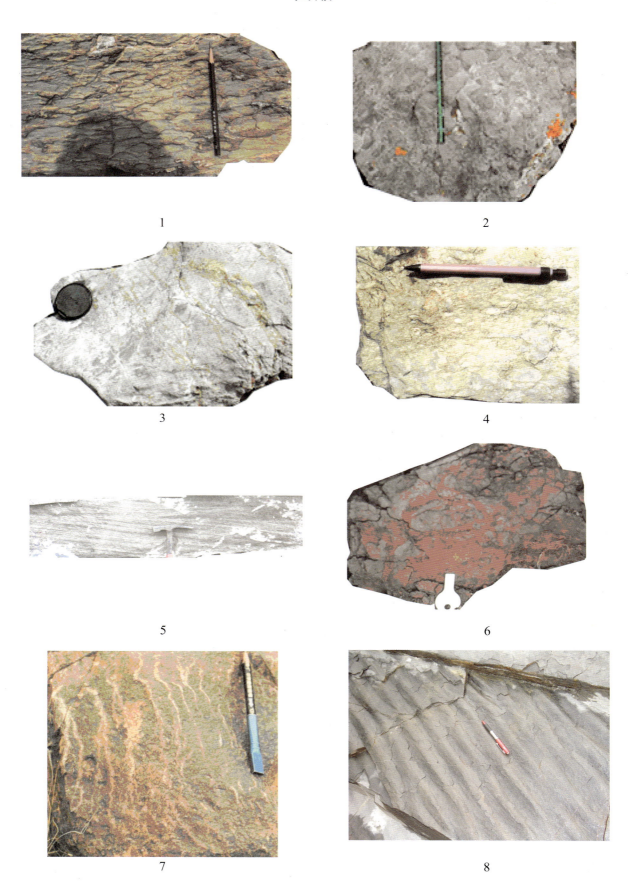

图版III

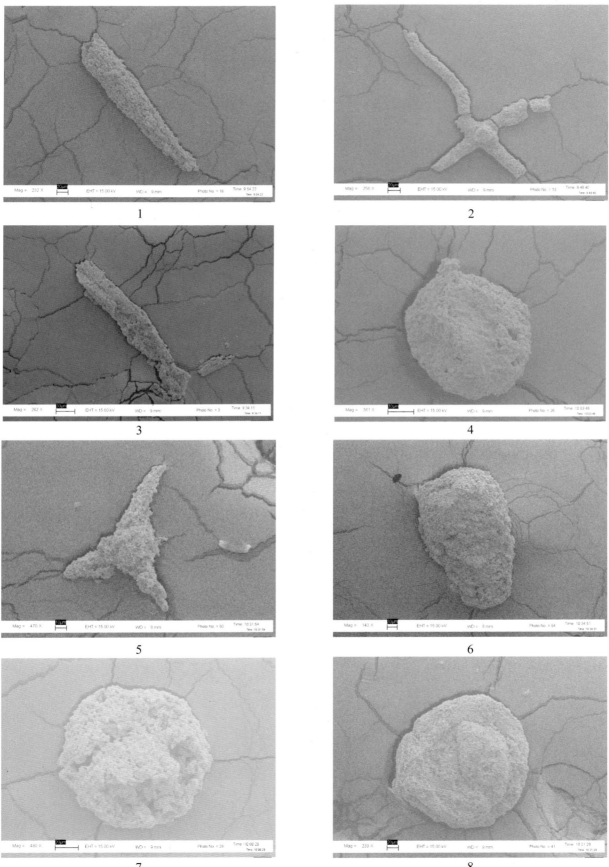

图版 II

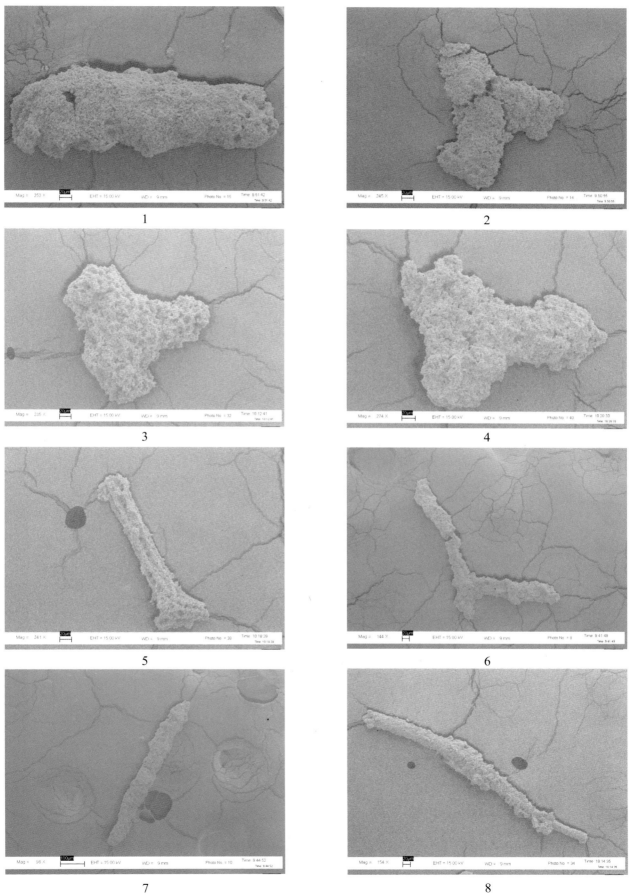

1

2

3

4

5

6

7

8

图版 I